综合医院项目
全过程管理与实践

惠守江　房　海　卢彬彬　主　编
刘　文　周光辉　于　强　副主编

中国建筑工业出版社

图书在版编目（CIP）数据

综合医院项目全过程管理与实践 / 惠守江，房海，卢彬彬主编；刘文，周光辉，于强副主编．—北京：中国建筑工业出版社，2023.11
ISBN 978-7-112-29179-3

Ⅰ．①综… Ⅱ．①惠… ②房… ③卢… ④刘… ⑤周… ⑥于… Ⅲ．①医院—建筑工程—工程项目管理 Ⅳ．①TU246.1

中国国家版本馆 CIP 数据核字（2023）第 180911 号

责任编辑：张智芊
责任校对：芦欣甜

综合医院项目全过程管理与实践
惠守江　房　海　卢彬彬　主　编
刘　文　周光辉　于　强　副主编

*

中国建筑工业出版社出版、发行（北京海淀三里河路 9 号）
各地新华书店、建筑书店经销
华之逸品书装设计制版
河北鹏润印刷有限公司印刷

*

开本：787 毫米×1092 毫米　1/16　印张：21½　字数：397 千字
2024 年 1 月第一版　2024 年 1 月第一次印刷
定价：**98.00** 元
ISBN 978-7-112-29179-3
（41903）

本书编委会

主　任： 徐鹏强

副主任： 朱九洲

委　员： 房　海　吴　杰　惠守江　孟宪礼　王建波　杨成国　刘　文

主　编： 惠守江　房　海　卢彬彬

副主编： 刘　文　周光辉　于　强

编　委： 张　炜　刘志伟　付光文　白云星　刘德远　孟庆辉　王　尊
潘修君　孙勇勇　武　峰　郭宝生　何伟强　张　超　戴　戈
马海良　孙风林　张春娟　彭　娟　杨春辉　陈　鹏　黑玉强
贾钦文　耿慧茹

目录

CONTENTS

第一编　绪论

第一章　医学模式与医院建筑 ………… 002
第一节　医院建筑伦理 ………… 002
第二节　医学模式与医院建筑 ………… 006

第二章　医院建筑形态 ………… 016
第一节　医院建筑形态的主要类型 ………… 016
第二节　中医院的建筑形态 ………… 024

第三章　医院建设工程项目的组织形式 ………… 030
第一节　医院建设项目中的利益相关者 ………… 030
第二节　医院建设中的利益相关者的治理方式 ………… 039

第四章　医院建设工程项目管理模式 ………… 047
第一节　医院基建处自行管理模式 ………… 047
第二节　医院建设全过程咨询管理模式 ………… 050
第三节　代建制管理模式 ………… 053
第四节　PPP 模式下的医院建设管理 ………… 056

第二编　建设流程

第五章　医院建设工程项目全生命周期管理 ………… 066
第一节　医院建设项目的特点 ………… 066

第二节　工程项目全生命周期管理的内涵与特征 …… 069
第三节　全生命周期管理的阶段构成 …… 071
第四节　全生命周期管理中的建设审批程序 …… 073

第六章　医院建设工程项目前期规划管理 …… 077
第一节　前期规划的依据及基本内容 …… 077
第二节　项目建议书 …… 081
第三节　可行性研究报告 …… 088
第四节　项目管理目标规划 …… 091

第七章　医院建设工程项目设计管理 …… 094
第一节　设计任务书的编制 …… 094
第二节　BIM 在医院建筑全生命周期中的应用 …… 097
第三节　医院建设工程总体布局和建设规划 …… 107
第四节　建筑、工艺及设施设备设计 …… 110
第五节　设计交底与图纸审查 …… 118

第八章　医院建设工程项目施工 …… 125
第一节　土建工程 …… 125
第二节　机电安装工程 …… 128
第三节　装饰装修工程 …… 143

第九章　医院建设工程项目设施设备运营维护管理 …… 165
第一节　医院设施运营维护管理 …… 165
第二节　医疗设备运营维护管理 …… 170

第十章　装备与产品 …… 176
第一节　医院通风及空调产品 …… 176
第二节　医用气体系统 …… 183
第三节　医疗洁净系统 …… 184
第四节　医用水系统 …… 188
第五节　实验室工程 …… 189

第六节　物流传输系统 …… 193
第七节　医院智能系统 …… 196

第三编　项目管理

第十一章　医院建设工程项目招标采购与合同管理 …… 204
第一节　医院建设项目招标投标流程 …… 204
第二节　医院建设项目全过程招标管理 …… 206
第三节　招标采购合同管理 …… 212
第四节　招标代理 …… 214

第十二章　医院建设工程项目投资控制与财务管理 …… 217
第一节　建设项目各阶段的工程造价管理 …… 217
第二节　医院建设项目各阶段的投资控制 …… 219
第三节　建设项目财务管理 …… 225

第十三章　医院建设工程项目质量、进度与安全管理 …… 229
第一节　质量、进度、安全管理的组织与制度保障 …… 229
第二节　医院建设项目质量管理 …… 232
第三节　医院建设项目进度管理 …… 240
第四节　医院建设项目安全管理 …… 244

第十四章　医院建设工程项目信息与文档管理 …… 249
第一节　医院建设项目文档管理规范 …… 249
第二节　医院建设项目文档管理内容 …… 253
第三节　文档管理平台简介 …… 257

第十五章　招标投标法律服务 …… 260
第一节　招标投标阶段涉及的法律法规 …… 260
第二节　招标投标阶段的法律问题 …… 262
第三节　招标投标阶段异议、投诉处理流程 …… 265

第十六章　合同签订及履行的法律服务 …… 270
第一节　建设工程合同的主要类型 …… 270
第二节　合同条款制定要点 …… 274
第三节　合同履行注意事项 …… 281

第四编　医院建设发展趋势

第十七章　智慧医院 …… 284
第一节　智慧医院系统建设规划 …… 284
第二节　智慧医院系统构成 …… 289

第十八章　绿色医院 …… 304
第一节　绿色医院建设的基本理念 …… 304
第二节　绿色医院建筑评价标准 …… 307
第三节　绿色医院建筑设计理念与要点 …… 314
第四节　绿色医院施工与建造 …… 321
第五节　绿色医院的运营管理 …… 325

参考文献 …… 333

第一编

绪论

本部分对医院建设进行全景式介绍。首先从医学模式发展角度介绍医院建筑的形态，然后介绍医院建设的发展历程，接着从利益相关者角度介绍医院建设工程项目的组织方式，以及医院建设管理模式。

第一章　医学模式与医院建筑

医学模式是人们对社会的某一发展阶段医学形态的总体概括和看法。其大体经历了经验医学模式、实验医学模式、现代生物医学模式等发展阶段[①]。特别是在现代生物医学模式下，医院建筑与医疗技术、建筑技术的结合更加紧密，成为生物、心理、社会的整体医学模式。为适应现代医学模式的特点，医院建筑必须体现社会伦理依据，体现为医学伦理、建筑伦理和经济伦理的综合体；在建筑形态上也体现了伦理观念和医学模式的变化。

本章从医院建筑伦理和医学模式的角度，阐述医院建筑形态的流变。

第一节　医院建筑伦理

医院建设需要遵循建筑伦理、医学伦理和经济伦理。建筑不仅是具体的实物，也在一定程度上反映了当时社会发展的客观情况，医院建筑应当反映所在特定地域和城市的独特精神风貌；当代医学也逐步从“生物医学”理念转向“社会医学”发展，医学伦理体现为“技术为本”向“人文关怀”的转型，“以人为本”视角下的医学建筑，是生命得到救治和身心得到呵护的综合场所；经济伦理视角下的医院建筑主要是从医院收益与道德、公平与效率和医院作为营利性机构的社会责任三个角度去研究。

本小节从建筑伦理、医学伦理和经济伦理三个角度阐述医院建筑的核心理念。

① 罗运湖．现代医院建筑设计 [M]. 北京：中国建筑工业出版社，2002.

一、建筑伦理下的医院建筑

建筑不仅是具体的实物，也在一定程度上反映了一个地区在特定时空维度下的社会发展情况，这也就将建筑的意义和价值从实物本体延伸至社会精神，产生了“建筑伦理”这一理念。在西方建筑理论史中，古罗马时代维特鲁威在《建筑十书》中提出“坚固”“实用”与“美观”的建筑三原则，一直被奉为建筑的核心价值原则，流传至今，影响深远。

“坚固”原则在建筑伦理中最重要的内涵是，房屋能够保持安全、稳固、耐用。“处于技术层面的建筑之坚固，在一系列自然和人为的各种灾害面前，具有很重要的与安全相联属的物质保证性意义。”维特鲁威说：“若稳固地打好建筑物的基础，对建筑材料做出慎重的选择而又不过分节俭，便是遵循了坚固的原则。”[①] 可见，他在当时的建筑技术条件下，重视的是从地基和建筑材料两方面保证建筑的坚固和耐久，现代建筑具有更高程度的复杂性，特别是具有特殊功能的医院建筑，更加重视建筑本身的坚固性、配套设施的安全、医疗设备的耐用。

医院建筑特别强调实用性。维特鲁威认为，“实用的原则就是在空间布局设计时不出错，没有障碍，空间类型配置的方向适合、恰当和舒适”。因此，建筑在使用上的便利性、适宜性和舒适性就是医院建筑强调的实用性。对医院建筑而言，其“实用性”可能比“坚固”“美观”处于更重要、更应优先考虑的位置，这便对医院建筑的实用性提出了要求：既要兼顾满足病患医疗需求，又要兼顾医院各部门之间的效率。传统的医院建筑在布局时缺乏思考，往往仅考虑医生的需求和患者普通日常就诊需要，对就诊人流量、医院各部门之间的配合程度等问题缺乏足够关注，导致医院就医体验差、管理效率低。

新冠疫情的暴发让我们看到传统医院的弊端，人流量的暴增可能导致医院运营瘫痪，因此，医院在进行建筑设计时，需要考虑到医院特殊时期的就诊人流量，使建筑在保证基本功能的同时，也要考虑病患的舒适程度，符合建筑伦理的“人本原则”。疫情期间，随着患者人数的增长，许多医院运行艰难，设备、物资、病房都出现了紧张状况，因此，在医院建设过程中，需要考虑医疗设备和物资储备室，同时也要有储备病房和床位，以便在公共卫生事件暴发时能够有一定的缓冲能力。

① 秦红岭．论建筑伦理的基本原则 [J]. 伦理学研究，2015（6）：92-96.

医院建筑要考虑各部门的配合度。病患得病的轻重缓急程度不同，针对病情较为严重的病患，需要去不同科室就诊。在建筑设计的过程中，根据就近原则把这些科室放到一起，合理安排所有科室，以便病危患者能够尽快就诊。

医院建筑最基本的要求是功能合理、结构安全，医院建筑审美价值也以此为基础。建筑的美感体现在功能与构造相适应，在追求纯粹美感的同时，也应该考虑物质性的实用功能和构造的技术。建筑伦理的要求是遵循建筑的基本物理规律，注重功能的有效性和构造的合理性。

二、医学伦理下的医院建筑

医学伦理是指运用一般伦理学原理和主要准则，解决医学实践中人与人之间、医学与社会之间、医学与生态之间的道德问题。随着医疗技术和社会心理的发展，医学伦理关注的重点由以前的“技术”转向现在的“人文关怀”，当代医学也逐步从“生物医学”理念转向“社会医学”。医院的服务对象是人，“为人造物”，医院建筑要彰显“以人为本”的理念，就要在建设过程中考虑整体设计和布局，除了满足医院作为公共医疗服务场所的基本需求，还要注重医院的人文关怀，不仅将医院打造成一个实用、优质和人性化的医疗卫生服务场所，更要为病患提供更便捷和更优质的服务。医院建筑中“以人为本”的理念主要体现在以下三个方面。

第一，以病患为中心。医院建筑在建设过程中要注重病患的情感需求以及就诊人员活动科学合理的设计，充分体现人文关怀。比如结合医院的诊疗程序，科学布局诊疗室；结合医疗设备的使用需要进行合理的布局；医院还应该将门诊部科室进行分类，将不同科室设置在不同的楼层，从而为医疗活动的顺利开展提供便利，使得医院建筑设计能满足病人就诊的需要[①]。

第二，关照病患家属。家属不仅要陪伴病患，也是病患的感情需要。比如，在设计医院的过程中须考虑一些公共区域，如为住院部规划充足的空间，以便为病患家属看护病人放置床位提供空间。

第三，满足医护人员的休息需要。在设计医院的时候，要考虑到医务人员的工作和休息需要。工作诊室要保证阳光充足，医护人员为了照顾病人，经常会值班，无法休息，所以必须要给医护人员提供休息空间，让她们能够在忙碌中得到

① 赵妆凝，李坤. 医院以人为本的建筑设计理念探讨 [J]. 建材与装饰，2019（26）：118-119.

放松。对于医院的下班职工，也应提供一定的休息场所，方便放置职工的个人物品或者给职工休息。除此之外，还要为医护人员提升专业技能和内部交流提供场所，所以还要设置会议室、演示室和研讨室。

随着建筑材料以及医疗设备的更新，医院建筑也进入了新的阶段。许多学者对此进行了探究，比如病房容纳的适宜人数，医院管理方式，医院诊断流程优化等。为医院建筑的人性化发展做出了巨大的贡献。科技与社会的进步带动着医疗卫生事业的发展，人们的健康也有了保证。

三、经济伦理下的医院建筑

经济伦理考量的是经济制度、经济体制、经济政策、经济决策、经济行为的伦理合理性。亚当·斯密在《国富论》中阐述了“经济人”在满足自身利益的经济活动中使整个社会福利增加的过程。这表明，经济活动背后是由道德原则支撑的，因此，经济伦理是经济与道德、效率与公平的权衡。

医院作为一种营利性社会机构，其经济伦理一般指其营利目标与社会责任之间的关系。医院建筑的经济伦理，主要体现在绿色建筑、质量责任、公共利益维护等方面。医院建筑在设计、建造、使用、运营维护的过程中，采用绿色设计、绿色建材、绿色建造技术，以短期高投入获得长期使用，成本下降，以建筑的绿色投入获得社区和环境的可持续发展；医院建筑的质量责任主要体现在前期设计方案选择、施工方选择、设施设备供应商选择上，愿意通过合理的投资规模、完善的项目管理，在工程成本和质量之间实现平衡，切实承担工程质量责任；在公共利益维护方面，医院在保证正常稳定运营的前提下，基于特定社会需求，对于保障公共卫生、医疗服务品质以及履行公益事业职能和其他实现社会效益提升等所承担的责任[①]。我国大部分医院是公立医院，公立医院是政府实行社会福利政策的重要载体，旨在救死扶伤、防病治病，以维护人民群众的生命健康权益。因此，医院不仅仅以营利为目的，还具有明显的社会公益性质[②]。“社会责任”来源于企业中的社会责任，在医疗领域，社会责任是不同于企业的，要求医院不应只

① 王青，付晓燕，杨磊，等. 基于层次分析法构建中医医院社会责任评价指标体系 [J]. 行政事业资产与财务，2020(14)：1-5.

② 王忠信，蒋帅，等. 战略规划背景下大型综合医院社会责任体系建设探讨 [J]. 中国医院管理，2021，41(7)：22-25.

考虑自身的经济发展，还要考虑其他利益相关者的利益。

第二节　医学模式与医院建筑

从技术角度看，医学发展经历了经验医学、实验医学和现代生物医学三种模式，这三种不同的医学模式带来了医院建筑形态上的显著差别。在经验医学模式下，医院是宗教、慈善等社会活动的附属品，医院建筑往往体现浓厚的宗教色彩；在实验医学模式下，专业分工、集体协作成为近代医院的基本特征，反映在建筑上则是分科、分栋的分离式布局，医院建筑逐渐形成一种独立的建筑类型受到社会的重视①；在现代生物医学模式下，医院组织结构呈现明显的分科化，功能模块分化显著，并带来医院建筑集中化。随着医学哲学越来越注重"以人为本"的思想，现代医学模式开始向生物—心理—社会医学模式演变，现代医院强调综合治疗，不仅从生物学角度，而且从心理学、社会学以及建筑、环境、设备等方面为病人创造良好的整体医学环境。从现代医院的组成上看，大多是医疗、教学、科研三位一体的医疗中心，而且组成内容日益复杂，专业化、中心化倾向更为明显。使得医院的管理更为复杂，从而要求各项医疗服务具有严格的计划性和各方面的协调配合，对医院建筑设计也提出了更高的灵活性、适应性要求②。

本节分别介绍经验医学模式下的医院建筑、实验医学模式下的医院建筑、现代生物医学模式、生物—心理—社会医学模式下的医院建筑，着重阐述经验医学模式在不断转型的过程中带来的医院建筑形态的变化。

一、经验医学模式下的医院建筑

早在商代甲骨文中，就记载了许多疾病和医药。据《史记纲鉴》记载，"神农尝百草，始有医学"，古人类在生存斗争的过程中，经过不断的实践，利用锐利的砭石排脓放血，经验医学从此开始。

①《建筑师》编辑部．建筑师 [M]. 北京：中国建筑工业出版社，1988.

② 罗运湖．现代医院建筑设计 [M]. 北京：中国建筑工业出版社，2002.

1. 我国古代医院的发展

我国古代医院的发展可分以下四个时期：

（1）古代医院最早雏形。《周礼政要考医》："博徵天下名医，以为太医院。"《周书五会篇》：周成王在成周大会会场旁设立"为诸侯有疾病者之医药所居"的场所[①]。春秋初期出现古代医院：公元前七世纪，齐国管仲在首都临淄建立"养病院"。《管子入国篇》："凡国都皆有掌养疾，聋盲喑哑跛躄偏枯握递，不耐生者，上收而兼之疾，官而衣食之，殊身而后之。"

（2）秦汉到南北朝：西汉元始二年，因黄河一带旱灾，瘟疫流行，皇帝刘衎选了适中的地方，较大屋子，安排医生和药物，免费为老百姓治病，这是中国历史上第一个公立的临时传染病医院[②]。北魏太和二十一年，孝文帝在洛阳设立"别坊"，派遣医生，购备药物，为贫穷病者行医，还收容麻风病人。北魏宣武帝永平三年南安王选了适中地方，宽敞房屋，派医生，备药品，集中病人治疗，这是最早的公立慈善医院。西晋时设医署管理医政兼医疗。东晋及南朝各代，太医署隶属门下省，相沿 200 多年。北齐时改革医政，创立分管体制：太常寺管太医署、门下省管尚药局。

（3）隋、唐、宋时期：医学史上最早由国家开办的医学院是隋朝的"太医署"，成为世界医学史上最早的医学校。《旧唐书》记载，隋代太医署既是当时最高医学教育机构，又担负一定的医疗职能。隋代，医院称为"病人坊"。唐朝，医院称为"病坊"，大多设在庙宇里，长安、洛阳及其他各州都有设立。唐开元二十二年（公元 734 年），设有"患坊"，布及长安、洛阳等地；还有悲日院、将理院等机构，用于收容贫穷的残疾人和乞丐等。

如图 1-1 所示为中国历史上第一家公私合办医院，苏东坡创办的安乐坊；如图 1-2 所示为公元 1229 年宋平江府正式命名的医院。

（4）元、明、清时期：元朝医政管理兼医疗机构称为太医院。几乎各县一所医院，均叫"惠民药局"。大元建都北京，为适应部分人的医疗需要，于 1270 年成立"广惠司"，聘用阿拉伯医生用西药治病，是我国最早的西医医院。元、明、清太医院作为全国性医政兼医疗的中枢机构，延续七百多年。

除寺庙和官办医院外，还有私人经营的药房诊所，如三国时，吴国人董奉经

---

① 葛惠男 . 现代中医医院建设与中医学发展关系的战略思考 [J]. 江苏中医药，2009，41（8）：1-3.

② 万学红，姚巡，卿平 . 临床医学导论 [M]. 成都：四川大学出版社，2011.

图 1-1　中国历史上第一家公私合办医院，苏东坡创办的安乐坊

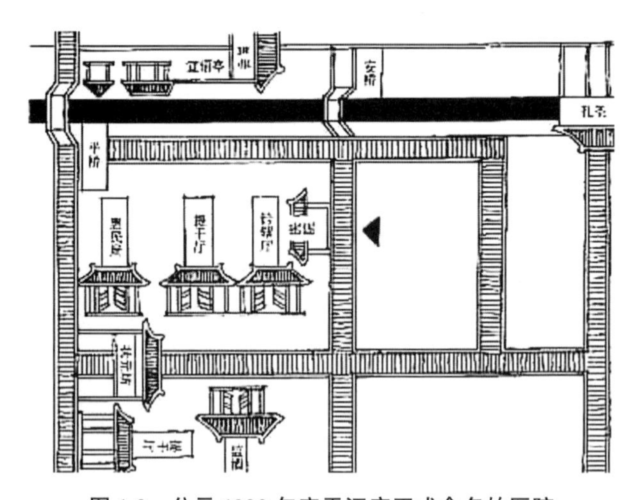

图 1-2　公元 1229 年宋平江府正式命名的医院

营的“杏林”医舍；在清明上河图中，描绘了宋代开封府赵太丞家的药店诊所，名医坐堂、应诊者众、门庭若市的情景[①]（图 1-3）。

2. 国外医院建筑的发展

国外医院建筑的发展大致经历了四个时期，分别是中世纪以前、中世纪、16—19世纪以及20世纪。各个时期的医院结构、功能、医疗技术水平特征不一，在总体上，医院建设、医疗水平渐趋成熟。

古希腊、罗马医学是西方医学的基础。古希腊的经验医学于公元前 4—6 世纪形成；而罗马医学是在希腊医学的基础上形成的，重视解剖学。古代医院在国

① 罗运湖 . 现代医院建筑设计 [M]. 北京：中国建筑工业出版社，2002.

图 1-3　清明上河图局部所示宋代赵太丞诊所

外的形式多为传播宗教的慈善机构，印度比较著名的医院是公元前 473 年的锡兰医院和公元前 226 年的阿育王医院。医院在欧洲的传教手段是设立基督教会，如公元 452 年，有上帝旅馆之称的法国里昂医院，到 1016 年，该院已发展成为封闭的庭院式建筑。9 世纪时，欧洲建立了许多与寺院相连的医院，供长途朝拜的善男信女食宿医疗之用，形成了医院、旅馆、寺庙三位一体的多功能建筑。

中世纪以前，西方治病的场所与宗教机构相联系，治疗病人、提供医疗服务的机构多为一些庙宇。公元前 3 世纪，古罗马出现了军医院，随着时间的推移，这些医院由最初的营帐变成了永久性医疗房舍，内部设置病房、娱乐区、浴室、药房和护理室（图 1-4）。到了公元 1 世纪时，基督教诞生了。基督教行使慈善职能的机构是修道院，所以医院通常设在修道院内，在接待生病的朝圣者外，

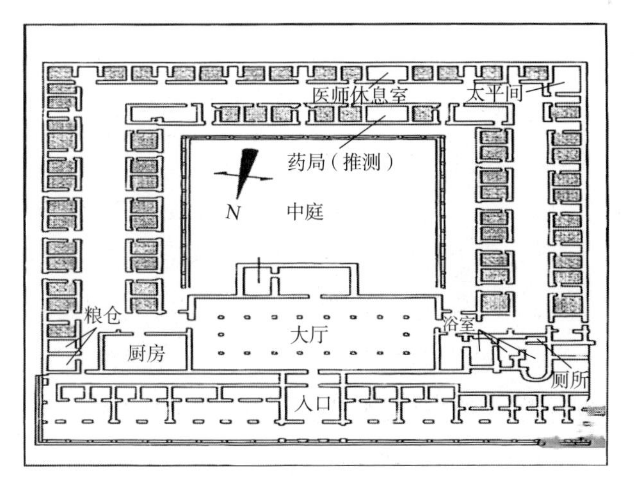

图 1-4　古罗马的军医院平面图

也收容一些流浪者、乞丐、老人、孤儿，以及一般病人、残疾人和精神病人。因此，当时的修道院医院实际上是客栈、收容、济贫和医疗机构的混合体，被称为“hospitality-infir-mary unit”。

16—19世纪，欧洲医院的功能发生了改变，医院已不仅仅是以护理、收容为主的慈善机构。16世纪解剖学的创立、17世纪血液循环的发现以及17世纪、18世纪西顿·哈姆（Thomas Sydenham，1624—1689年）和布尔·哈夫（Hermann Boer-haave，1668—1738年）在病史采集、临床观察和临床教学方面的贡献，使医院被赋予了新的含义：医院是一个可以应用科学的地方，可以观察疾病，可以教育学生的地方。18世纪，欧洲大陆最重要的医院是维也纳，该院分为6个内科部、4个外科部和4个临床部。临床部用于教学，有86张床，分内科、外科和眼科。医院的管理者为一名院长、一名副院长和一名负责教学的医生。医院有内科医生6名、外科医生3名、助理内科医生13名、助理外科医生7名，这种等级制度是按照法令建立的。

到了20世纪，随着医院技术建设的逐渐成熟，医院管理逐渐受到重视。20世纪初，美国成立了医院资格鉴定联合委员会，开始了长达34年的医院标准化运动，对医院工作质量制定了标准。1979年，美国又成立了全国质量保证委员会，专门对管理性保健组织医疗机构的医疗质量进行评价，美国还通过医疗质量报告卡制度甚至公共媒体向外界公布各个医院的医疗质量情况。1991年，英国开始成立国家卫生服务系统（NHS）的医疗专业公司，第一批成立了57家。到了1993年，英国最大的盖氏医院和圣·托马斯医院（图1-5）也合并到了NHS的医院专业公司。到了1995年，英国所有的卫生保健服务都由NHS的医院专业公

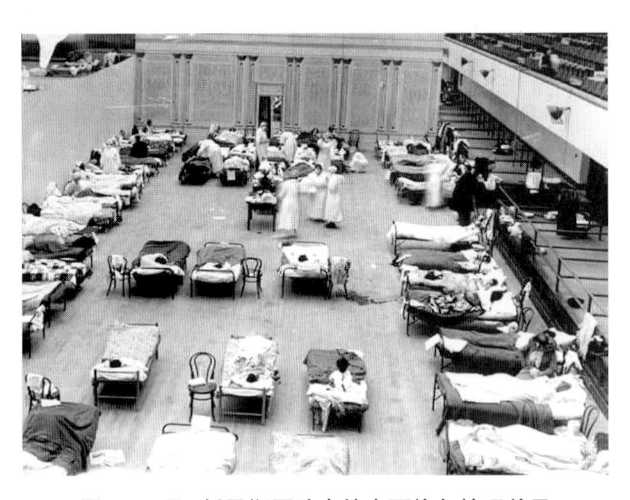

图1-5　圣·托马斯医院内的南丁格尔护理单元

司提供。全民免费医院服务模式在英国医疗机构的国家统一管理下开始实现。但依旧未解决医疗服务的及时性问题，尤其是医院服务，非急诊病人的住院和手术需要长时间等候。这种问题在欧洲其他卫生保健覆盖面广的国家也同样存在。

纵观国外医院发展历程，中世纪前医院的主要形式是庙宇，不是现代意义上的医院；这个时期的医院几乎完全被基督教控制着；军队医院在历次战争中发挥了重要作用，对普通医院的发展也产生了积极影响；17 世纪后，基督教对医院的影响逐渐减弱，这个时期的世俗医院也得到了发展；到了 19 世纪，科学技术对医院的发展产生了重要影响，此时医院的功能开始从社会功能向医疗功能转变，医院成为集医、教、研于一体的临床机构；进入 20 世纪，医院技术建设逐渐成熟，但此时，社会经济问题又成为需要解决的重要课题。

二、实验医学模式下的医院建筑

14 世纪中期，被称为“黑死病”的鼠疫席卷整个欧洲，面对“黑死病”，教廷和旧医学体系无力抵抗，破除了人们对于中世纪以来对以教廷为主导的医疗体系的迷信，医学从哲学、宗教进一步分离出来，向着专业化的方向迈进了一大步。“黑死病”成为西方医学的分水岭。

15—16 世纪，随着资本主义的萌芽和发展，意大利的“文艺复兴”、德国的“宗教改革”推动了医学的复兴运动。安德烈·维萨留斯（Andreas Vesalius）完成了《人体的构造》，标志着建立在实验基础上的近代医学的诞生[①]。

17 世纪初，显微镜的发明和使用，对人体细微构造的认识有了很大进步，医学基础研究深入到了生理学的领域，为医学走上实验科学的道路奠定了基础。

医疗技术在这一时期也出现了空前繁荣的创新。输血、消毒、灭菌术、麻醉术、近代护理、X 光和心电检查等不断出现，手术治疗取得了划时代的进展。这一时期，各科室之间分工协作的近代医院形式出现，实现了专业分科和医护分工，形成了人员、设备按专业归口集中。近代医院建筑多采取分科分栋的分离式布置，为的是控制疾病传染，如巴黎的拉丽波瓦西埃医院（图 1-6），其平面有 10 个翼形尽端，并以廊连通，形成内院，前面是办公、药房、厨房；后面是手术、洗衣、教学，6 栋病房可容纳 606 张床，规模较大，其在分立式布局的基础

① 孙希磊 . 基督教与中国近代医学教育 [J]. 首都师范大学学报（社会科学版），2008（S2）：133-137.

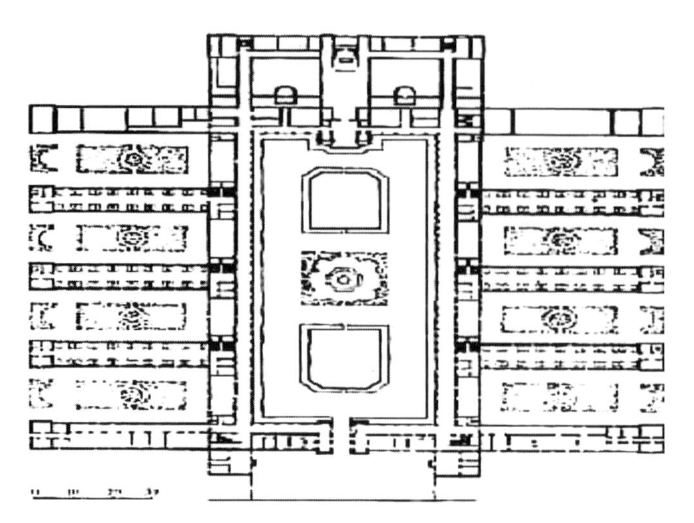

图 1-6　巴黎拉丽波瓦西埃医院平面图

上，又有了新的进展。

随着西方传教士进入我国，我国近代西式医院最初为教会医院，19 世纪 20 年代，英国伦敦会传教士马礼逊（Robert Morison）在澳门开设诊所；1827 年，东印度公司郭雷枢医生（Thomas. R. Colledge）参与其中并开设眼科医馆，被认为是中国西医医馆的开端；后来美国传教医生士禆治文（E. C. Bridgman）在广州创立“中华医药传教会”，西医更大规模、更系统地传入到我国，其中有代表性的是美国人嘉·约翰（John Glasgow）于 1859 年在广州创立的博济医院、英国人洛克哈特（William Lockhart）于 1846 年在上海建立的仁济医院、英国人德贞（John Dudgeon）于 1865 年在北京建立的“双旗杆”医院，后来该院与其他几所医院合并为北京协和医学院[①]（图 1-7）。据 1935 年同仁汇编《中华民国医事综缆》记载，当时外国在华共设医院 166 处，这些医院以眼科和外科手术见长。

医疗机构的增长推动了教会大学医学教育的发展。到 20 世纪初，我国已经形成 14 所教会大学，其中下设医学院的有 6 所，即上海圣约翰大学医学院（1905 年）、成都华西协和大学医学院（1910 年）、长沙湘雅医学院（1914 年）、北京协和医学院（1914 年）、广东岭南大学医学院（1916 年）、山东齐鲁大学医学院（图 1-8）（1931 年）[②]。

① 罗运湖 . 现代医院建筑设计 [M]. 北京：中国建筑工业出版社，2002.

② 孙希磊 . 基督教与中国近代医学教育 [J]. 首都师范大学学报（社会科学版），2008（S2）：133-137.

图 1-7　北京协和医学院

图 1-8　山东齐鲁大学医学院

三、现代生物医学模式下的医院建筑

18 世纪病理学的发展、19 世纪细菌学和防疫接种以及病原体研究，使细胞病理学、微生物学、免疫学、生理学、生物化学、药理学等均有显著发展[①]，医学不断吸收物理、化学、生物、机械等近代科学技术成果，在临床医学、护理与医药、公共卫生等方面迅猛发展，逐步形成比较完整的医学科学体系。生物医学模式将疾病的发生、发展和转归机制建立在生物学基础之上。医师对疾病的诊断需依据对人体的生物学变量、细胞结构和生理病理的改变等方面的检测结果，从而找到生理或理化的致病原因，并采取相应的治疗手段。生物医学模式标志着现

① 罗运湖 . 现代医院建筑设计 [M]. 北京：中国建筑工业出版社，2002.

代医学体系的建立[①]。

生物医学模式的确立带来了现代医院的分科化，医院的组织结构体现为高度专业化的临床科室及辅助医疗部门。首先，医院建筑功能模块逐渐明晰。医院建筑的功能大致可分为医疗与后勤供应两大部分。医疗部分在医院分科化的基础上可分为门诊部、医技部、护理部、住院部；而后勤供应部分则包括锅炉房、洗衣房、变配电室、空调机房、氧气、压缩空气、氮气等各种机械动力设施。现代医院设计的关键是如何合理并有效地解决各种流线，看得见的流线包括人流、物流、车流，隐形的流线包括空调管、水管、氧气管等。

医院建筑布局与现代医院的经营方式及医院功能的不断细化密切相关。随着医院各科室功能的不断细化，两者之间的联系也变得越来越密切，缩短了病人、医生及护士在不同部门之间往返的时间，提高了治疗及工作的效率。现代医院的诊疗水平在很大程度上依赖于复杂昂贵的医疗设备，为实现前期医疗设施设备投入的规模经济，现代医院尽可能扩大其医疗服务的覆盖面，因此往往选址于人口稠密、交通便利的城市中心区。由于市区土地资源稀缺，医院建筑的泊车指标和基地绿化率指标也比其他类型建筑高，迫使医院建筑采取集中式布局，尽可能充分利用其土地价值。

医技部门成为医院建设的重点。医疗设备在疾病诊查及治疗中的广泛使用是现代医学的特征之一。因此，现代医院对医技科室的依赖性也越来越强。新型的诊断、治疗和信息交换的仪器设备给现代医院建设带来了新的课题和挑战，有关医技科室的功能安排和技术要求，一直是医院工程建设的难点，尤其是放射科、检验科及手术部，除了因建筑设计、施工方缺乏相应的专业知识外，不同设施设备对建筑空间和建筑物理环境的技术要求也难以把握[②]，医院建设成为医疗服务、工程建设、工业制造不同领域交叉融合的载体。

四、生物—心理—社会医学模式与医院建筑

生物—心理—社会医学模式的基本内容是“立足于生物、心理、社会等各种学科认识疾病和健康，不仅应从生物学的变量来测定，而且必须结合心理、社

① 徐文辉 . 现代医院建筑人性化设计的初步研究 [D]. 杭州：浙江大学，2004.

② 张铭琦 . 新医学模式背景下的城市大型医院护理单元设计模式语言初探 [D]. 北京：清华大学，2003.

会因素来说明，并且必须从生物的、心理的、社会的水平采取综合措施防治疾病、增进健康”，突出了心理因素、社会因素（包括社会环境因素与人化自然环境因素）对人的健康的影响[①]。

生物—心理—社会医学模式对医院建筑和医院管理提出了新的要求。医院由单一的医疗机构向“医疗、预防、保健、康复”的综合型机构转变，更加重视人的心理和社会需求，以及全面综合“大健康”信息的获取，强调防治结合以及医养结合

医院建筑艺术化、家庭化趋势更加明显。“医疗环境”将成为医院建筑设计的重点关注，更加关注医院布局、设施的情感度、人情味、使用友好性，将“以人为本”的理念贯彻到医院建筑设计和医院管理的方方面面。医疗环境质量将与医、护人员素质，医疗设备设施等共同决定现代医院的诊疗水平。

数字时代医院建筑的人本理念离不开数字化医院建设。数字化医院主要包括数字化医疗设备、医院管理信息系统（HIS）、医院影像处理系统（PACS）以及远程医疗服务等[②]，通过自动化、信息化和数字化节省患者诊疗时间，提升患者就诊体验，提升医疗服务质量。

---

① 张广森．生物—心理—社会医学模式：医学整合的学术范式 [J]. 医学与哲学（人文社会医学版），2009，30（9）：8-10.

② 张铭琦，吕富珣．论医学模式的发展对医院建筑形态的影响 [J]. 建筑学报，2002（4）：40-42+67.

第二章　医院建筑形态

第一节　医院建筑形态的主要类型

建筑形态是建筑在一定条件下的表现形式，包含建筑的形式和情态，是建筑设计的基本要素和核心要素。医院因其功能特殊、流线复杂以及医疗技术、医学模式的发展变革等因素，其形态一直是建筑设计关注的焦点和重点[①]。医院建筑形态指的是医院主体部分的门诊、医技和住院三者之间的关系特征。医院建筑形态由于组成要素、功能结构以及所处的自然、社会等环境的差异而形式不一。

影响医院建筑形态的因素是多层次的，如经济社会发展水平，社会医疗体制，医院的管理模式、运营模式、服务模式（如分级医疗制度、转诊制度等）和功能模式，这些因素深刻地影响着特定区域和时代医院建筑的形态和布局。

医院建筑形态的核心是与医疗功能的匹配，以合理的医疗功能引导建筑形态设计。随着医学模式的变化，医院的使用功能的内涵也发生了变化，尤其在专业学科分工趋于细化、并强调边缘学科互相渗透的背景下，医院使用功能呈现出一种全方位的、立体的形态[②]。这个过程是维系整个医院从局部到全局的中枢。中枢包括了竖向及水平交通，人流及物流的组织，也包括了图像传输、信息交互、智能化管理以及自动化物流系统，甚至包括能源供应、综合管线的敷设。中枢的形态取决于医院功能设置、设施的标准控制以及功能的使用频率等因素，从而形

① 陈潇，邱德华．建国以来综合医院建筑形态演变及发展趋势研究 [J]. 华中建筑，2016，34（2）：18-23.

② 李力．大型综合医院医院街设计研究 [D]. 沈阳：沈阳建筑大学，2012.

成了不同的医院形态[①]。

医院建筑形态与医院整体布局密切相关。根据医院布局的集中—分散程度，医院建筑形态可以分为集中型、密集型和分散型。其中，集中型建筑用地节省，流程紧凑，暗房间多，依赖人工通风与采光，能耗大，裙房进深大，视野差，高层病房环境视野好；密集型建筑用地适中，流程适当，可充分利用自然通风与采光，环境视野好，利于低碳排放、节能降耗；分散型建筑占地较大，流程较长，可充分利用自然通风与采光，与自然环境融合，利于低碳排放及节能降耗。

本书基于集中—分散分类标准，将医院建筑进一步区分为着重阐述多栋连廊式、多翼集簇式、单元拼接式、塔台式、综合体式五种类型的医院建筑形态。

一、多栋连廊式

多栋连廊式建筑是一种较为分散的建筑形态，门诊、医技、住院按使用性质分别设计为若干栋相对独立的建筑，再用公共走廊、交通枢纽连成有机整体。这种类型在国内外医院建筑中得到广泛运用，按其分栋数量可分为三栋式、二栋式、多翼式、分散式等类型[②]。

三栋式指的是门诊、医技和住院。为适应基地的条件变化，三栋之间以廊道连通，或前、中、后呈“工”字、“王”字形布局，或左、中、右呈“山”字形排开；或左、右、后呈“品”字形布置等。为方便与城市主要干道衔接，缩短门诊病人的外部流线，一般将门诊居前；为实现对门诊和住院双向服务，缓冲门诊人流对住院部的干扰，将医技居中；住院部位于医院腹地，拉开与城市干道的距离，便于为住院病人营造一个安静舒适的养病环境，免受城市噪声的干扰，且利于采光通风。三栋式结构与门诊、医技和住院的“三级”功能结构相吻合，便于根据各自需要选择适合的建筑和结构形式，在我国应用极为广泛[③]。

如图 2-1 所示为山东省潍坊市中医院东院区总平面图。该建筑由浙江现代建筑设计院设计，潍坊昌大建设集团承建。门诊、医技、住院分三栋，与一条“医院街”相连，呈典型的“王”字形布置，门诊楼突前，接近城市道路，便于两者

① 姜波 . 山西大医院施工图深化设计中的若干问题探讨 [J]. 科技情报开发与经济，2011，21（7）：183-186.

② 罗运湖 . 现代医院建筑设计 [M]. 北京：中国建筑工业出版社，2002.

③ 同上 .

衔接。医技楼位于门诊楼后端，分左右两翼，由一条医疗主街贯穿其间并连接门诊楼和住院楼。门诊、医技、住院之间通过四条空中廊道，与相应标高的楼层相互联系，形成功能上的有机整体。保健中心、妇儿中心和科研中心位于主楼左侧，形成另一个相对独立的三栋式楼群，行政综合楼和后勤楼位于三座主楼右侧。

图 2-1　山东省潍坊市中医院东院区总平面图

二、多翼集簇式

其特点是住院部分相对集中，门诊、医技横向铺展，形成多翼并联。虽分散布置多栋，但采取缩廊压距的办法，门诊楼、医技楼之间的间距只满足必要的采光通风要求，从而形成分而不散的紧凑布局[①]。日本的一些医院的这种特性极为明显，北京的中日友好医院也具有此种特性。

如图 2-2 所示为北京中日友好医院总平面图。其放射楼与手术楼，制剂楼与营养厨房以及门诊楼各翼间的距离均只有 6m 左右，打破了一般的间距概念。

潍坊市人民医院建筑布局（图 2-3）也具备多翼集簇式建筑特征。该项目用地面积约 $65646m^2$，总建筑面积为 $317205.81m^2$。其中，地下工程建筑面积为 $115978.36m^2$；地上部分建筑面积为 $146764.06m^2$；住院综合楼的建筑面积为 $74420.56m^2$；科研综合楼的建筑面积为 $26856.71m^2$；配套楼的建筑面积为

① 罗运湖．现代医院建筑设计 [M]. 北京：中国建筑工业出版社，2002.

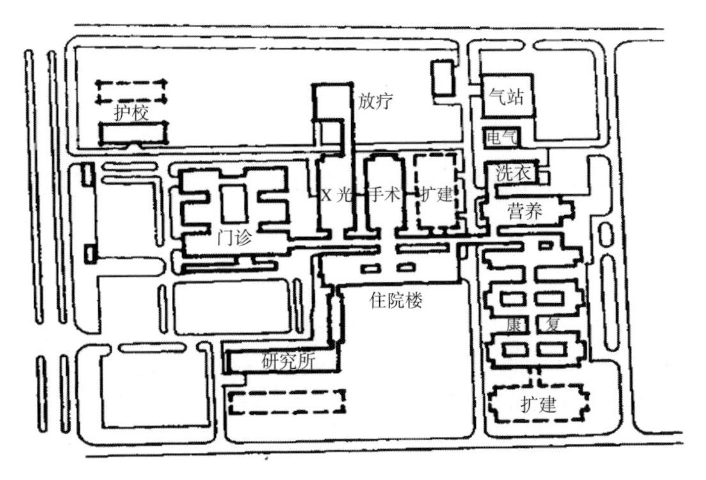

图 2-2　北京中日友好医院总平面图

$27606.68m^2$；急救综合楼的建筑面积为 $125286m^2$。本工程的急救综合楼为地下 3 层，其余为地下两层，地上部分的住院综合楼为 18 层，建筑高度为 78.00m，科研综合楼、配套楼 12 层，建筑高度均为 54.00m。建筑布局以医院门诊楼为核心，内科院区与急救综合楼横向铺展，门诊楼、急救综合楼、科研楼形成多翼并联，从而形成分而不散的紧凑布局。主楼采用钢筋混凝土框架—剪力墙结构，裙楼采用混凝土框架结构，抗震设防烈度 9 度。住院综合楼、科研综合楼、配套楼、急救综合楼主楼采用桩基础，裙房及纯车库区域基础采用独立基础 + 防水板形式。

图 2-3　潍坊市人民医院项目

三、单元拼接式

第二次世界大战后，欧洲医院建设数量较大，出现了一些不同类型的医院标准设计，方便按照图纸重复建造。但由于医院建设情况不一，这些标准设计很难同时满足不同的建设条件和规模需求。20 世纪 70 年代，设计标准发生了变化，由医院缩小到医院内部一个单元或更小的功能单元。同一体系的设计单元有统一的技术参数、结构体系和构造做法，可以灵活拼接组合，大大增强了医院建设标准的适应性。其共同特点是都用于多层或低层的横向组合。

医学和医疗技术的发展促使医技部门功能空间不断扩充，护理单元更加专门化和重症化，医院内部交通日益繁忙，独栋高层医院建筑难以解决医院内部交通问题以及紧急情况下的疏散问题①；20世纪80年代初，欧洲医院建筑出现了新的趋向，即从高层转向低层，反映了人们对高层建筑和紧张的都市生活的厌倦。多层紧凑、低层庭院的单元拼接式医院便应运而生。例如英国的 Nucleus 体系，采用“+”字形单元，每层约 1000m²，跨度 15m，用这种单元可分别满足门诊、医技、住院等部分的不同功能要求，内部调整灵活②。

如图 2-4 所示的是比利时鲁汶大学德鲁教授提出的基于 Meditex 体系的安特

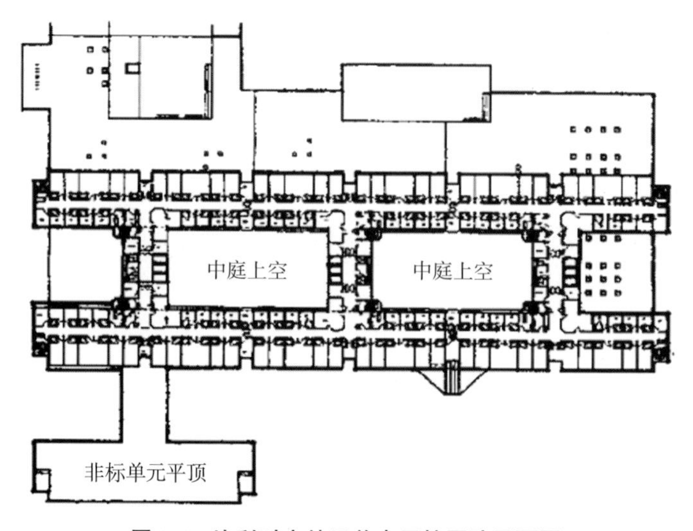

图 2-4　比利时安特卫普克里拉医院平面图

① 李郁葱 . 比利时鲁汶大学医疗建筑教学研究及实践——合理化设计、中国医院和 Meditex 体系 [J]. 城市建筑，2008（7）：33-35.

② 周欣 . 中小型医疗建筑空间探讨 [D]. 长沙：湖南大学，2008.

卫普克里拉医院。病房层是由 3 个 H 形标准单元组成的两个内庭空间，变外墙为内墙，成为节能建筑。地下和地面层成板块状铺开，不受刻板的单元模式的影响，而基本参数仍按 Meditex 网格体系要求，更加机动灵活。

四、塔台式

将门诊楼、医技楼、住院楼按下、中、上的顺序重叠在一起，形成一栋大型医疗建筑综合体。现代大型城市医院规模大、用地紧，而且强调高效紧凑，塔台式的建筑形态具有平面流线短捷、功能关系紧凑、医疗效率较高、节约城市用地等优点，在一定程度上缓解了城市用地不足与医院规模扩张之间的矛盾。日本和一些西方国家率先采用这种“一栋式”的医院模式，医院的所有科室和部门几乎包括在一栋楼内，其功能关系非常紧凑，各部门之间全为内部联系，流线极为短捷，省时增效，大大节约了用地和管线。这种医院模式在现代医疗科技和经济实力的支持下具有较大的生存和发展空间。但是过于集中的模式也会给医院建筑的竖向交通带来一定程度的负荷，且难以保障卫生条件。

五、综合体式

医疗综合体（Medical Mall）即在一个建筑区域同时配备医疗设施、社区养老、研究机构等相关医疗配套以及商业元素，实现多功能融合的载体。医院为人流量的入口，外围布局餐饮、休闲、医药等商业区域，并通过道路修建以及绿化设计，将医疗机构服务业态与商业区域合理地连接成为一个社区，实现“医院中的城市”，将医院与周边的交通、商业体融为一体，让医院成为城市和市民生活的一部分，达到“去医院化”的效果。

医疗综合体的模式最早起源于美国，在商业发展进程中，各大购物中心面临着竞争激烈、消费增长乏力、电商冲击等问题，开始寻求现有空间的新用途，如新增教育、医疗、办公等。相比于传统的医院建筑形式，“一站式就医”的综合体式具有以下突出特征。

1. 资源进一步集聚

通过医疗综合体的统一建设规划，集门诊、医技、病房、科研、办公、后勤等功能于一体化，实现医疗资源及医疗配套、大健康等更大范围的保健保养服务在空间上的合理布局统筹。从运营者角度，医疗配套和保健服务功能的社会化、集聚化，整合医疗资源，提供具有针对性的医疗和健康服务，有助于核心医疗部门将主要精力集中于检验、病理、超声、医学影像等医技科室及药房、手术室等硬件基础的建设及日常辅助运营管理。

2. 公共服务属性增强

与普通的医院建筑模式相比，休憩、餐饮、银行、商务等多种功能的实现，在丰富了医疗综合体业态的同时，增强了其公共服务性。尤其在当前传统医院模式中，医疗资源供给紧张，医患之间缺乏有效的沟通机制，医疗纠纷时有发生。在此背景下，集合了更多医疗服务形式的医疗综合体，一方面，各机构可以通过共享空间、员工、仪器和技术，减少医疗成本，实现医疗资源共享；另一方面，可以使功能定位更加多元化和灵活性，从服务角度释放更多人文关怀，服务于患者生理—心理—社会需求，或服务社区居民。

3. 生态节能和可持续性

医疗综合体在实现多业态聚集的同时，也可以对周围环境进行统一的规划调整，使室内外环境的和谐性、舒适性得到提高。新型的建筑形式要以“为患者提供更优质的服务”为基本，践行以人为本、生态化、绿色化的建筑设计的理念，提升医院综合体的服务能力及应用效率，提升建筑空间的综合实用性，为患者创建良好的诊疗环境，保证顺利运营、可持续发展[①]。例如，可以实现建筑内外色彩、材质和城市环境高度协调，进而推进实现环保节能、实现生态文明、环境健康等发展目标。

深圳市新华医院（图 2-5）建设项目（简称“新华医院”）是深圳市政府全额投资的重大民生项目，定位为集“医疗、科研、教学、预防保健”为一体的三级甲等综合性医院。该项目位于深圳市龙华区民治街道新区大道及民宝路交汇北侧，总建筑面积为 50.9 万 m^2，规划床位 2500 张，停车位 2500 个，已于 2018 年 9 月开工建设。项目由门诊、急诊、医技、病房、行政、科研、教学等功能板块构成，地下 4 层，地上 22 层，裙楼 6 层。

新华医院建设整体以“现代、绿色、人文、智慧”为设计理念，以医疗综合体为基础，重视医院内部空间与周边城市空间的联动关系，“不设围栏，融于城市”“与道路交通无缝接驳”，将医院与周边的交通、商业融为一体，使得医院成为城市和市民生活的一部分。建筑主体四周规划空地为绿地，两栋塔之间的裙楼

① 张琪，张雷 . 中华国医坛世界养生城医院综合体项目设计策略研究 [J]. 中国医院建筑与装备，2021，22（4）：55-58.

图 2-5　深圳市新华医院

顶部广场打造成 1.2 万 m^2 的空中花园，不仅为患者营造花园式的休养疗愈环境，也为周边居民提供一处闲暇休憩的城市公园。

新华医院在空间布局上充分运用 BIM 技术，采用“中庭式”布局，以中央办理大厅为核心，组织联系各功能科室，并以此作为水平、竖向交通的空间节点，形成顺畅的人流交通动线。

新华医院急诊中心面积约 1 万平方米，占到医疗综合楼首层的 30%。考虑到急诊病人的黄金抢救时间，急诊中心配备了较齐全的诊疗功能，设置检查科，能独立完成病人大部分的检查，尽量让病人少跑路。另外，由于综合医疗楼竖向人流通行压力比较大，为其增加 16 部垂直电梯进行上下联络，并仔细考虑了电梯的进深、开间以及关门速度，极大优化了医疗综合楼的竖向交通动线。

在新华医院建成后，交由北京大学深圳医院运营。未来，将依托北大深圳医院智慧医院优势，致力通过健康大数据、5G 应用和医工结合等创新模式，建成为粤港澳大湾区集医、教、研于一体的现代化区域医疗中心，同时具备应对深圳北站交通枢纽中心紧急突发事件的能力。

第二节　中医院的建筑形态

中医有传统的诊疗方法和独特的医疗流程，如“望、闻、问、切”和针灸、推拿、拔罐等，对建筑空间也有着不同于西医的特殊要求，因此，中医院在设计和建设上具备独特的建筑形式、建筑性格和建筑表情。近代以来，西方现代建筑思潮对中国传统建筑的影响，以及西医院的盛行，致使中医院受到严重的西化，中医院特色逐渐流失。21 世纪以来，技术进步、社会生产生活方式的改变使得人类生活方式产生了巨大变化，生活节奏加快、身心压力加大，生态环境恶化，人类对健康的理解从“治病”转向“治未病”，健康、保健理念日益普及，与中医养生理念高度契合，特别是在大疫流行时期，中西医结合产生的良好治疗效果，使得中医特色诊疗被重新重视。

一、中医院建筑模式的发展历程

中华文化源远流长，作为中国传统文化的一部分，中医的发展经历了悠久的历史，并随着时代的进步而不断丰富完善。其发展历史大致可分为四个阶段：

中医萌芽于远古后期，即夏、商时代，经历了中国封建社会的漫长发展。一般以寺庙医院或官办“太医院”的方式出现，这个时代尚未出现专门的诊疗设备，医生凭借自身经验，通过“望、闻、问、切”的诊疗方法对患者进行诊治。在医院建筑形式上，主要采用寺庙、合院等中国传统建筑形式。

民国前后由于西学东渐，西方医学技术和理念逐渐进入中国，不仅影响了中医的理疗理念，西医的医疗技术，如消毒、检查也开始被大众接受。但由于当时中国经济落后、科学技术发展缓慢，时局动荡，中医发展步伐缓慢，西医在医学理念和医疗技术上在中国的影响力持续增强。在建筑形式上，伴随近现代医学学校的出现，中医院作为医学校的附属机构。建设探索期是在新中国成立后；而成熟期则是新时期的发展。

中华人民共和国成立以后，国家大力支持发展中医中药，重视用传统医学改善人们的健康水平。在国家政策的扶持下，中医院得到了较快发展。但这一阶段，西医在中国逐渐普及，中医院西化的趋势日益明显，表现为医疗技术部门在医院中地位的增强，甚至有完全取代中医的趋势，中医和中医院在很长一段时期内遇到了发展“瓶颈”。

新时期由于人类生产生活方式的变化、生态环境恶化，健康、保健理念日益普及，与中医养生理念高度契合，中医的理念和医疗方式重新进入大众视野。同时，由于国家在中医传承和发展上的投入加大，中医研究、中医人才培养逐步形成完整体系，中西医结合的现代中医院逐渐成熟，中医院发展也进入了新时期。

如表 2-1 所示为中医院空间布局变化研究表。

中医院空间布局变化研究表 **表 2-1**

阶段	历史时期	建筑形制	主要功能	空间布局
萌芽期	春秋时期 汉朝　寺庙 唐朝　里坊制 宋朝　安济坊 元明清　官办医院	堂 合院 寺庙 小规模建筑群	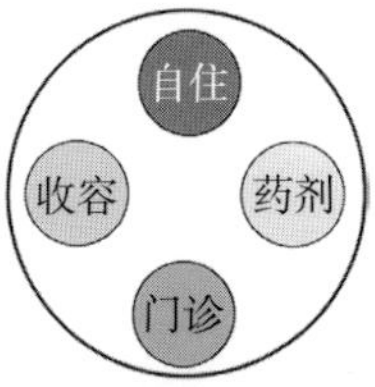 自住 收容 药剂 门诊	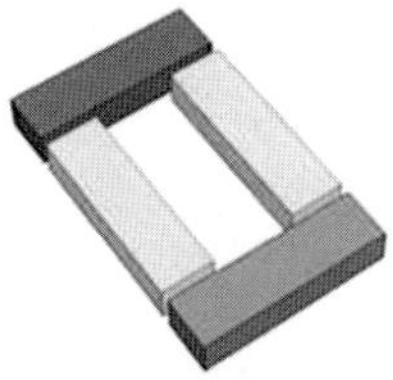
创办期	民国初期 粤港澳最先尝试创办 北洋政府时期 中医学校和医院广泛设置	宅院 小规模建筑群	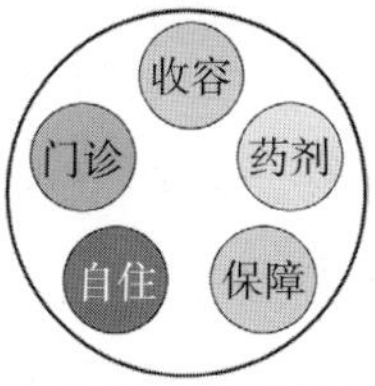 收容 门诊 药剂 自住 保障	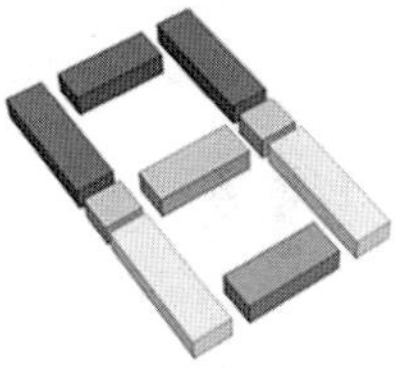
探索期	中华人民共和国成立初期 中西医结合 改革开放，兼收并蓄 20 世纪末	集中式空间 竖向立体发展	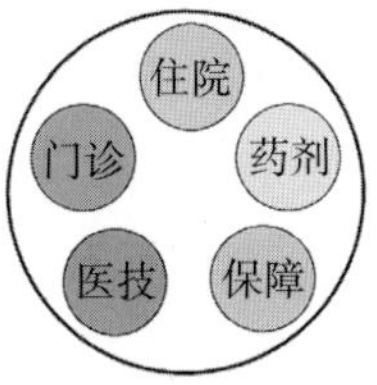 住院 门诊 药剂 医技 保障	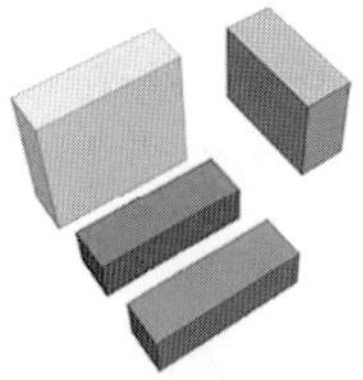
快速发展期	弘扬中医，结合西医 重视传统，创新传承 21 世纪	多功能复合型空间 复合型建筑群	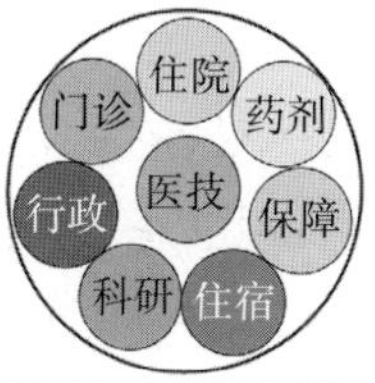 住院 门诊 药剂 医技 行政 保障 科研 住宿	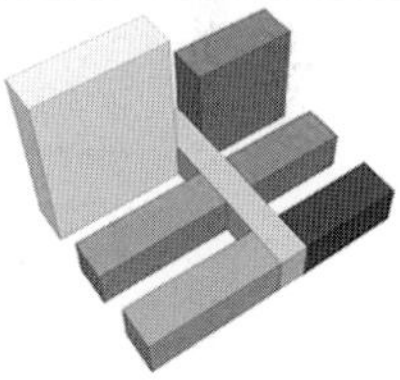

二、中医院的建设标准与功能系统

由于治疗手段、医疗技术、治疗设备等方面的差异，根据《中医医院建设标准》建标 106-2021，中医院按病床数量设有 60、100、200、300、400、500 床的规模，而综合医院的病床数量为 600、700、800、900、1000 床的规模较为常见。

中医院的规模一般比综合医院的小。

根据《中医医院建设标准》建材 106-2021，中医院的构成部门，除了门诊部、急诊部、住院部、医技部、保障系统、行政管理和院内生活部门七个综合性医院部门外，中医院增加了中药制剂室、传统诊疗中心、康复科、针灸科、推拿科、名医堂等具有中医特色的科室和部门，且这些强调中医特色的科室在中医院部门设置中具有重要地位。中医院建设标准见表 2-2。

中医院建设标准　　表 2-2

特色项目名称	建设规模（床）				
	100	200	300	400	500
中药制剂室	小型 500 ～ 600		中型 800 ～ 1200		大型 2000 ～ 2500
中医传统疗法中心（针灸治疗室、熏蒸治疗室、灸疗法室、足疗区、按摩室、候诊室、医护办公室等中医传统治疗室及其他辅助用房）	350		500		650

中医院主要依靠“望、闻、问、切”的人工手段进行疾病的诊断、依靠药物进行疾病治疗，因此相对于现代医学，中医对于医疗技术、医疗设备需求相对较少，因此形成了中医院的“小医技”和综合医院的“大医技”的显著区别，这也是造成中医院和综合医院规模差异的主要原因。根据《中医医院建设标准》建标 106-2021，床位分别为 60、100、200、300、400、500 的中医院，医技科室占总建筑面积的比例分别为 19.7%、17.5%、17%、16.6%、16%，而相同规模的综合医院中医技科室占总建筑面积的比例达到了 25% 以上。中医院和综合医院基本用房及辅助用房在总建筑面积中的比例关系比较见表 2-3。

中医院和综合医院基本用房及辅助用房在总建筑面积中的比例关系比较　　表 2-3

部门	比例（%）						
	中医院						综合医院
床位数	60	100	200	300	400	500	200 ～ 1000
急诊部	3.1	3.2	3.2	3.2	3.2	3.3	3
门诊部	16.7	17.5	18.2	18.5	18.5	19.0	15
住院部	29.2	30.5	33.0	34.5	35.5	35.7	39
医技科室	19.7	17.5	17.0	16.6	16.0	16.0	27
药剂科室	13.5	12.1	9.4	8.5	8.3	8.0	—
保障系统	10.4	10.4	10.4	10.0	9.8	9.0	8

续表

部门	比例（%）						
	中医院						综合医院
行政管理	3.7	3.8	3.8	3.7	3.7	3.8	4
院内生活	3.7	5.0	5.0	5.0	5.0	5.2	4

三、中医院的医疗行为、医疗需求和空间尺度

建筑学中素有“形式追随功能”的建筑设计理念，将建筑实用性功能作为建筑设计的首要因素，强调建筑功能的重要性。医院作为功能性很强的公共建筑，其功能空间设计需要根据医护人员和患者的行为模式和医疗需求进行设计和规划，中医医院的建筑设计和内部空间规划同样需要遵循这一理念和准则。

随着中西医结合程度的加深，中医院医生和综合医院医生的医疗行为具有很多共同点，如观片、诊断、看片、洗手消毒等，因此在诊室设计上也有诸多共同之处，中医诊室同样配置观片灯、更衣柜、洗手盆等设施；但中医在医疗行为和诊疗手段上的差异也十分明显，比如药剂科需要储药柜、煎药机、包装机等设备；儿科、康复科需要药品储柜、穿刺台、康复训练等设备；针灸、推拿科需要配备推送治疗工具的设备。

中医院在内部空间尺度上有相对特殊的要求。所谓空间尺度，是指诊疗单元的规模、开间和进深、区域通行尺度等。对于像针灸治疗室这种中医特色科室房间，当医生给患者治疗的时候，要注意推着放置针灸用的针和灸疗拔罐用的器具的小车的尺度，还要考虑拔罐点火的特殊需求以及身体不便的乘坐轮椅的尺度。另外，中医的医疗行为和患者的医疗需求要求中医诊疗室内部空间设置有一定特殊性。比如在针灸科，往往采用诊室和治疗室相分离，或者诊室和治疗室串套的布局模式。

案例 1　潍坊市中医院东院区建筑形态

潍坊市中医院（图 2-6）于 1955 年建院，目前医院拥有 2600 张床位，年门诊量 150 万人次，开展各类手术 3 万例，综合服务能力位居全国地市级中医院前列。医院先后获得全国卫生计生系统先进集体、全国改善医疗服务示

范医院、全国医患和谐医院等多个荣誉称号。现拥有2个国家临床重点专科（脑病科、骨伤科）、2个国家“十二五”重点专科（外科、肿瘤科）、2个省级重点学科（中医脑病学、中西医结合临床）、11个省中医药临床重点专科、4个齐鲁中医药优势专科集群成员专科、2个齐鲁医派中医学术流派传承工作室、1个齐鲁中医药优势专科集群牵头专科（脑病科），以及31个市级重点学（专）科、4个市级临床精品特色专科，搭建起了国内一流的诊疗平台。

图2-6　潍坊市中医院实景图（鲁班奖）

图2-7　潍坊市中医院东院区医院内部院落实景图

潍坊市中医院东院区是潍坊市中医院新建的一所集医疗、科研教学、预防于一体的市属综合性三级甲等中医医院（图2-7）。医院总用地面积7.629万m^2，总建筑面积18.26万m^2，床位数1500床，分为二期建设，一期建设床位800床，建筑面积11.9万m^2，分为病房综合楼、门急诊医技综合楼、行政后勤综合楼，地上5～12层，建筑高度24.1～59.1m；二期保健中心、妇儿中心、科研教学中心，地上10层，建筑高度47.1m。规划、建筑与室内设计均强调中医治疗的深层理念，力图使其在遵循中医诊疗建筑布局、中国建筑基本元素、自然园林中达到协调。

总体布局

潍坊市中医院东院区呈一心、两翼规划。以一期建筑为中心，分东西两翼：东翼为中心绿地区，该区内设行政办公及后勤中心，环境优美；西翼为专科建筑，分别为保健中心、妇儿中心及科研教学中心，与前者相互独立又联系便捷。规划围绕中心建筑展开，各组团形成适宜的间距，让每栋建筑充分享有阳光、空气和绿化。项目将以综合医院为依托，打造成为兼具综合医疗、中医康复、健康养生等功能于一体的综合性中医院。

医院整体建筑设计不仅保留了医疗功能的特殊性，而且建筑群体组合变化灵活，有利于未来的发展；在建筑形体上也满足城市规划景观设计的要求。医院内部医疗建筑设计功能分区合理，洁污路线清楚，避免或减少交叉感染，平面布局紧凑，交通便捷，管理方便，以其整个医疗建筑为本项目的核心内容，居场地中东部，基于用地形态，建筑呈北中南设置，北部为门诊单元，医技居中部，病房位于南部，与其他体块的联系非常便捷，体现医技的核心作用。主街联系南中北模块，形成通畅的水平交通，东中西方向设中庭，拥有开阔的空间感受。大楼竖向交通沿主街设置，形成顺畅、简短的立体交通网络，方便院内所有人员的行程。

医院内部清静自然的景观规划，通过建筑的合理定位，围合出大规模的中心绿地，为所有人员提供修身养性的自然场所，住院楼融入中心绿地，并作小高层处理，使室内人员直接地感受到自然的气息，充分享受室外美景，大楼内部设多处庭院，设置屋顶绿化，打造空中绿化体系，营造景融建筑，人行景中的院区景象，营造一个生态化中医院。

科室规划

潍坊市中医院东院区设有血透中心、中医医疗技术中心、体检中心、急救中心、放射科、煎药室、静脉配置中心、中药饮片质量检测室、中医科、内科、电生理中心、B超中心、检验科、ICU、产科、儿科、妇科、手术中心、输血科、病理科、中药临时加工室、耳鼻喉科、眼科、外科、骨科、手术净化设备中心、门诊手术、内窥镜中心、产科、门诊中医综合治疗区、健康宣传中心、治未病中心等。

第三章　医院建设工程项目的组织形式

医院建筑作为特殊性公共场所，相对于一般工业建筑项目和普通民用住宅项目，具有项目规模大、建设工期长、投资数额大、施工技术要求高、系统关联性强等特点，建设过程中涉及医疗卫生、建设工程、工业设备制造等领域的利益相关者众多。在医院建设项目治理的过程中，跨组织的团体协作是常见的组织活动，因此，将医院建设项目作为一项系统工程，从各协作团体治理需求出发，建立各利益相关者利益均衡的项目治理模式，建设功能—成本、质量—效益、医院—社会、经济—环保、短期—长期利益相协调的现代化医院建筑。

第一节　医院建设项目中的利益相关者

利益相关者是指“能够影响企业目标实现，或能够被企业目标实现的过程影响的任何个人和群体”（Freeman，1984），具体到工程项目，《项目管理知识体系指南（PMBOK® 指南）》（第五版）将项目利益相关者定义为：“能影响、受影响的或者认为自己受项目决策，活动或结果影响的个人、团体或组织”[①]，即对建设项目投入一定的专用性资源、能够影响项目的运作过程或受到项目影响的个体或组织。“专用性资源”既包括资金、土地、原材物料等有形资源，也包括人力、财务补贴、税收优惠等难以直接衡量的资源[②]。

① 张双甜 . 建设项目利益相关者与公司利益相关者对比分析 [J]. 建筑经济，2015，36（8）：111-115.

② 吕途 . 代建制项目利益相关者治理研究 [D]. 大连：大连理工大学，2017.

项目成功与否，与利益相关者管理的影响大小有关，一是体现在项目的成本、工期、质量等方面，二是体现在项目绩效与客户满意度等方面。利益相关者管理的有效性需要先明确项目利益相关者的行为特征以及对项目管理的影响，然后采取针对性的治理措施。

医院建设项目牵涉的单位和人员众多，彼此之间有复杂的工作协同和利益竞争关系，这些利益相关者在工程建设的不同阶段，对项目的影响程度和方式有较大差异。根据不同利益相关方在医院建设全生命周期中的地位和参与程度，可以将利益相关者区分为核心利益者、重要利益相关者、一般利益相关者。其中，核心利益相关者是指直接参与项目出资、运营的相关方，主要指出资方、建设方、使用方，如公立医院项目中的政府、代建制项目中的代建公司、项目建设方医院等；重要利益相关者直接参与医院建设项目的建设施工过程，如勘察单位、设计单位、施工单位、监理单位等，以及在对工程建设起审批、监督、监管作用的政府相关部门，如建设主管部门、市政配套设施管理部门等；一般利益相关者主要指不直接参与医院建设过程，但会影响医院建设项目的规划、设计和施工，或被医院建设项目影响的利益主体，如医护人员、患者、项目周边社区等。

一、核心利益相关者

核心利益相关者一般会参与医院建设项目前期规划、项目实施、竣工验收、后期运维全过程，包括直接参与医院建设项目的出资和管理的角色，如政府财政部门、建设方（医院）、代建单位等。

1. 作为投资方的政府部门

公立医院建设项目因其功能和资金来源的特殊性，其建造活动在很大程度上受到政府的监督和引导，医院需要同当地主管部门共同参与到项目管理中去。政府投资主管部门作为项目投资人，提供项目资金，对工程项目范围的界定予以审核批复，审核工程项目的策划、规划、计划、变更报告，监督项目的进程、资金使用和工程质量。

投资方的政府部门一般包括三类：政府资金部门、政府融资平台、金融机构。政府资金部门是审批、管理或拨付项目资金的政府部门，一般为发展和改革委员会或财政局；政府融资平台是指通过财政拨款或土地、股权等资产注入，承担政府投资项目投融资功能的经济实体[①]，如城市建设投资、承建开发、城建资产公司等机构；金融机构包括银行、证券公司、保险公司、信托投资公司和基金管理公司等，医院建设项目中金融机构的介入不仅提供融资支持，也能够起到风险转移、项目监督管理等作用。

由于公立医院的建设具有公共基础设施性质，其投资效益既体现经济效益，也体现社会效益。政府投资部门在医院建设项目中一方面追求医院的社会效益，另一方面寻求提升财政资金使用效率的途径。

2. 作为使用方的医院

医院是项目建成后的所有者和使用者，其利益目标既包括经济利益，又包括社会利益。经济利益体现在两个方面：一是工程建设阶段，在工程质量、工期、工程造价等因素影响下的投资—收益平衡；二是在项目投入使用后，医院运行的经济效益；社会效益体现在医院建成后是否可以满足所在地区周边居民的医疗救治、预防保健的需求。

医院方负责对工程建设项目的勘察、设计、施工、监理以及与工程建设有关的重要设备、材料等的采购进行招标[②]，在施工过程中，需加强项目目标的协调与控制，包括质量目标、进度目标、造价目标以及安全目标等。医院作为医疗建筑的业主方，需要在项目建设过程中协调各方参与主体，保障能够有效供给项目建设所需的资源，各工艺之间也能有效衔接。另外，医院还需要协调项目内部与社区等周边的关系，既要在项目实施的过程中协调各参与方，还要协调与周边、政府的关系，保障项目顺利实施。

3. 代建单位

教育、医疗等公共基础设施需求的急速增长驱动政府寻求更加高效的项目投资、建设和管理方式。代建制是政府投资建设项目采用的一种项目管理制度。为解决政府投资项目中存在的"监—管一体化"等突出问题，政府相关部门规范用招标等方式，选择专业化项目管理单位，负责投资管理和建设实施，项目竣工验收后移交使用单位，是一种"投资、建设、管理、使用"职能相分离、完善政府投融资机制、提高国有资金使用效率的一种项目管理模式。

医院建设项目投资规模大、建设周期长、专业化程度高、社会效益和环境影

① 吕途 . 代建制项目利益相关者治理研究 [D]. 大连：大连理工大学，2017.

② 张建忠，乐云 . 医院建设项目管理——政府公共工程管理改革与创新 [M]. 上海：同济大学出版社，2015.

响显著，医院建设项目的参与者涉及国家、公共、私人和市场等不同层面，是代建制模式应用的重点领域。代建制医院建设项目不仅参与者众多，各方需求复杂，而且要求各参与方建立良好的合作关系，做到利益共享和风险共担。

政府投资项目的代建单位一般有三种：针对某一特定项目，通过招标等方式委托市场化项目管理单位、针对某一类项目通过行政手段委托政府相关职能部门的专业化项目管理单位（如医院管理中心）①，以及由使用方组建的专业管理机构（如医院基建处）。各地区公立医院的建设工程项目一般在当地医院管理部门的指导下进行，医院管理部门不仅在建筑功能、结构等方面提出具体的要求，还会在管理方法、管理技术等方面给予医院以指导。

二、重要利益相关者

重要利益相关者往往不直接参与出资，但直接参与医院建设项目的建设施工过程，如勘察设计单位、施工单位、监理单位、供货商、招标代理和造价咨询等，还包括政府建设主管部门以及市政配套设施管理部门等。

咨询单位是指为医院建设过程提供专业化咨询与指导服务的机构，包括工程咨询公司、造价管理公司、具有咨询资质的设计院等②，为建设项目提供财务、税务、技术、法律、融资、管理以及项目评估（如编制项目建议书、可行性研究报告）等方面的服务，是提升工程建设项目效果的有效方式。

设计单位是设计文件的编制者，设计文件在编制时除了必须满足国家规范要求外，还必须满足医院工艺、环境和使用目标，勘察设计单位进行建筑设计时，需要依据工程建设强制性标准、勘察结果文件以及批准的可行性研究报告等，明确建设内容、建设规模、建设标准、设计概算、用地规模、主要材料、设备规格和技术参数等。项目决策的直观体现是其最终成果，也是指导工程施工活动的主要依据。在施工总承包模式下，医院通过招标投标确定勘察设计单位项目是在立项和可行性研究并批复后进行的。影响工程造价和质量的关键性因素是设计文件质量的好坏，因此，勘察设计单位的协调工作必须引起高度重视。

施工单位是工程建设的主要执行者。施工方在项目施工的过程中运用科学的

① 王平，周霞，张丽.完善我国政府投资项目建设管理代理制度研究[J].中国投资，2012（9）：113.

② 吕途.代建制项目利益相关者治理研究[D].大连：大连理工大学，2017.

方法和策略，完成项目的“三管三控一协调”，即质量控制、进度控制、成本控制，合同管理、信息管理、安全管理，组织协调的要求，负责项目建设、验收、交付，以及保修期内的保修工作，保障项目的经济效益和社会效益。在设计单位设计好医院建筑的施工图纸并通过审核后，通过招标投标等方式确定施工总承包单位。总承包单位在项目建设利益相关主体中承担的任务最重，对建设项目的影响很大，是最重要的利益相关者之一。

监理单位是提供工程咨询服务的单位，受医院的委托，代替其监督施工总承包单位的工作，检验其工程质量。它的作用是可以监督和确保医院建设项目成本、工期、质量和安全目标能够按照计划逐步实现。

依据医院方对项目的要求和设计所需材料，进行工程项目设备材料的采购，需购置或租赁的材料包括项目施工期间所需的各类建筑材料、医疗设备和施工机械。建筑施工总承包的管理模式是指施工建筑材料和施工机械的购置或租赁均是由总承包单位负责管理的。医院作为建设单位，只需要履行其监督权，即与监理单位一起对建筑材料与施工机械的购置或使用进行监督。因此，这种模式受到大多数医院的欢迎。设备材料购置所涉及的利益相关者包括医院、施工总承包单位、设计单位、监理单位、质量监督站以及材料设备供货商等。但是医院自行采购的物资需要按照招标投标法与政府采购法的要求进行采购。医院建设项目涉及的建筑材料、医疗设施设备十分复杂，设备供应商须具备相应的生产条件、技术装备和质量保证体系，拥有必要的检测设备和人员，对提供的产品质量负责。

政府的两个职能部门是建设主管和监督单位，主要有建委、质检、规划、消防、人防以及环保等。不同的职能部门具有不同的利益出发点，但是关注公立医院建设项目的社会效益和环境效益是其共同点。主管和监督部门的工作是监管工程质量、工程技术和工程进度，确保项目按照法律法规要求施工。

三、一般利益相关者

一般利益相关者不直接出资，也不直接参与医院建设过程，但会影响医院建设项目的规划、设计和施工，或被医院建设项目影响。其主要包括最终用户、社会团体、医院所在社区、新闻媒体等。

（1）最终用户。随着“以人为本”设计理念的普及，以患者、患者家属、医护人员为中心进行设计、施工的建筑理念，已经逐渐渗透多数医院建筑项目中。

（2）社会团体。其是指在一定区域内拥有合法权益的群众、组织或企业。医院

医院建设重要利益相关者① **表 3-1**

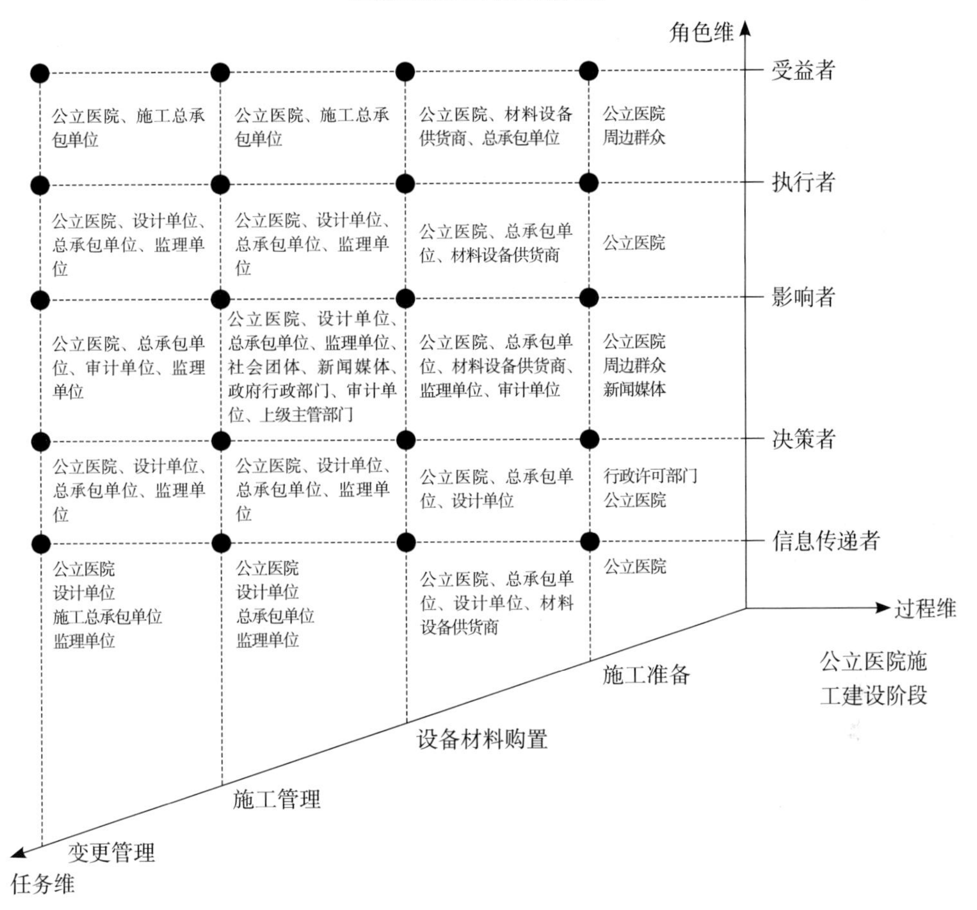

建设项目多采用财政资金，这样社会团体就具备了对项目咨询和审查的权利，成为间接投资者。因此，医院建设项目利益相关者的范围也包括社会团体（表 3-1）。

（3）医院所在社区。其主要包括项目附近的居民区和单位，它们与医院共用水、电、气等市政公共设施，受到医院环境的影响。另外，医院建设有助于改善相关社区的就医需求，解决周边居民看病难的问题。因此，相关社区具有的监督权利，也被纳入医院建设项目利益相关者的考虑范围。

（4）新闻媒体。互联网时代，新闻媒体的影响力和舆论导向力不容忽视，公众不仅可以通过媒体获得公共利益信息，还可以通过媒体表达其意愿。新闻媒体对医院建设项目的相关报道和宣传会对项目的实施产生影响，也是建设项目的利益相关者之一。

① 徐一尘．公立医院建设项目利益相关者协调管理体系研究 [D]. 北京：北京建筑大学，2018.

医院建设中涉及的利益相关者及各利益相关主体在项目建设全过程发挥的作用、产生的影响见表3-2。

医院建设工程项目利益相关者 **表3-2**

<table>
<tr><th>项目阶段</th><th>利益相关者</th><th>主要工作任务</th></tr>
<tr><td rowspan="20">前期决策阶段</td><td>公立医院</td><td rowspan="3">项目建议书的编制</td></tr>
<tr><td>咨询编制单位</td></tr>
<tr><td>社会团体</td></tr>
<tr><td>公立医院</td><td rowspan="7">项目建议书的审批</td></tr>
<tr><td>上级主管部门</td></tr>
<tr><td>具有审批权限的政府部门</td></tr>
<tr><td>咨询编制单位</td></tr>
<tr><td>社会团体</td></tr>
<tr><td>新闻媒体</td></tr>
<tr><td>环保组织</td></tr>
<tr><td>公立医院</td><td rowspan="3">可行性研究的编制</td></tr>
<tr><td>咨询编制单位</td></tr>
<tr><td>社会团体</td></tr>
<tr><td>公立医院</td><td rowspan="7">可行性研究的审批</td></tr>
<tr><td>上级主管部门</td></tr>
<tr><td>具有审批权限的政府部门</td></tr>
<tr><td>咨询编制单位</td></tr>
<tr><td>社会团体</td></tr>
<tr><td>新闻媒体</td></tr>
<tr><td>环保组织</td></tr>
<tr><td rowspan="10">勘察设计阶段</td><td>建设工程发包承包交易中心</td><td rowspan="5">勘察设计单位招标投标</td></tr>
<tr><td>评标专家</td></tr>
<tr><td>招标投标代理机构</td></tr>
<tr><td>公立医院</td></tr>
<tr><td>参与投标的勘察设计单位</td></tr>
<tr><td>公立医院</td><td rowspan="3">现场踏勘</td></tr>
<tr><td>参与投标的勘察设计单位</td></tr>
<tr><td>社区团体</td></tr>
<tr><td>公立医院上级主管部门</td><td rowspan="2">初步设计</td></tr>
<tr><td>公立医院</td></tr>
</table>

续表

项目阶段	利益相关者	主要工作任务
勘察设计阶段	设计单位	初步设计
	材料设备供应商	
	社区团体	
	公立医院	施工图设计
	设计单位	
	材料设备供应商	
	社区团体	
项目交易阶段	政府采购中心	施工单位招标投标
	建设工程发包承包交易中心	
	公立医院	
	参与投标的施工单位	
	政府采购中心	监理单位招标投标
	建设工程发包承包交易中心	
	公立医院	
	参与投标的监理单位	
	政府采购中心	合同签订
	建设工程发包承包交易中心	
	公立医院	
	中标单位	
施工建设阶段	政府行政许可部门	施工准备
	周边社区	
	新闻媒体	
	公立医院	设备材料购置
	质量监督站	
	施工总承包单位	
	设计单位	
	监理单位	
	材料设备供应商	
	公立医院	施工管理
	施工总承包单位	
	监理单位	
	审计单位	

续表

项目阶段	利益相关者	主要工作任务
施工建设阶段	上级主管部门	施工管理
	政府行政主管部门	
	新闻媒体	
	社区团体	
	公立医院	变更管理
	上级主管部门	
	施工总承包单位	
	设计单位	
	监理单位	
	审计单位	
竣工验收阶段	政府行政主管部门	竣工验收
	公立医院	
	施工总承包单位	
	勘察设计单位	
	监理单位	
	上级主管部门	
	环保组织	
	新闻媒体	
	社区团体	
	公立医院	竣工结算
	施工总承包单位	
	勘察设计单位	
	监理单位	
	设备材料供应商	
	审计单位	
	上级主管部门	
	公立医院基建部门	交付使用
	公立医院后勤或物业单位	
	最终使用用户	
	施工总承包单位	
	就医患者	
	社会团体	

第二节　医院建设中的利益相关者的治理方式

现代医院建设项目随着施工技术的日趋复杂，建筑规模的不断扩大，投融资渠道多元化，医院建设项目利益相关者众多，各个利益相关者目标不同，导致协调管理工作复杂，需要将利益相关者管理贯穿于整个项目的全生命周期①。

医院建设项目管理面临着专业跨度大、协调单位众多等问题，增加了参建单位的沟通难度。在建设过程中，不仅需要参建单位满足建筑、施工要求，还必须解决医疗功能、医疗流程、医疗管理知识、医疗设备知识、医患人群的建筑心理学等问题。在建筑专业方面，组织者需要与项目参与单位进行协调，包括施工总承包、监理、勘察、设计、施工材料设备供应等单位。在医学专业方面，组织者需要与医疗科室、医疗设备供应商进行协调，涉及协调的机构不仅范围广，而且专业跨度也大。

在医院建设项目实施的过程中，通过协商、谈判、沟通等协调方式，对项目利益相关者和组织活动进行调节和协商，形成紧密合作的协同效应，提高项目组织效率，最终实现项目建设的目标，项目建设获得持续发展。同时，营造一个良好的履约环境，促进项目利益相关者协同工作。

一、发挥利益相关者各方优势的项目治理模式

基于医院项目大型化、管理复杂化、利益目标多元化的特点，传统项目管理模式难以应对项目策划、建设和运营过程中遇到的技术管理问题，项目治理是复杂项目管理过程中发挥各方优势、协调各方利益的选择。

项目治理从项目内、外部利益相关者的利益出发，在利益相关者之间提供可以维持良好秩序和解决冲突的制度，平衡项目建设利益主体之间的激励、约束和风险分担，帮助完成项目目标、监督和引导各利益相关者行为，以促进项目执行，为项目目标的实现提供可靠的管理环境，最大限度实现项目目标，实现各方

---

① 张双甜 . 建设项目利益相关者与公司利益相关者对比分析 [J]. 建筑经济，2015，36（8）：111-115.

利益共赢。

基于项目治理理念，组建项目合作委员会（或专家委员会），可以达到业主、施工单位和专家委员会资源及特长的最优化配置。在项目合作委员会的统一协调下，各参与方不再是一个个独立的操作单元，而是具有统一目标的项目团队，更有利于各方的充分交流和互动。治理过程中在抓住项目的核心功能需求的同时，考虑项目各参与方的兼容性，形成平衡各方利益的项目目标①，激励项目各方将项目成功所需的知识、经验和技能带入项目，保障项目建设目标达成。医院建设项目治理模式主要有以下特征：

（1）更加关注利益相关者群体的变化。在医院建设项目生命周期的不同阶段，利益相关者构成及同一利益相关者利益诉求都会产生变化。医院建设项目全生命周期利益相关者的识别和管理较为复杂，在进行项目利益相关者管理的过程中，需要及时关注利益相关者变化，对于同一利益相关者在项目不同的实施阶段，需要密切关注其诉求的变化。当利益相关者诉求无法得到满足时，需要充分关注在项目后续各阶段利益相关者可能采取的影响项目的措施及后果②。由于项目具有一次性及生命周期不可逆转性的特点，因此，项目为了确保自己的利益或诉求的实现，当某个阶段的一些利益相关者的利益诉求无法满足或受到的影响无法消除时，项目的利益相关者就会采取一些非常规的手段去干预或影响。项目在后续生命周期内也很难改变或者补救之前无法满足的利益诉求，这就要求项目的利益相关者管理有更强的实效性，需要及时关注及时解决，否则需要付出的修正成本可能更高，因此在进行项目的利益相关者管理的时候，需要考虑利益相关者不同阶段利益诉求的变化。

（2）在项目利益相关者治理过程中，更加注意各利益相关者诉求之间的平衡，以及短期目标与长期目标之间的平衡。医院建设项目是典型的定制化项目，为了项目目标的实现，往往容易忽略某些利益相关者群体的需求。项目定制的特点也决定了项目在决策和实施过程中受项目目标的影响较大，特别是缺乏干预项目实施的权利的利益相关者的需求，如患者、医护人员；另一方面，由于项目生命周期的有限性，导致很多项目管理者采取短视行为。在进行项目利益相关者协调治理时，需要注意两点：一是强化项目的长期利益或目标；二是保障各利益相

① 于中华．北京市属医院基本建设项目需求合作管理研究 [D]. 北京：北京建筑大学，2018.

② 张双甜．建设项目利益相关者与公司利益相关者对比分析 [J]. 建筑经济，2015，36（8）：111-115.

关者诉求之间的平衡。

（3）利益相关者治理时可考虑合作与激励并重的措施。各利益相关者的协调配合决定了项目的质量，因此在进行项目治理时需要考虑合作与激励机制，充分调动利益相关者的积极性，确保项目质量。建设项目的最终质量取决于设计单位的设计质量、施工单位的施工质量、材料供应商的材料质量以及监理方质量。但是项目管理方的业主对项目的质量所起的作用往往被忽视，因此在进行项目的利益相关者管理时，特别是项目进入实施阶段，业主方需要从买方市场的业主态度转变成合作者的态度，并充分考虑各利益相关者的合理的利益诉求，在必要的时候可启动道义补偿，这样才能确保项目的质量[①]。

在医院建设项目治理中，涵盖项目建设各方利益主体的专家委员会，以及确保项目使用效果的医院内部业主委员会，是医院建设治理模式的两种有效组织。

二、医院建设专家委员会

医疗机构是医院建设项目的业主，对于工程管理是“外行”。但是医院作为建设方，又必须参加全过程工程管理，医院作为业主，一般难以在整个项目运行期间提供数量众多的专业人员直接管理项目。由于医院建设项目的复杂性、公共性和利益相关者目标的多元性，只有从政府层面出发，才能实现对各参与方的有效管理和监督，形成由医院、施工单位和医院建设管理部门专家委员会共同组成的项目合作共同体，彼此之间优势互补，充分发挥项目整体管理优势，最大限度减少项目风险。

基于医院项目大型化和复杂化，利益相关者众多，各参与主体目标多元化的特征，医院作为业主，一般难以在整个项目运行期间提供数量众多的专业人员直接管理项目[②]，往往需要成立由医院、施工单位和建设管理部门专家委员会三者共同组成的优势互补的项目合作共同体（项目合作委员会），充分发挥项目整体管理优势，最大限度地协调各方面利益。

医院建设管理部门（如各地医院管理中心）通过外聘工程咨询专家组成专家委员会，对医院建设项目进行咨询、协调和监督，监督、指导、咨询医院方和施工单位的行为，对医院和施工单位在关键节点的工作内容进行检查和监督，在整

① 于中华 . 北京市属医院基本建设项目需求合作管理研究 [D]. 北京：北京建筑大学，2018.

② 廖沈力 .IPMT 一体化项目管理模式及其应用 [D]. 上海：上海交通大学，2007.

个项目建设过程中提供专业咨询服务。

专家委员会成员应涵盖医疗、建设、咨询、运营、科研、医疗设备等各方面的专业人才，并熟悉医院工艺流程、有过医院建设经历者。专家委员会的协调管理工作应贯穿项目需求、可行性研究、设计、施工、试运行等建设项目全过程，实施综合性的监督和管理职能，确保项目建设的合理性、全面性、系统性、适应性，确保实现项目建设目标[①]。由于医院建设项目市场还不成熟，社会专业化力量不足，缺乏专门从事医院建设的项目管理咨询公司，因此，由政府医院建设主管部门牵头，组建项目专家委员会，为医院建设项目全过程提供技术咨询，协调项目参与各方利益，对项目建设进行全过程监督，并实现医院建设项目管理的积累。

三、业主委员会

医院建设项目牵涉的单位和人员众多，包括政府相关部门、出资方、医院、工程咨询单位、项目管理单位、施工单位、监理单位和医疗设备供应商、材料设备供应商等单位以及医生、患者和社会公众等利益相关者，这些利益相关者在实际项目实施过程中有着复杂的关系。为保证医院建设项目质量，医院成立业主委员会，各科室采取一系列措施，包括固定联系人，对医院建设情况进行定期沟通，对项目需求进行及时修改或补充，以此提高项目建设效率和建设目标的达成度。

业主委员会定位于整个工程项目建设的总体组织者和决策者，其职责包括对项目的策划、组织、协调、控制和集成，既协调医院内部的项目管理工作，利用自身在医疗工艺、功能等需求优势进行协调管理工作，同时配合施工单位完成相关工作，包括项目前期需求管理工作、报建审批流程工作、实施期间的管理监督配合工作以及竣工期间的验收工作管理等。

医院业主委员会对医院建设项目等事务进行内部协调管理以及对外组织协调配合工作。业主委员会可以由医院领导专门负责，以医院基建部门为基础，各科室委派具有一定经验的医务人员共同组成。医院业主委员会对内工作包括建立医院基本建设配套的内部规章制度，保障医院建设工作在医院内部的顺利开展。特别是项目初始阶段的需求识别、项目立项、需求策划、项目设计阶段，由于各职能科室和医护人员参与，业主委员会在项目前期规划设计阶段能起到关键作用。

① 于中华 . 北京市属医院基本建设项目需求合作管理研究 [D]. 北京：北京建筑大学，2018.

业主委员会还应承担项目建设的外部配合工作，主要包括配合项目前期立项、项目建议书编制、可行性研究编制、设计任务书的编制等，在对接项目审批的同时，对工程实施进行监督和管理，保障项目的质量、安全、进度和范围始终处于可控状态，确保项目在未来完工后实现更大的经济社会综合效益。

案例 2　昌大建设集团潍坊市中医院东院区建设项目利益相关者治理

工程项目简介

潍坊市中医院东院区工程是一个集门诊、病房为一体的综合建筑，建筑面积为 118556m^2。其中，地上 96802m^2，地下 21754m^2，概算批复工程总投资为 10 亿元。该工程的建设完成可满足医院每日门急诊 700 人次，床位 800 张的需求。大楼地下为太平间、锅炉房、配电室、车库等；一层为血透中心、中医医疗技术中心、药房、体检中心、急救中心、放射科、煎药室、监控中心等；二层为静脉配置中心、中药饮片质量检测室、中医科、内科、电生理中心、B 超中心、检验科等；三层为 ICU、产科、儿科、妇科、手术中心、输血科、病理科、中药临时加工室、乒乓球室、电子阅览室、设备库房、会议室等；四层为耳鼻喉科、眼科、外科、骨科、手术净化设备、门诊手术、内窥镜中心、报告厅、综合办公室等；五层为产科、门诊中医综合治疗区、健康宣传、治未病中心等；六层至十三层为病房。

该工程由发展和改革委员会批复，主管上级单位负责批复初步设计及概算，建设采用公立医院自管的形式，应用平行承发包模式。该工程的相关招标投标工作是由招标投标代理公司完成的，并通过公开招标的方式来确定勘察设计、监理、施工总承包等单位。工程采用跟踪审计来确保工程造价的可控性和工程款支付的合理性。

项目利益相关主体

潍坊市中医院东院区项目由业主进行工程款支付，医院作为该项目的业主，成立了基建办公室，用于协调办理前期手续、施工期间的工程管理以及后期的竣工验收等工作。

在前期决策阶段，项目建议书和可行性研究报告均由咨询单位编制，医院将编制好的报告上报至上级主管单位，再经上级主管单位上报至发展和改革委员会进行立项和可行性研究的批复。待立项和可行性研究批复完成后，再到国土资源局、规划局、园林绿化局、环保局、建委、电力公司、节水办、消防局、人防局等进行相关手续的报批工作。

在勘察设计阶段，医院委托招标投标代理机构，选择勘察设计单位，并最终选取潍坊市建筑设计研究院有限责任公司和浙江省现代建筑设计研究院有限公司作为本项目的勘察设计单位。设计单位的工作一是按照合同要求完成项目的初步设计和施工图设计，二是配合医院完成项目报批时有关图纸和技术指标的绘制工作。

在项目招标投标阶段，医院委托招标投标代理机构，在公共资源交易中心完成了施工、监理单位的选择，并最终选取潍坊天鹏建设监理有限公司和潍坊昌大建设集团为本项目的监理、施工单位。

在施工建设阶段，利益相关者的协调方式以业主协调为主，采取的是传统平行承发包模式。医院工程的项目部是由施工总承包单位和监理单位成立的，设立管理团队，并以项目经理和总监为核心。设计单位和审计单位也会委派相应的专业人员到项目里，负责相关的协调管理工作。

在竣工验收阶段，昌大建设集团配合医院基建办公室的管理人员完成项目的结算、验收报批和移交等工作。由于该项目是跟踪审计，医院基建办公室的工作人员没有相应执业资质，所以结算工作基本是由审计单位和施工总承包单位完成的，在这个过程中，医院只起到了监督和协调的作用。同时，昌大建设集团配合医院完成项目的验收报批，通过人防局、消防局、规划局、节能办、城市档案馆、环保局、建委的批复合格后，项目才可正式地投入使用。工程移交主要是医院内部的移交工作，基建办将工程建成并通过验收后，交由后勤保障部门进行物业管理。

为此，潍坊市中医院东院区项目主要利益相关者主要包括医院内部行政部门——基建处和后勤保障处、政府行政部门（国土资源局、规划局、园林绿化局、环保局、建委、电力公司、节水办、消防局、人防局、节能办、发承包交易中心）、咨询单位、勘察单位（潍坊市建筑设计研究院有限责任公司）、设计单位（浙江省现代建筑设计研究院有限公司）、施工总承包单位（昌大建设集团）、监理单位（潍坊天鹏建设监理有限公司）、审计单位、招标投标代理机构、材料设备供应商、最终用户（包括医疗科室、患者及其家属等）、社会团体、相关社区和新闻媒体。

项目利益相关者协调管理模式

潍坊市中医院东院区的协调管理体系分为两类，一类是无合同关系的协调管理体系，另一类是有合同关系的协调管理体系。第一类主要指中医院与政府行政部门的协调。对医院建设项目来说，工程的进展受到政府支持力度大小的影响。医院工程项目一般都是国家投资，因此，工程的协调管理更多采用的是沟通和协商的管理方式，按照政府相关要求上报材料，随时跟踪进度，并充分利用设计、施工总包、专业分包等单位的专业优势，若想达到比较好的效果，就要请相关单位协助办理审批手续。

有合同关系的协调是医院工程项目治理体系的重点。潍坊市中医院东院区的建设采用的是传统发承包模式，并确定了质量、进度、成本、安全为项目控制的四大重点目标。为了更好地完成项目建设目标，中医院东院区项目组建了多方参与的项目治理组织，及时有效地协调组织关系，及时疏导组织内外部矛盾，使工程项目顺利开展。

潍坊市中医院东院区建设项目合同关系下的利益相关方如图 3-1 所示。

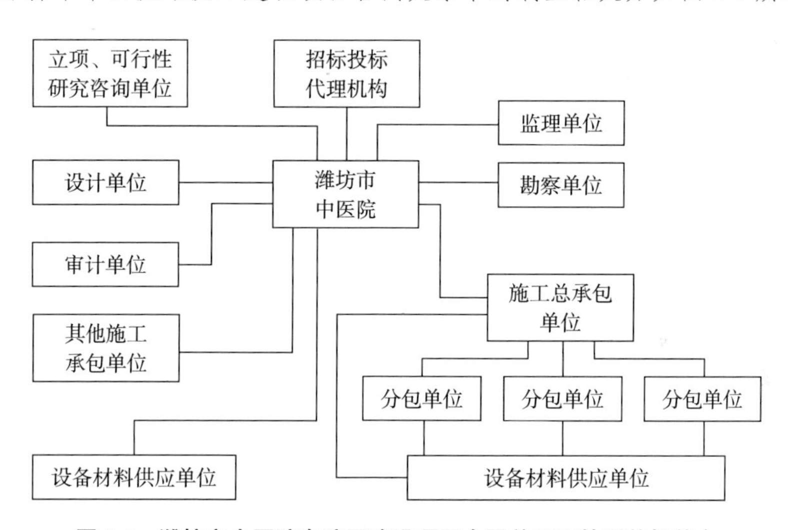

图 3-1　潍坊市中医院东院区建设项目合同关系下的利益相关方

潍坊市中医院东院区项目治理组织由业主、设计、监理、施工、审计和设备材料供应商组成，医院基建办公室是项目总体的协调管理方，负责协调各个单位的关系。

潍坊市中医院东院区建设项目利益相关者协调治理主要通过合同和协议的方式，各利益主体按照合同要求，各自组建自己的管理团队，承担合同范围内的风险，执行合同内容；医院基建处牵头组建项目委员会，解决在合同实施中产生的矛盾冲突，在平衡各主体利益的前提下，最终实现项目总体目标。由图3-2可知，医院项目的各个利益相关者是围绕项目的总目标以及相互合作建立的关系。

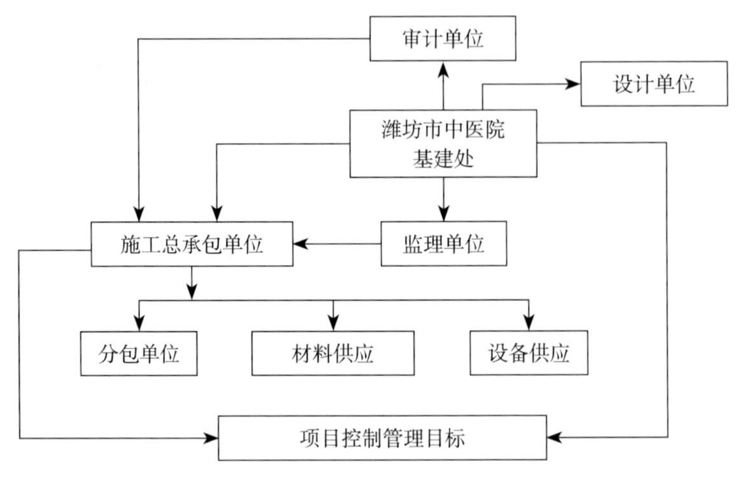

图3-2　潍坊市中医院东院区项目治理组织体系

潍坊市中医院东院区项目根据总体目标，通过协调管理所有利益相关者之间的关系，不断提高工作效率，最终使共同目标得以实现。而对于各个利益相关者的协调管理，可以具体到设置目标、明确角色、落实责任、有效沟通、增进信任、问题解决、创造与改进、信息反馈等方面的管理。最终该项目顺利交付，并获得国家优质工程奖，经济效益和社会效益显著。

第四章　医院建设工程项目管理模式

建设工程项目管理可以采取业主方自行管理、业主方委托项目管理咨询公司承担全部项目管理任务，业主方委托项目管理咨询公司共同进行项目管理等不同方式[①]。目前，我国医院建设工程项目管理模式主要有三种：医院基建处自行管理模式、医院建设全过程咨询管理模式（PMC）、代建制管理模式。本章将分别介绍这三种管理模式的特点、优劣及适用范围，并介绍PPP模式下的医院建设管理，最后着重介绍目前北京、上海、山东等具有代表性地区的医院建设工程项目管理模式。

第一节　医院基建处自行管理模式

一、基建处管理模式

作为建设方和使用方的医院，为保障项目建设质量和目标，设立专门机构、组织一套成员班子，配合工程相关的报建、设计、监理、施工等合作方完成工程建设，组织工地现场监督和管理[②]，代表建设主体协调各方的关系，保障工程建设有序、快速实施，确保工程的成本、进度、质量、安全等。

自新中国成立初期至20世纪70年代末，由于医院建设项目资金来源单一化、

① 辽宁立杰咨询有限公司 . 项目代建制的制度、管理与实践 [M]. 北京：机械工业出版社，2007.

② 戴金水，徐海升，毕元章 . 水利工程项目建设管理 [M]. 郑州：黄河水利出版社，2008.

建设规模小、功能布局简单等原因，较大项目由主管部门组建项目指挥部（或类似机构）统抓统管，而小型项目或改、扩建项目则由医院自建、自用。由于缺乏工程咨询、监理等社会化专业机构，甲方建设管理人员需要承担对设计、采购、施工等活动的管理，管理决策分散、专业性较差。为解决以上问题，一些建设任务较多的大型综合性医院成立了内部常设机构，如基建处（组、科等），专门负责组织、监督和管理项目报建、设计、施工，最大限度地保障项目管理的专业性和有效性。

传统模式下的项目管理，医院基建处代表建设单位，是建设项目主要推进方，重点工作是做好工程项目的“三控三管一协调”，即投资控制、进度控制、质量控制、安全管理、合同管理、信息管理和组织协调。通过投资控制，确保项目建设过程中工程项目投资在概算范围内得到合理控制[①]；通过进度控制，确保项目实施各阶段的进度确保项目交付使用时间的目标实现；通过质量控制，确保按照合同标准进行建设，并对影响质量的诸因素进行检测、核验，对差异提出调整、纠正措施的监督管理[②]。安全管理是固定资产建设过程中最重要的目标控制的基础；合同管理贯穿于合同的签订、履行、变更或终止等活动的全过程，是合同执行、变更、索赔的重要依据；施工项目管理是一项复杂的现代化的管理活动，使用并产生大量信息，需要借助信息技术手段的辅助进行信息管理。组织协调是指在建设项目中对各利益相关主体的全面组织协调。

二、医院基建处管理模式项目

案例 3　北京市属医院基建管理模式创新

近年来，北京市属医院在原有建设管理模式的基础上，探索推进基建管理模式改革创新，统筹利用现有市属医疗卫生机构基建管理队伍资源，探索构建“单位主责、上下协同；统分结合、共建共管；专业支撑、规范有序”的基建管理新模式，2017 年组建成立了市属医院基建专业技术工作专班，

① 胡建军. 国防科技工业固定资产投资项目代建制管理模式研究 [D]. 重庆：重庆大学，2008.
② 张群波，王磊，刘德福，等. 浅谈黄河防洪工程施工质量管理 [J]. 人民黄河，2000（3）：7-8+11.

2019年1月成立市医疗卫生基建管理办公室，初步构建形成了市医院管理中心、市医疗卫生基建办、市属医院基建专业技术工作专班和市属医院基建项目管理工作专班共同实施基建项目管理的立体化、多元化管理新体系。

（1）市医管中心

负责市属医院基本建设管理工作。在基建管理工作中，具体负责制订年度工作计划，负责领导协调推进项目建设工作，建立工作推进机制，定期听取项目进展汇报；根据工程建设进展需要，组织召开项目推进调度会，协调解决工程建设过程中的突出问题，督导参建各方优质、高效、有序推进工程建设，确保项目有序推进、按期完工。

（2）市医疗卫生基建管理办公室

为加强市属医院基建管理工作，抽调各医院基建管理岗位骨干人员组建成立市医疗卫生基建办，充分发挥专业技术优势，协助市医管中心做好市属医院基建管理工作，具体职责包括组织、指导并监督市属医疗卫生机构开展基本建设项目的项目任务书、项目意见书、可行性研究报告、医疗工艺、概念设计方案及院区总体规划等前期策划工作①，并组织专家对前期策划成果进行评审；组织、指导并监督市属医疗卫生机构做好项目初步设计及概算、施工图设计等工作；组织、指导并监督市属医疗卫生机构依法依规开展招标投标工作；指导并监督市属医疗卫生机构做好项目施工组织和管理工作，探索推进集团化项目管理新模式；指导并监督市属医疗卫生机构基建项目财务管理工作，审核市属医院及卫生机构基建项目资金使用计划；指导并监督市属医疗卫生机构基建项目变更洽商工作，审核市属医疗卫生机构建设项目变更洽商申请等。

（3）市属医院基建专业技术工作专班

为了为市属医院基建管理部门提供技术支持，依托市属医院系统内基建管理人员组建了市属医院基建专业技术工作专班，作为市属医院基本建设管理领域的交流、沟通和自治管理的平台和机制，使得市属医院基建管理工作于实际中能够互相交流学习、互相帮助、资源共享，推动基建管理科学化、规范化。具体负责研究拟制医院基本建设管理各专业方向的发展规划、工作计划、管理规范和技术标准等；组织开展本领域工作监督检查及管理评价；

① 周和生，尹贻林．建设项目全过程造价管理[M]. 天津：天津大学出版社，2008.

组织开展本领域项目评审与技术咨询；参与处置工程安全质量突发事件；组织参与本领域业务培训与交流工作；开展本领域专题调查研究等。

（4）市属医院基建项目工作专班

为加强医院层面的管理能力，从基建、医务、信息、医工和后勤等部门抽调业务骨干组建医院基建项目专班，充分发挥市属医院作为项目建设单位的主体责任，建立全院各部门齐心协力、分工合作的医院建设工作新机制，保障医院建设任务科学落地实施。具体负责的是项目建设的所有工作，并及时协调和解决工程建设过程中的各事项。具体职责为负责编制项目实施总体规划和实施计划；负责统筹组织协调工程质量、安全、进度和投资等管控工作；负责按照事业发展规划、功能定位规划等要求，组织开展项目建设过程中的前期策划、设计任务书、医疗工艺、功能布局、院区总体规划及概念设计方案等项目建设需求研究提供工作；负责组织实施立项、可行性研究、交评、环评、规划设计、招标投标和施工许可等前期手续办理工作；负责组织实施旧房拆除、过渡安置、施工管理和竣工验收等工作。

第二节　医院建设全过程咨询管理模式

除了在医院内部成立基建管理部门，自行实施项目管理以外，随着医院建设项目大型化、复杂化、高技术化发展，医院将建设项目的全部或部分管理工作委托给专业的工程咨询公司进行管理。

一、PMC 含义

PMC（Project Management Contract）即项目管理承包。项目管理咨询公司受业主的委托，对工程项目进行全过程、全方位的项目管理，包括进行工程的总体规划、项目定义、工程招标，选择设计、采购、施工承包商，并对设计、采购、施工进行全面管理，负责从项目立项到交付的全过程管理[①]。PMC一般不直接参

① 柯琪．代建制在新区建设中的应用研究 [D]. 西安：西安建筑科技大学，2008.

与项目的设计、采购、施工和试运行等阶段的具体工作[①]。其特点是由社会化、专业化的单位来承担医院建设工程项目管理任务，既可以综合委托，例如全过程咨询，也可以单项委托，如造价控制。

在传统项目管理模式下，业主或建设方对项目各个阶段分别进行招标、选择设计公司和工程承包公司完成相应的工作，或选择总承包商承包项目；PMC 模式下，业主或建设方通过招标的方式选择技术力量较强、有丰富工程管理经验的工程公司或咨询公司，对项目进行全面和全过程的项目管理承包，然后由 PMC 公司对设计、采购、施工进行招标投标。在这种管理模式下，项目实施过程中的一些关键问题需要业主方进行决策，绝大部分的项目管理工作都由 PMC 承包商来完成。

PMC 是一种项目管理和承包模式，承包商负责管理监督设计—采购—施工（EPC）、设计—采购（EP）、施工（C）等工作。根据工作范围的大小，PMC 一般可以分为三种类型：第一种是 PMC 承包商代表业主管理项目，也承担一些界外及公用设施的 EPC 工作。该方式下，PMC 既是管理承包商，同时还履行了部分 EPC 项目中的设计、采购以及施工管理的职责。对 PMC 承包商来说，这种工作方式虽然风险高，但相应的利润回报也较高。第二种是 PMC 承包商作为业主管理队伍的延伸，管理 EPC 承包商却不承担任何 EPC 工作。这种 PMC 模式相应的风险和回报都较第一种类型的低。第三种是 PMC 承包商作为业主的顾问，对项目进行监督和检查，并及时向业主汇报未完成的工作。这种 PMC 模式风险最低，回报也最低。

二、PMC 组织实施

业主经过招标投标阶段，与选定的 PMC 承包商签订了管理承包合同，标志着 PMC 承包商工作的开始。PMC 承包商的第一项工作是组织实施管理工作，PMC 承包商规划以后即将开展的工作，建立自己的组织，编制项目管理计划和程序，招聘所需的人员。

PMC 模式下项目管理比较适合选择一种纵横兼顾的矩阵式组织机构，要突出业主、PMC 承包商和 EPC 总承包商的不同管理层面。从图 4-1 可以看出，职能部门和项目组都在 PMC 项目主任的领导下，职能部门的主要任务是给项目组

① 刘家明，陈勇强，戚国胜 . 项目管理承包 PMC 理论与实践 [M]. 北京：人民邮电出版社，2005.

提供技术和程序支持，各项目组的工作均在各自项目经理的领导下进行。这样分解组织，既可以把责任合理地分配到相应负责人，也可兼顾到组织机构内的权力统一，还可以得到各职能部门的大力支持。

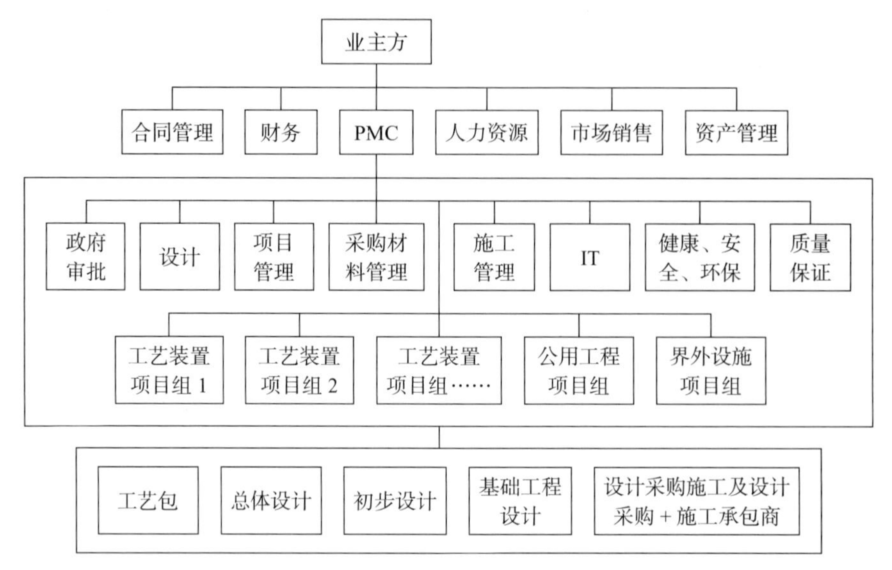

图 4-1　PMC 模式下的项目组织机构

项目董事会、职能经理、项目经理的职责如表 4-1 所示[①][②]。

项目管理层的责任分工　　　　**表 4-1**

管理	项目董事会	职能经理	项目经理
权力	PMC 成员及资源的日常管理； PMC 主要成员及资源的工作地点设置	人力资源的管理； 批准工作方针和程序	项目组成员的日常管理； 批准工作包的费用估算； 批准工作包的详细进度计划； 在他们各自的财政权力范围内批准订单、预算调整、发票开出及现金调用
责任	检验项目总体的 HSE[健康（Health）、安全（Safety）和环境（Environment）] 管理体系及质量； PMC 联营体之间的统一； 达到项目的费用、进度、质量和 HSE 管理体系的目标[②]	提供技术指导； 提供工作方法指导； 保证交付文件的质量	满足用户的目标； 满足费用要求； 满足进度要求； 按照项目的标准来完成

① 周和生，尹贻林 . 建设项目全过程造价管理 [M]. 天津：天津大学出版社，2008.

② 刘家明，陈勇强，戚国胜 . 项目管理承包 PMC 理论与实践 [M]. 北京：人民邮电出版社，2005.

续表

管理	项目董事会	职能经理	项目经理
信息交流（对象）	业主项目主任； 指导委员会； PMC 核心成员	为各自专业的预算和进度提供输入； 通过项目组之间的协调来确保统一性	资源需求； 进展报告； 与其他项目经理之间的界面协调，项目组内的问题沟通

第三节　代建制管理模式

根据《国务院关于投资体制改革的决定》（国发〔2004〕20号），代建制是指“通过招标等方式选择专业化的项目管理单位负责建设实施，严格控制项目投资、质量和工期，竣工后移交使用单位”的工程项目投资管理体制[①]。由项目出资人（政府投资管理部门）委托有相应资质的项目代建人对项目进行可行性研究、项目勘察、设计、施工、监理等全过程管理，并按照建设项目工期和设计要求完成建设任务，直至项目竣工验收后交付使用人[②]。通过这一制度，将原来由政府部门负责的项目管理和建设方工作职责，委托给专业化、市场化的项目管理公司，政府职能转变为监督管理，政府与代建单位间转变为市场化的合同代理关系。代建制模式主要应用于政府投资的非经营性项目的建设、管理。

一、代建制的产生与发展

代建制是为解决政府（国家）业主的“虚位”问题、提高项目管理的效率、落实各主体责任，而将政府对于公益性项目的建设管理通过一揽子的方式，委托代建企业实施的项目管理方式，是一种具有中国特色的政府投资项目管理模式[③]。

代建制模式源于厦门。自1993年，厦门市在深化工程建设管理体制改革的过程中，针对市级财政性投融资社会事业建设项目管理中“建设、监管、使用”多位一体的弊端，以及由此导致的工程项目难以依法建设、工程建设管理水平低

① 王文超．天津市政府投资项目实施代建制的研究 [D]. 天津：天津理工大学，2006.

② 殷强著．中国公共投资效率研究 [M]. 北京：经济科学出版社，2008.

③ 王霆．政府投资项目代建制理论与实践 [M]. 南京：东南大学出版社，2012.

下等问题，通过采用招标或直接委托等方式，将一些基础设施和社会公益性的政府投资项目委托给一些有实力的专业公司，由这些公司代替业主对项目实施建设，并在改革中不断完善，逐步发展成为现在的代建制度。

2002 年开始，北京、贵州、重庆等地区开始代建制建设试点，之后代建制开始由点到面、由上到下，在全国范围内全面铺开。2004 年 7 月，国务院颁发《国务院关于投资体制改革的决定》(国发〔2004〕20 号)，要求加强政府投资项目管理，改进建设实施方式，明确提出："对非经营性政府投资项目加快推行'代建制'，即通过招标等方式，选择专业化的项目管理单位负责建设实施，严格控制项目投资、质量和工期，竣工验收后移交使用单位"。

代建制是一种非经营性的政府投资项目，其建设管理的有效模式已经得到广泛关注，通过专业化的建设项目管理，使"投资、建设、管理和使用"的职能分离，最终控制投资，提高项目管理水平和项目投资效率。代建制管理模式本质上属于委托全过程项目管理的一种，是业主方委托社会化、专业化的代建单位来承担业主方的项目管理职责。

二、代建制管理模式

代建制是我国政府投资体制改革和项目管理制度创新的产物。代建制通过在政府投资项目中引入市场竞争机制，选择专业化项目管理单位，实现专业化的项目管理，同时在投资主体、使用单位和代建单位之间形成市场合约关系，明确了国有产权，纠正了"投资、建设、使用、管理"多位一体的局面，变投资预算软约束为合同责任硬约束。因此，代建制是由项目法人责任制、招标投标制和合同管理制等制度整合的衍生物，将计划安排与市场合约、政府投资与企业行为有机融合到了一起，有利于控制投资、提高管理水平和节约管理成本。

代建制实施是对政府投资公益性项目建设的有效管理、建立科学的责权分担机制，根据法律法规和行政规章的规定，通过市场竞争的方式或其他方式从具有相应代建资质的项目管理企业或专业机构中选任合格的代建人，政府作为投资人和业主以代建合同的方式将投资项目实施建设的全过程委托其管理，并支付相应代建费用。

代建制在中国实践多年以来，各地的实践做法也是因地制宜，各不相同，衍生出了多种代建模式，主要可归纳为三类：一是以北京、厦门等地为代表推行的"企业型代建单位竞争代建模式"；二是以深圳、珠海、安徽等地为代表推行的

“事业型代建单位集中代建模式”；三是以上海、武汉、重庆等地为代表推行的“政府指定专业代建公司模式”。

（一）市场竞争型代建模式

北京市的政府投资项目主要是通过市场公开招标选择代建单位，2002 年，北京在回龙观医院病房楼项目建设中试行代建制建设模式。北京市规定公益性项目中政府投资额在项目总投资额中占比 60% 以上，就必须实行代建制。代建项目的具体流程：由使用单位提出项目建设需求，负责项目建议书的编制和报批，如果报建项目满足实行代建制的条件，政府批复立项时就会明确使用代建制模式组织建设。等到项目获批后，市政府下设的“代建办”委托招标代理机构，公开招标评选代建单位。“代建办”与使用单位、代建单位共同签订三方委托代建合同，约定三方的权利义务以及奖罚措施。同时代建单位要提交占项目概算投资额 10%～30% 的银行履约保函。代建关系成立后，代建单位按照合同约定及有关规定和批复内容，组织建设并按期交付。

（二）常设政府机构集中建设模式

深圳市政府于 2002 年成立“深圳市建筑工务局”（后更名为“深圳市建筑工务署”）作为专门的建设管理机构。其主要工作：负责市政府投资的重要公共工程建设管理，以及前期筹备、报批、相关招标管理工作，施工管理，竣工验收及交付等建设全过程。工务局负责政府公共项目的管理，从投资决策、立项批准，到可行性研究、设计招标、承包商选择、合同签订，工务局全过程进行管理。此外，安徽省成立公益性项目建设管理中心、珠海市设有政府投资建设工程管理中心等。

（三）政府指定专业公司模式

上海市于 2002 年在海港新城人工湖及滩涂圈围工程中开始推行实施代建制。其采用的模式是“政府—政府成立的投资公司—工程管理公司（代建公司）”三级管理。市政府成立的“市政工程管理局”负责牵头政府投资项目的管理工作；同时市政府还成立了具有独立法人资格的投资公司，作为项目投资方对项目建设进行全过程管理；工程管理公司承担代建单位的工作，负责项目建设的组织实施，通常情况下，代建单位是经过内部谈判比选或直接委托产生的。另外，使用单位提供功能设计要求，并派人员参与到项目的设计对接工作和竣工验收工作中。上海市的公立医院建设领域比较推行代建制模式。上海的医院建设采用的是“合作代建模式”。2001 年，上海卫生系统内成立了“上海市卫生基建管理中心”（后更名为“上海申康卫生基建管理有限公司”），作为常设代建管理机构统一管理上海市级医院的基本建设项目。“合作代建模式”是在卫生基建管理中心的统一管理下，针对各个项目抽调医院相关人员共同组成项目筹建办，共同完成基建项目建设。项目筹建办界定了各方职责关系：政府主管部门重在监督；卫生基建管理中心作为代建管理机构，主要负责整合、协调、统一管理；代建单位重在按规定管理工程建设的实施过程；医院重在配合、支持。

第四节　PPP 模式下的医院建设管理

PPP（Public-Private Partnership）是指在公共服务领域，政府采取竞争方式选择具有投资、运营管理能力的社会资本，双方按照平等协商原则订立合同，由社会资本提供公共服务，政府依据公共服务绩效评价结果向社会资本支付对价。世界银行、亚洲开发银行和欧洲委员会对 PPP 的定义是：政府和社会资本的合作，其合作目的是提供由政府提供的公共产品或服务。PPP 是以市场竞争的方式提供服务，主要集中在纯公共领域、准公共领域，因此项目均具备公共属性，收入主要为使用者付费、政府付费、缺口补助等。

与其他投融资模式相比，PPP 模式具有三个特征：伙伴关系、风险共担、利益共享。公共部门与民营部门合作并形成伙伴关系，核心问题是形成共同的目标，以合理的资源投入，提供最优的产品或服务的供给，实现社会效益和经济效益的平衡。利益共享除了指共享 PPP 的经济收益，还包括使作为参与者的私人部门、民营企业或机构取得相对平和、长期稳定的投资回报。在 PPP 中，公共部门和社会资本分别分担最有能力承担的风险，从而将项目的整体风险降至最低。

一、医院 PPP 项目的可行性

《全国医疗卫生服务体系规划纲要（2015—2020 年）》中指出，经过长期发展，目前我国已经建立了由医院、基层医疗卫生机构、专业公共卫生机构等组成的覆盖城乡的医疗卫生服务体系，医疗机构、医护人员数量和规模不断增长。但是，医疗卫生资源总量不足、质量不高、结构与布局不合理、服务体系碎片化、部分公立医院单体规模不合理扩张等问题依然突出。医疗服务的供给范围和供给效率仍有较大的提升空间，急需科学地拓展办医渠道和办医方式，以满足人民群众日益增长的医疗服务需求。

医疗服务包括公共医疗服务、基本医疗服务和特种医疗服务。公共医疗服务属于纯公共产品，具有非竞争性和非排他性，市场调节机制对其不起作用，应由政府来提供，也可通过市场生产、政府购买的方式来实现；基本医疗服务在供给数量充足的情况下属于纯公共产品，具有非排他性和不充分的非竞争性，随着使用人数的增加，当超过特定范围后就会出现消费的竞争性。准公共产品如由政府来提供，在政府投入有限的情况下，就会出现过度拥堵、效率低下的情况；如由市场来提供，资本的逐利性会使其提高排他性门槛，造成弱势群体无法获得生活必需的产品，造成社会的不公平现象。特种医疗服务具有很强的私人产品特征，可以完全由个人和私人资本提供。结合目前我国的国情，政府受条件制约提供的公共医疗服务和基本医疗服务还不能完全满足社会需求，因此无论是公共医疗服务还是基本医疗服务领域，均可在政府主导下引入市场机制，使社会资本参与到卫生服务产品提供的过程中来，最大限度地兼顾公平和效率[①]。

我国在医院设计、建设、工程管理领域积累了丰富而宝贵的经验，医院运营管理水平、医疗装备制造水平、药品生产水平、供应链系统构建水平均得到快速发展。医院服务产业投资也逐渐发展壮大，为社会资本参与到医院服务市场化改革中来创造了良好的条件。

2009 年，《中共中央 国务院关于深化医药卫生体制改革的意见》明确指出："鼓励和引导社会资本发展医疗卫生事业。积极促进非公立医疗卫生机构发展，形成投资主体多元化、投资方式多样化的办医体制。" 2014 年，《国务院关于创新重点领域投融资机制鼓励社会投资的指导意见》中指出，积极推进养老、文化、旅游、体育等领域符合条件的事业单位，以及公立医院资源丰富地区符合条件的医疗事业单位改制，为社会资本进入创造条件，鼓励社会资本参与公立机构改革。可见，PPP 模式应用的政策环境日趋成熟。国家先后出台的一系列政策性和指导性文件，形成了医疗卫生行业改革的法律框架，为医院建设项目采取 PPP 模式提供了法律保障和政策指导。

二、公立医院引入 PPP 模式的建议

建立科学的风险管理与分担机制。公立医院在引入 PPP 模式时，会经过融资、建设、运营等几个流程，周期时间长、投入资金大，存在着各种各样的风

① 刘向泽 .PPP 模式在我国医院项目中的应用研究 [D]. 北京：北京交通大学，2017.

险。所以在整个引入过程中，做好风险管理，如何合理地分配公私双方所承担的风险是双方以及政府应该重点关注的问题[①]。公立医院领域成功运用PPP模式的关键在于在保证公立医院机构公益性的同时，还要使私营部门获得一定的投资回报。从公立医院层面来看，要给私营部门相对多的话语权；从国家层面来看，国家应出台相关的优惠或补贴政策，来调动其积极性。总之，在公立医院的非营利性的特殊情况下，合理、合法地让私营部门获得尽可能多的投资回报，这样才能够鼓励、吸引更多的私营部门进入医疗领域，促进社会资本多元化办医的方式。

此外，还应明确监管主体，全面综合监管。保证公私双方的合法权益以及整个 PPP 项目的顺利实施。绩效监控是 PPP 项目成功的重要保障，所以应该在整个过程中建立一套绩效监控系统。在政府指导下设立一个专业的 PPP 项目机构，由此机构来执行绩效监控的工作。这样可以随时监控进度以及发现哪个环节中出现错误并及时改正[①]。总之，公立医院要根据实际情况采取针对性的管理政策和措施，确保绩效管理贯穿在项目的整个过程。

三、公立医院实施 PPP 模式流程

PPP 模式项目的实施包括项目选择、合作伙伴确定、组建项目公司、融资、建设、运行管理等过程。其流程为项目准备阶段、项目采购阶段、项目执行阶段、项目移交阶段[②]。

1. 项目准备阶段

项目主管部门根据需要提出项目建议，由项目主管部门、发展和改革委员会、财政会商审核通过，必要时请咨询机构提供专业支撑；政府组织有关部门、咨询机构、运营和技术服务单位、相关专家以及各利益相关方共同对项目实施方案进行充分论证，确保项目的可行性和可操作性，以及项目财务的可持续性。实施方案编写后，由各相关部门对物有所值进行评价、财政承受能力进行论证并联审，须经地方政府审批后组织实施。

决定项目成功的首要环节是开展 PPP 项目的可行性论证。筛选 PPP 项目要

① 李楠，黄炜，和静淑，等. PPP 模式在我国公立医院中的探索研究 [J]. 劳动保障世界，2018（26）：66+68.

② 刘向泽 .PPP 模式在我国医院项目中的应用研究 [D]. 北京：北京交通大学，2017.

符合当地市政公用方面各类专项规划的要求。加强 PPP 项目的可行性论证的前期策划，委托有资质的设计或咨询机构编制实施方案。实施方案应包括项目的基本情况、规模与期限、技术路线、服务质量和标准、规划条件和土地落实情况、投融资结构、收入来源、财务测算与风险分析、实施进度计划、资金保障等政府配套措施等内容。

2. 项目采购阶段

政府向社会公布项目内容、对合作伙伴的要求以及绩效评价标准等信息，确保各类市场主体平等参与竞争。综合经营业绩、技术和管理水平、资金实力、服务价格、信誉等因素，通过招标投标等方式择优选择合作伙伴。政府与中标合作伙伴签署特许经营协议，协议主要应包括项目名称、内容、范围、期限、经营方式、产品或者服务的数量、质量和标准等。

3. 项目执行阶段

中标者依合同、按现代企业制度的要求筹组项目公司，由项目公司负责按合同进行设计、融资、建设、运营等。项目公司独立承担债务，自主经营、自负盈亏，在合同经营期内享有项目经营权，并按合同规定保证资产完好。

4. 项目移交阶段

社会资本在合同期满后移交项目形成的固定资产所有权，包括"提前终止移交"和"期满终止移交"，移交方式包括"无偿移交"和"有偿移交"两种。

在 PPP 项目实施过程中，应注意四个要点问题：一是 PPP 项目的实施方案是政府审批决策的依据、PPP 合作关系展开的基石，因此明确实施方案的联审意见至关重要。二是要综合考虑项目资金成本、融资成本、维护更新费用、经营成本和经营利润等方面。三是对风险合理分配，分配原则的确定意味着 PPP 项目合作后导致的实际效果。四是按照国家政策流程进行社会资本的采购[①]。

案例 4　山东省潍坊市潍城区人民医院 PPP 项目

一、项目概况

本项目规划总用地面积约 7.12hm^2，规划新建医院综合楼一栋，包括门诊区、病房区、医技区、科研区、后勤区、便利店、餐厅、鲜花店等，以及

① 李晶 . 公立医院建设运营 PPP 模式思考 [J]. 现代医院管理，2017，15（4）：15-17.

配电室、液氧站、污水处理站、太平间和室外绿化、道路广场、大门、围墙、地下停车场等配套工程。本项目规划总建筑面积112000m^2，其中，地上建筑面积80000m^2，包括门诊区14700m^2（急诊部2100m^2、门诊部10500m^2，保健体检中心2100m^2），医技区21400m^2（医技科室18800m^2、单列设备用房2600m^2），病房区28900m^2，科研区8000m^2（教学用房2100m^2、医院科研用房2900m^2、行政管理用房3000m^2），后勤区1500m^2，便利店300m^2，餐厅600m^2，鲜花店100m^2，配电室、液氧站、污水处理站、太平间及其他保障系统用房4500m^2。另有地下车库建筑面积32000m^2，停车位800个。项目建成后设计新增床位约计800张。

二、社会资本方

潍坊昌大建设集团创始于1949年8月，是集规划设计、项目投资、工程施工、地产开发、工程配套、物业运营管理于一体的大型综合性建设企业集团，是国家高新技术企业、中国建筑业企业竞争力百强企业、全国建筑业先进企业、全国优秀施工企业、中国建筑业AAA级信用企业、中国工程建设企业AAA级信用企业、全国工程建设质量管理优秀企业、全国安全生产先进企业、中国建筑科技创新先进企业、中国房地产优秀开发企业、全国房地产AAA级信用企业、中国房地产诚信品牌企业[①]。

企业注册资本24.7亿元，拥有房屋建筑工程施工总承包特级资质，建筑行业设计甲级资质，建筑装饰装修、建筑幕墙专项设计甲级资质，市政公用工程施工总承包一级资质，建筑装饰装修、建筑幕墙、钢结构、建筑机电安装、地基与基础、起重设备安装、建筑智能化、消防设施工程、建筑门窗制造与安装专业承包一级资质，房地产开发一级资质，公路工程施工总承包二级资质，以及电力工程、桥梁工程、压力管道、防水防腐保温、预拌混凝土、模板脚手架、特种设备（电梯）安装改造维修、建设工程质量检测等多项资质，具有对外援建工程总承包资格。已通过ISO 9001国际质量管理体系、ISO 14001国际环境管理体系和ISO 45001国际职业健康安全管理体系国际标准认证。

集团全力提供建设行业全产业链服务，业务范围已由工程施工拓展至项目投资、建筑设计、房地产开发、建筑工业化、公共建筑管理运营、金融

① 尹莉莉，刘伟.善建筑精品 匠心夺“鲁班”[N].潍坊日报，2019-12.

服务、国际贸易等领域。在工程设计方面，依托集团中国工程院院士工作站，充分发挥集团技术优势和建筑工程、人防工程双甲级设计资质优势，采用 BIM 技术提高建筑设计精准度，拥有具有国际先进水平的“高层与超高层混凝土空间网格盒式结构体系”等专利设计技术，兼具建筑工业化 PC 拆分设计能力①。在房地产开发方面，注重产品研发，追求施工技术先进性与建筑产品艺术性的统一，为业主提供从产品设计到一站式物业管理的专业服务，并随着国家房地产行业最高奖“广厦奖”和“全国物业管理优秀项目”的创成，“昌大地产”品牌得到社会各界的高度认可和广泛赞誉。在建筑工业化方面，占地 43 万 m^2 的建筑产业园，是集装配式建筑产业研发、产品设计、PC 及钢结构部品生产、工程施工于一体的国家建筑产业化基地，以数字化建筑、市政 PC 部品生产为中心，可提供装配式建筑、PC 及钢结构部品设计、制造、运输、装配一体化解决方案①。

三、融资模式

本项目总投资估算 61792.6 万元。其中，建安工程费 35280.0 万元，配套工程费 3202.0 万元，工程建设其他费用 17601.2 万元，预备费 2802.7 万元，建设期利息 2906.7 万元①。经过竞争性磋商，乙方最后承诺的资本金出资为 16684 万元，同时政府方出资代表按 1:9 的出资比例出资 1854 万元，剩余资金由项目公司通过股东借款、银行贷款、基金或债券融资等方式筹措。政府方提供本项目的土地使用权。

四、运作方式

项目采用 BOT（建设—运营维护—移交）的运作方式。潍城区人民政府授权潍城区人口和计划生育局作为本项目的实施机构，负责项目组织实施和各项具体工作安排，通过法定程序选择社会资本方。

双方签订《PPP 项目合同》，共同出资成立项目公司。项目公司成立后，由甲方与项目公司以本合同条款为基础另行签订 PPP 合同或承继协议。

甲方负责办理立项、环评、规划等前期工作及手续，负责项目设计单位和监理单位等的选定，负责项目运营补贴（可行性缺口补助）的拨付，负责投融资、建设、运营、维护工作的监管等，负责医院的行政管理。

项目公司负责在甲方的协助下办理建设过程中各项手续并先行承担相应

① 孙悦 . 基于期权博弈的 PPP 项目投资决策研究 [D]. 青岛：青岛理工大学，2016.

费用，以及本项目的投融资、建设、运营维护及期满移交工作。

项目合作期限为12年（含建设期），整体项目建设期暂定为两年，运营维护期为10年。本项目运营期保持不变，实际建设期缩短或延长，整体合作期限相应缩短或延长。合作期满后，项目公司将本项目全部资产的运营维护权、收益权及其他相关权益全部无偿移交给政府方或政府方指定机构。

五、项目产出

本项目建成后设计新增床位约计800张，将大大改善潍城区的医疗卫生条件，提高医疗救治水平和服务质量，有效解决群众看病难的问题，更好地满足当地群众对基本医疗设施的需求。同时，良好的就医环境和诊疗条件，将会吸引更多的病人前来就诊，增加医院的业务收入，进而改善医疗诊断设备，提高医务人员的医疗诊治水平和质量，更好地为人民群众的健康和当地卫生事业的发展服务，具有良好的社会效益。

本项目建成后形成的主要固定资产包括医院综合楼一栋，包括门诊区、病房区、医技区、科研区、后勤区、便利店、餐厅、鲜花店等，以及配电室、液氧站、污水处理站、太平间和室外绿化、道路广场、大门、围墙、地下停车场等配套工程。

六、项目运营

本项目运营的主要内容包括：项目公司拥有项目非核心医疗业务的运营管理和收益权，并承担运营风险。项目公司的运营内容包括以下两部分：

（1）医院内配套的商业运营单元的自营或出租给第三方经营以获取商业运营收益。本项目在规划设计阶段，在综合大楼首层、地下或者院内适当位置规划设计约1000m^{2}的商业运营单元（包括便利店300m^2、餐厅600m^2、鲜花店100m^2），将来可由SPV公司用于商业运营或者出租给第三方用于商业经营，以取得部分运营收入。

（2）由潍城区人民医院将医院的物业管理服务（包括保洁、司梯、配送、保安）外包给项目公司，潍城区人民医院作为使用者，应根据服务绩效考核结果以其核心业务经营收益对项目公司进行使用者付费。

运营维护收入：项目公司或社会资本通过项目运营维护服务取得政府支付的运营维护绩效付费。运营维护期前3年为免费维护期，后7年为付费维护期。运营维护费自运营维护期第4年开始计算。

运营收入：项目公司享有医院非核心医疗业务10年期经营权和收费权，

取得医院内配套商业单元的自营或招商收入和医院物业管理服务（包括保洁、司梯、配送、保安）收入两项使用者付费。该部分运营净收益以乙方的最后磋商成交价为准，可用于冲抵当年政府支付的运营补贴。

七、合作中的风险管理

本项目中政府与资本方在合作伊始就建立了风险框架，对合作中可能遇到的风险进行梳理、分担，将风险降到最低。在这一项目中，政府需要通过自身职能为该项目提供多方面的支持，资本方也需要充分发挥自身优势提高项目效率，以共同分担、降低项目总风险。除了PPP项目合作中比较通用的风险识别、风险分担外，本例中双方对于风险的控制与规避主要有以下四个方面。

（1）政策风险：政府通过自身具有的便利条件为项目落地争取更多政策方面的支持，降低政策风险。2012年8月2日发布《山东省人民政府办公厅转发省发展改革委省卫生厅等部门关于进一步鼓励和引导社会资本举办医疗机构的实施意见的通知》。此文件作为政策指导性文件，为该项目的开展及社会资本方的参与，提供了合理、合规、大胆探索的政策性保障。

（2）建设风险、国有资产流失风险：双方选定具备实力的第三方公司，对整个项目进行评估，有效降低风险发生的概率。此项目中，政府通过招标投标方式选择社会投资方，社会资本方属于实力雄厚的优质建筑企业，大大降低项目建设风险。政府引入专门资产评估机构，对项目投资额、现有院区估值、土地价值进行评估，最大限度地降低国有资产流失风险。投资额估值不合理，会带来后续的资金问题。因此具备实力的专业第三方加入，是降低项目风险的关键环节。

（3）资金风险：社会资本方和政府部门按9∶1的出资比例出资。社会资本方通过多种渠道进行融资投入，并在经营过程中对项目公司进行授信担保，确保项目资金到位以及运营中的资金周转。

（4）经营风险：经营过程中，核心业务由医院提供，社会资本方不得干预。配套商业、物业运营维护等板块必须由社会资本方提供。这就保证了基本医疗服务的质量，也对社会资本方的投资收益提供了保障。通过协议安排，昌大集团逐渐回收成本；医院获得企业投资，实现长足发展，双方各取所需、互利双赢。

第二编

建设流程

医院建设项目是一项复杂系统工程，除了其他类型建设工程的特征外，还体现为医院类型的多样性、功能和专业构成的复杂性、多领域技术的交叉融合性以及医疗需求的多层次性。了解医院建设项目的系统复杂性，提升建设管理者对项目建设的认知和驾驭能力，是医院建设项目成功的关键。医院建设工程项目的质量、进度、安全、投资控制等要素有赖于项目各项管理活动在流程上的合理、顺畅和效率，严谨、完整、有效的项目全生命周期管理是项目得以顺利开展的保障。本部分系统介绍医院建设项目全过程的阶段构成、各阶段流程程序、工作内容、管理重点等。

第五章　医院建设工程项目全生命周期管理

医院建设工程项目的全生命周期管理包括项目前期策划与管理（Development Management，DM，又称开发管理）、项目实施期管理（Project Management，PM，又称项目管理）、项目使用期管理（Facility Management，FM，又称设施管理），是涉及投资方、开发方、设计方、施工方、供货方及运营维护管理方等多主体、全生命周期的管理过程。

本章主要介绍医院建设项目的特点，工程项目全生命周期管理的内涵与特征、阶段构成、建设审批程序等内容。

第一节　医院建设项目的特点

医院建设项目作为专业性强的公共建筑之一，不同于一般的民用建设项目，医院建设项目有其独特的特点，其管理具有独有的特征。

根据《医疗机构基本标准（试行）》，医院大致可分为如图 5-1 所示的类型。每一种类型的医院都有特定的功能要求，在建筑特点和环境需求上也存在较大差异。

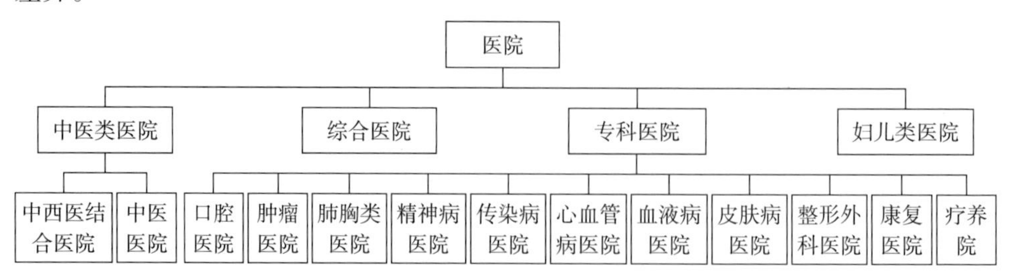

图 5-1　医院分类图

总体上讲，医院建设项目的特点如下所述。

1. 专业性强、功能复杂

医疗建筑功能用房包括门诊、急诊、医技、病房、行政、后勤保障、院内生活、科研、教学、地下车库等；不同功能区域用房对土建、装饰、安装工程的要求都有别于其他公共建筑[①]。因此，代建单位或者项目前期咨询单位必须了解医院医疗流程，熟悉医疗建筑的特点，才能为医院基本建设提供专业的咨询服务。

2. 安装系统多、要求高

医院建筑与其他公共建筑相比，设备安装系统较多，包括各类医技设施的屏蔽、净化等。医院建设项目对设施、设备的安全性要求较高，在前期咨询中必须考虑各类系统的完整性、经济性、安全性和兼容性。

3. 各类前期评价要求高

医院的各类评价种类比其他公共建筑较多，要求也较高，主要有以下三项评价[①]：

（1）环境影响评价：依据生态环境部的文件《建设项目环境影响评价分类管理名录》执行，实际以当地环保部门的要求为准。编制《环境影响评价报告书》是医院的新建和扩建项目都需要的。《环境影响评价报告表》是针对个别对环境影响较小的医院建设项目（如医院辅助设施建设项目或大修项目）实施的。

（2）卫生学预评价：根据《公共场所卫生管理条例》有关规定，新建、扩建、改建的公共场所建设项目的选址和设计须经过卫生审查。因此在实际工作中，建设单位都会委托有资质的单位编制《卫生学预评价报告》。

（3）职业病危害预评价：涉及放射性职业病危害的医疗机构项目，在卫生防疫审核阶段，审批部门都要求出具由具有资质的放射卫生技术服务机构出具的职业病危害预评价报告。

除了上述医院建设项目有关的三种评价外，医院建设项目与其他公共建筑一样，也必须开展交通影响评价、日照影响分析等专项评价工作。

4. 设计须与医院技术发展相适应

当前各种新型医疗设备和医院保障设备不断出现，医疗技术发展较快。以往建设的医院项目大多已经不能满足医疗设备更新换代的需求。如层高较低，就不能满足新设备管道吊顶要求；若空间较小，则不能满足设备安装所需空间的要

① 张建忠，乐云 . 医院建设项目管理：政府公共工程管理改革与创新 [M]. 上海：同济大学出版社，2015.

求；另外，既有建筑中也无法增设“轨道物流传输系统”等。

5. 注重医疗流线设计

医院建设项目比较注重流线设计，包括洁污流线、医患流线和人车流线等，因此在医院建设项目中，患者就医的便捷性、医疗活动的安全性以及医院管理的高效性都与流线设计有关。

我国公立医院的特点之一是患者多，特别是大城市中的三级甲等医院，常出现人满为患的现象。因此在空间有限的医院建设项目中，医疗流线的设计显得更加重要，要规划好分流人群、功能区域布置合理等工作。

6. 不同医院的需求差异较大

医院按不同的属性可以划分成多种类型，按综合性分有综合医院、专科医院。按专科功能属性分可划分为五官科医院、胸科医院等。每个医院都有各自的特点，有不同的发展定位、特色学科、优势学科及服务人群等。因此咨询单位不仅要了解医院建筑的基本特点，还要了解医院的特殊需求，以便为医院提供更专业的服务。

但是，不同类型的医院在建筑特点、对内外部环境特征、功能区域要求等各有不同，具体见表 5-1。

不同类型医院的特点 **表 5-1**

医院类型	建筑特点	内外环境需求	其他
综合医院	功能科室繁多导致建筑流线关系复杂，建筑多成群布置	外部环境：交通方便，环境安静，无污染源； 内部环境：以人为本的室内环境塑造	应做到功能分区合理，流线清晰，有发展余地。不同医院因学科特色不同而存在差异
中医类医院	建筑布局注重对中医特色科室特殊要求的统一协调	可着重于中国传统建筑特色表达	可根据使用要求，预留面积以提供一些社会化服务，如中药煎制和配送
儿童专科医院	建筑内部尺度注重儿童使用的特点	室内装饰风格要充分考虑儿童的心理特点，提供轻松活泼的就医环境	充分注重儿童安全，应提供对陪护人员的便利设施
妇产科医院	建筑功能布局注重病人的隐私保护	注重从女性视角来塑造室内外环境	注重温暖温馨的就医环境塑造
肿瘤专科医院	建筑布局以门诊、病房、医技为重点	应尽量通过营造温馨就医环境，减少肿瘤患者的心理压力	急诊和传染门诊占比例较小，应特别注重放射屏蔽相关工作
口腔专科医院	建筑布局以门诊区域为重点	着重于候诊就诊区域空间的人性化设计	床位数较少，须注重其特殊科室，如工器具科等产生的噪声粉尘等对环境的影响

医院类型	建筑特点	内外环境需求	其他
五官科医院	建筑布局以门诊区域为重点	着重于候诊、就诊区域空间的人性化设计	依据医院特色科室重点设计
精神卫生类医院	建筑布局应确保功能流程适用、安全和方便患者，确保患者和工作人员安全，减少患者危险行为对周围环境的影响	装饰要求普通，室内各部位均采用必要的安全保护措施；应注重门窗等设施质量及弱电监控系统到位	供急性病人使用的室外活动场地需要采取必要的封闭措施。诊室之间应设置医护人员应急出口，需协调好与周边环境的关系
公共卫生类医院	建筑布局明确功能分区，洁污分区与分流，特别是医患分区	重视医院内外环境的卫生安全，防止院外污染对院内干扰污染及防范院内污染源的二次污染	特别注意建筑物内的气流组织，严格保证清洁区、次清洁区与污染区的气流压力形成极差，严禁倒流

第二节　工程项目全生命周期管理的内涵与特征

工程项目是创造独特工程产品的活动，整个过程构成了一个工程项目的全生命周期。美国项目管理协会（PMI）对项目（全）生命周期的定义为：“为了更好地管理和控制项目，一个组织会将项目划分为一系列的项目阶段，以便更好地将组织的日常运作和项目管理结合在一起。项目是一项分阶段完成的独特的任务，项目的各个阶段放在一起就构成了一个项目的（全）生命周期。”

英国皇家特许测量师学会（RICS）给项目（全）生命周期的定义是：“项目的（全）生命周期是指包括整个项目的建造、使用以及最终清理的全过程[①]。项目的（全）生命周期一般可划分为：项目的建造阶段、运营阶段以及清理阶段。项目的建造、运营和清理阶段还可以进一步划分为更详细的阶段，这些阶段构成了一个项目的全生命周期。”

项目全生命周期管理是一种新的工程管理模式，加强对全生命周期管理的应用，一方面，有助于建设企业、施工企业树立先进管理思想，提升管理效率，降低运营成本，在激烈的市场竞争中增强企业核心竞争力；另一方面，能够保障建设项目造价、工期和质量，有助于控制项目投资、保证施工进度、提高工程质量，打造高质量建设项目。工程项目全生命周期管理应着重关注以下四个方面的问题：

① 王建廷，王振坡．建设工程项目管理及工程经济 [M]. 重庆：重庆大学出版社，2012.

（1）注重施工前期管理。项目建设前期，结合建筑工程特征，对施工设备、工艺和技术进行分析，确保通过先进的施工技术保障建筑工程施工工作顺利实施，进而使得工程施工质量得到提高。这是建筑工程施工前期准备工作的重要内容。加强对设备和工艺的完善，并适当引进先进的施工技术，加强技术交底，落实好施工图纸审查，全面研究施工图纸，并进一步完善施工流程，为建筑工程施工工作顺利开展打下基础。

（2）加强施工过程管理。施工单位应严格地按照相关的要求和图纸进行施工，通过培训等方式调动施工人员参与度，提高施工人员的综合素质。注重材料管理，在材料采购中明确材料规格、品质、交货期等要求，保障施工材料的质量，严格材料进场检验检测，提升建筑工程质量。注重施工的成本，加大成本控制力度，加强成本预算节约施工成本。注重机械设备管理，加大维修和保养力度，严格机械操作人员持证上岗制度，保障机械设备处于正常的运行状态。加强质量管理，明确建筑工程施工质量相关要求，明确质量监管内容，加强建筑工程施工各项环节的质量控制，健全现场施工人员的转换交接制度、保障制度，并严格监督各项制度的执行和落实。

（3）加强建筑项目安全管理。定期开展安全教育，树立安全施工理念，详细地渗透在施工技术和方法等培训中的安全管理，同时加强施工人员自我监督意识。加强建筑工程施工现场安全监管，建立健全监管制度，及时发现存在的安全隐患，及时上报并督促解决。设立专门的安全监管人员负责施工现场监管工作，落实安全监督责任，明确安全监督内容，规范员工的安全施工行为。

（4）实施竣工阶段管理。建设单位和监理单位以及施工承包单位协同配合工程验收，在施工全过程中加强相关资料的收集，以保证工程验收工作的顺利开展。在房屋建筑工程施工中，施工单位需要做好施工日记、工程施工组织设计以及进度计划等方面的工作，并将相关资料交给工程质量监督部门进行管理，以保证资料审查的全面性，进而保证验收条件的完整性。在验收过程中，施工单位要根据市政基础设施建设竣工管理办法，与各类房屋建筑和基础设施工程的备案单位加强联系，加强对参建方责任的审查和管理。注重质量等级评定与评估，施工单位需要结合各个分项工程做好验收工作，工程师要根据工程项目承办单位的工程自评内容来合理划分分项工程质量控制等级，并结合工程分部质量等级做好核定工作；建筑单位、施工单位、监理单位需要对质量等级进行综合评定。

第三节　全生命周期管理的阶段构成

工程项目的生命周期包括工程项目的决策阶段、实施阶段和使用阶段。其中，决策阶段包括项目建议书、可行性研究；实施阶段包括设计工作、建设准备、建设工程以及使用前竣工验收等。尽管不同类型和不同规模的工程项目的全生命周期的时间跨度、阶段划分不同，但总体来说通常都可分为以下四个阶段[①]，如图 5-2 所示。

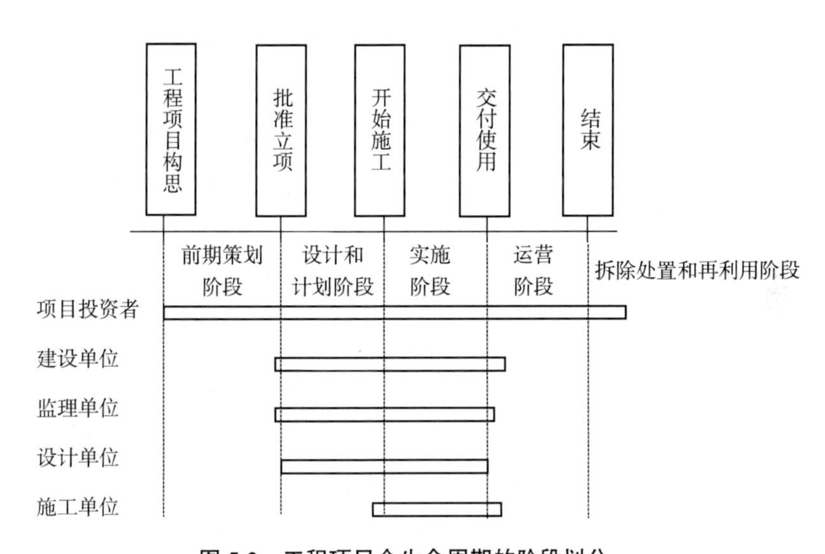

图 5-2　工程项目全生命周期的阶段划分

1. 工程项目前期策划阶段

工程项目前期策划阶段也称为概念阶段，是指从工程项目构思到批准立项这一阶段。该阶段从整体角度出发，提出工程项目总目标和总功能的具体要求。该阶段的工作重点是对工程项目及其总目标进行研究、论证、决策；其工作内容包括工程项目的构思、目标设计、可行性研究和工程项目立项。工程项目全生命周期中的策划阶段时间较短，却是工程项目成败的关键，对工程项目的全生命周期、工程项目实施和管理都起到决定性作用。工程项目的投资者和建设单位是该

① 王建廷，王振坡 . 建设工程项目管理及工程经济 [M]. 重庆：重庆大学出版社，2012.

阶段工作的实施主体。

2. 工程项目设计和计划阶段

工程项目批准立项到开始施工这个过程是工程项目的设计和计划阶段。其工作内容是工程项目设计、工程项目计划、工程项目招标投标和各种工程项目施工前的准备工作。工程项目的设计单位、建设单位和相关单位是该阶段工作的实施主体。

3. 工程项目实施阶段

工程项目建设实施阶段是在完成工程项目计划和设计阶段工作后开始的。该阶段主要指工程项目的施工建造，即从工程项目开始施工到工程项目建成、通过竣工验收并交付使用为止。工程施工建设应有明确的、合理的工期，工期长短取决于项目建设规模、技术和工艺复杂程度等。施工单位和相关单位是该阶段工作的实施主体。

4. 工程项目运营阶段

工程项目的运营阶段是指工程项目开始发挥生产功能或者使用功能，到工程项目终止使用这一阶段。该阶段是工程项目全生命周期中较长的阶段，也是工程项目实现其整体价值、满足消费者用途的阶段。该阶段可以持续几十年甚至上百年（取决于不同工程项目的设计使用年限）。工程项目建设单位或者工程项目投资者是该阶段工作的实施主体。

5. 工程项目拆除处置和再利用阶段

施工单位和相关单位（如建筑材料的再利用单位）是该阶段的实施主体。该阶段是工程项目实施阶段的逆过程，出现在工程项目无法继续实现工程项目原有价值或因拆迁等原因不得不被拆除时。该阶段包括工程项目被拆除及被拆除后的工程项目的建筑材料的运输、分类、处理、再利用等过程。

当工程项目历经了上述各阶段后，便完成了一个全生命周期。一个工程项目的完成以及价值的发挥通常需要诸多参与者共同参与。根据所处的工程项目全生命周期的阶段，不同参与者的工作内容是不同的。工程项目全生命周期中各阶段工作的实施主体是不同阶段工作内容的主要参与者，主要包括项目投资者、建设单位、监理单位、设计单位以及施工单位。

第四节　全生命周期管理中的建设审批程序

工程项目建设程序是指从工程项目构思开始，通过工程项目立项、评估、决策、设计、施工直到工程项目建成、投入使用的全部过程的各个阶段及各项主要工作之间必须遵循的先后顺序，是工程项目建设活动的内在规律，包括自然规律、技术规律、经济规律在国家建设行政管理制度中的具体体现。工程项目建设程序通常由国家相关专业行政管理机关（部门）予以具体规定。严格遵守和坚持按工程项目建设程序实施工程项目，是提高工程项目建设效率和效益的有效保证。工程项目建设程序如图 5-3 所示。

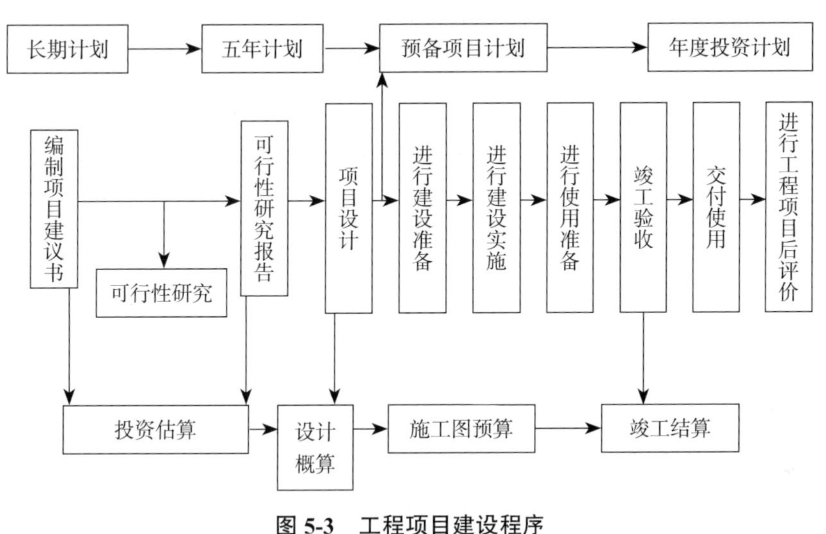

图 5-3　工程项目建设程序

工程建设项目主要程序包括以下八项内容①。

1. 编制项目建议书

项目建议书是工程项目法人向决策者和政府部门提出的建设某一项目的建议文件，是对工程项目建设的轮廓设想和立项先导。项目要符合国民经济长远规划，符合部门、行业和地区规划的要求。其主要作用是论述项目建设的必要性、建设条件的可行性和获利的可能性，供国家选择或投资者决策并确定是否进行下

① 王建廷，王振坡 . 建设工程项目管理及工程经济 [M]. 重庆：重庆大学出版社，2012.

一步工作。项目建议书的内容一般包括项目提出的必要性和依据，方案、拟建规模和建设地点的初步设想，资源情况、建设条件、协作关系等的初步分析，投资估算和资金筹措设想，项目进度安排，经济效益和社会效益的估计。项目建议书被批准后，建设单位可以进行工程项目可行性研究工作。

2. 可行性研究

可行性研究是项目前期工作最重要的内容之一，具体包括：一是在投资前期科学分析和论证工程项目在技术上、经济上以及实施上是否可行，并预测和评价项目建成后的经济效益。二是进行多方案比较，提出意见和建议，推荐最佳方案，具体有市场研究、技术研究和经济研究等方面，即项目可行性研究的内容包括项目提出的背景、实施的必要性、项目的经济意义、项目建设的依据和范围等。工程项目可行性研究通常包括项目总论、需求预测和拟建规模、资源、原材料及公用设施情况、设计方案、建设条件与项目选址方案、环境保护、企业组织、劳动定员和人员培训估算、实施进度建议、投资估算和资金筹措、项目社会及经济效果评价、项目可行性研究结论与建议等内容。可行性研究报告不仅是项目决策的依据，而且是项目设计、招标投标、项目融资、申请贷款等工作的依据。因此，可行性研究报告是非常重要的工程项目管理文件。

3. 项目设计

项目设计是在工程项目可行性研究报告经批准后，建设单位委托设计单位进行的工作，根据可行性研究报告中的有关要求编制项目设计文件。项目建设和组织项目施工的主要依据就是工程项目设计文件。工程项目设计又分为两个阶段，即初步设计阶段和施工图设计阶段；也有分为三个阶段的，即初步设计阶段、技术设计阶段和施工图设计阶段，三个阶段设计针对的是技术复杂而又缺乏相关设计经验的工程项目。

（1）初步设计文件由设计说明书、设计图纸、主要设备及材料表和工程概算书四部分组成，是建设单位委托设计单位进行的项目设计。

（2）技术设计是指重大或特殊工程项目为进一步解决某些具体技术问题，或确定某些技术方案而进行的设计。技术设计文件是初步设计文件的进一步深化，针对初步设计阶段中无法解决而又必须进一步研究解决的问题（如工艺流程、建设结构、设备选型及数量确定等），以使工程项目的设计更具体、更完善、技术指标更好。技术设计文件应根据批准的初步设计文件进行编制，同时对初步设计进行补充和修正，编制修正总概算。

（3）施工图设计是在初步设计或技术设计的基础上进行的，需要完整地表现建筑物外形、内部空间尺寸、结构体系、构造状况及建筑群的组成和周围环境的配合，还包括各种输送系统、管道系统、控制系统、建筑设备的设计和选型。

4. 进行建设准备

工程项目建设准备的主要工作包括征地、拆迁和场地平整，完成施工用水、用电、道路等工程，组织设备、材料订货，准备必要的施工图纸，组织施工招标投标，择优选择施工单位。国家对项目施工实行施工许可制度，各类房屋建筑工程项目，城镇市政基础设施工程项目和上述建筑工程项目以外的其他专业建筑工程项目，均须依法申请并获得施工许可后方可开始施工。建设单位申请开工应依照国家有关规定向国家发展与计划主管机关（部门）申请准予开工，无须再行申请工程项目施工许可。

5. 进行建设实施

项目施工通常由施工单位按照建设工程施工合同的规定进行，在施工期间，施工单位的任何施工活动均应按照建设工程施工合同条款、项目设计文件、项目预算、项目施工顺序、项目施工组织设计的规定与相关要求，在确保工程项目质量、工期、成本计划等目标的前提下进行。

6. 进行使用准备

使用准备是建设单位在工程项目投入生产性用途前所进行的一项重要工作，发挥着衔接项目建设和项目使用与生产的桥梁作用，也是项目建设阶段转入生产经营阶段的必要条件。建设单位要根据实际情况组成专门机构，做好生产准备工作。其工作内容一般包括组建管理机构，制定组织制度和有关规定；招收并培训生产人员，组织生产人员参加设备的安装、调试和工程验收；签订原料、材料、协作产品、燃料、水、电等供应及运输的协议；进行工具、器具、备品等的制造或订货；其他必需的生产准备等。

7. 竣工验收及交付使用

竣工验收是工程项目投入使用前的最后一个环节，也是项目投资成果转入生产或使用的标志，更是全面考核项目建设成果、检验项目设计和工程质量的重要步骤。竣工验收对促进工程项目及时投产或者投入、发挥投资效益及总结建设经验，均具有重要作用。竣工验收可以检查工程项目的生产能力或者各项功能是否达到了设计要求，生产的消耗与效益是否满足投资者的要求。只有工程项目达到竣工验收标准要求、经过竣工验收合格后，才可交付给建设单位投入使用。

8. 进行工程项目后评价

工程项目后评价是项目建设程序中的一项重要的后续性建设活动内容，是工程项目投入生产运营或者使用一段时间后，对项目的立项决策、规划设计、建设施工、竣工验收、生产运营或者使用等环节、过程及项目的经济效益、作用和影响等进行系统性分析、总结和评价的一种技术经济活动。其内容包括三项：一是对项目投产后各方面的影响进行评价；二是对项目投资效益、国民经济效益、财务效益、技术进步和规模效益以及可行性研究深度等进行评价；三是对项目的立项决策、规划设计、建设施工、竣工验收、生产运营或者使用等环节、过程进行评价。实施工程项目后评价可以达到肯定成绩、总结经验、吸取教训、提出建议、改进工作、不断提高工程项目决策与管理水平的效果。我国目前开展的工程项目后评价一般按三个层次组织实施，即项目建设单位自我组织的后评价、项目所在行业组织的后评价和各级发展计划部门（或主要投资方）组织的后评价。

第六章 医院建设工程项目前期规划管理

医院建设项目的前期规划是在充分考虑区域经济社会发展、人口规模和结构变化、当地城市总体规划、区域医疗卫生事业发展规划、医疗机构设置规划、医疗技术发展、疾病谱和发病率、卫生资源和医疗保健服务的需求状况等外部环境变化基础上，结合医院发展战略规划，形成工程项目定位和功能定义，从医院建筑需求出发，根据建设项目所在院区的设计条件，满足建筑功能、性能和布局要求的、具备可持续性和弹性的总体建设方案。

本章主要介绍医院建设项目前期规划的依据及基本内容、项目管理目标规划，重点介绍项目建议书和可行性研究报告的撰写。

第一节 前期规划的依据及基本内容

一、前期策划依据

医院项目前期规划首先应该对本地区人口规模、人口结构、经济发展状况、医疗技术和疾病谱系等经济、社会、技术外部条件进行评估，同时应考虑本地区既有医疗资源及分布状况，在此基础上合理规划医院建设规模、设备设施规模、投资状况等。

对于医院改扩建项目，前期策划应以保证现有医疗活动的正常有序开展为前提。通过与医院的管理层、执行层不断沟通和共同讨论，从医院实际出发，提出合理解决方案，并不断优化调整，直至现场放线验证。同时积极挖掘现有建筑空间资源，暂时保留对改扩建施工面影响不大的老建筑，以妥善安排改造过渡期各项业务用房，制订搬迁计划，使医院改造在尽量不影响医院现有医疗工作的基础上得以进行。

项目规划应具备一定的前瞻性，要以发展的眼光考虑医院建设，以永续经营的思维做出超前规划，客观分析医院现状、优势、挑战及未来发展的机遇，使策划方案不仅符合实际、具有可操作性，而且具有前瞻性和战略性。同时，在医院建设项目规划应积极推进新的科技成果，如大数据、5G、AI 等新兴技术手段，推动信息化、网络化、自动化在医院建设及后期运营中的应用。

为实现以上规划原则，前期策划与规划工作需要医院管理者、医护人员、设计方、施工方、设备厂家等多方人员共同参与，循序渐进地明确项目的定位、功能需求、具体建设方案和投资等重要内容，并形成规范的、有操作性的文件指导后续工作。项目前期参建单位较多，在该过程起到的作用不同，但是建设单位和政府审批部门是起到项目推进主导作用的两个主体，具体如表 6-1 所示。

项目前期工作主要参与方及其作用 **表 6-1**

主要参与方	作用
建设单位或使用单位	对建设项目提出远景设想、功能要求、在前期咨询过程中为相关单位提供必要的资料
代建单位	根据使用部门要求，提供一定的技术力量，协助建设方推进项目开展
设计单位	收集各种信息与资料、医院工艺流程，提供设计方案并不断修正和优化设计方案
咨询单位	根据每个医院功能、工艺流程，在项目前期阶段根据专业需要，为建设方提供专业咨询服务（如编制项目建议书、可行性研究报告、环境影响评价报告等）
评估单位	一般受审批部门委托或者相关行业规定，对咨询单位编制的咨询报告等进行评估，结合组织专家评审、公众参与等方式
相关职能部门	对方案的可行性进行相关评估审查（主要包括规划、环保、卫生防疫、人防、市政配套等）
审批部门	对项目前期各个阶段进行审批；市、区发展改革委—立项、可行性研究阶段；市、区建设交通委—扩初阶段

二、前期规划阶段的工作内容

前期规划阶段主要包括两项内容：一是研究论证项目方案，通过多方的参与，使项目方案不断优化、深化，让其更具可行性、合理性、实用性、经济性。二是办理相关证照，如规划许可证、施工许可证等，为项目开工作准备。方案的研究论证包括项目建议书的编制和审批、可行性研究报告的编制和审批项目实施前所必须开展的扩大初步设计方案的编制和审批以及在此过程中的相关职能部门对方案提出审核意见。

近年来，随着党中央、国务院逐步推进“放管服”和优化营商环境改革，工程建设项目审批流程和事项不断精简，效能持续提升。如图 6-1 所示为山东省政府投资建设工程审批流程。

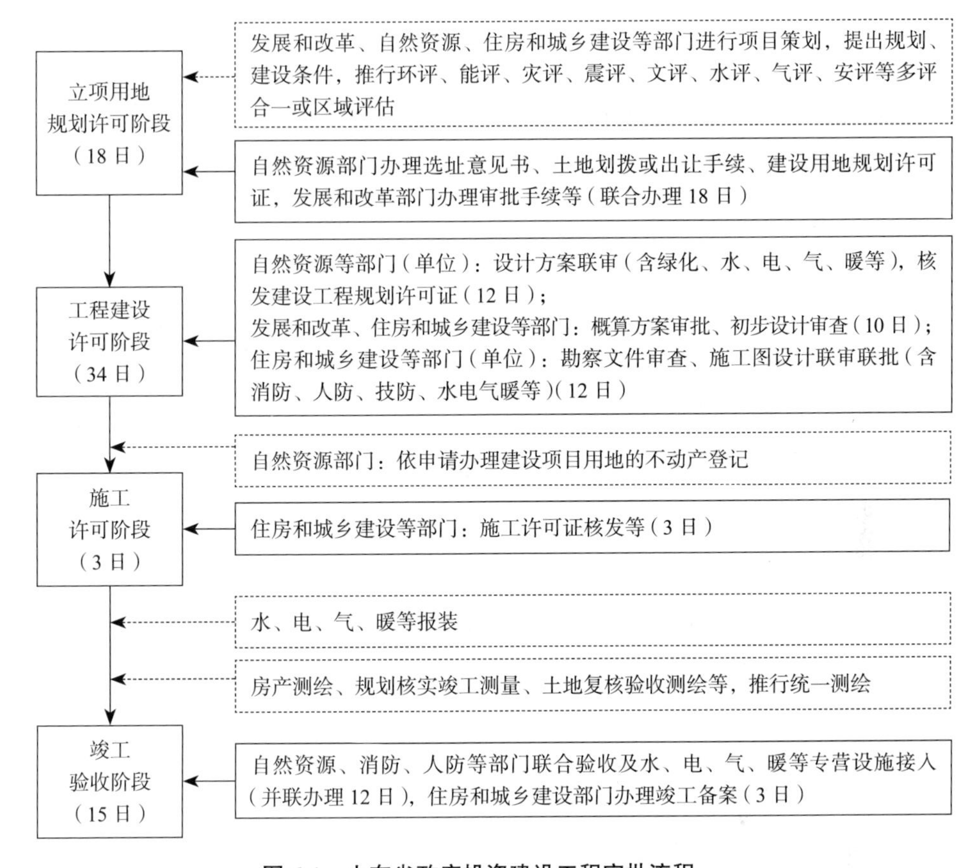

图 6-1　山东省政府投资建设工程审批流程

三、医院建设项目前期准备应注意的问题

由于医院建设项目的功能、系统、技术、流线比较复杂，不同类型医院的需求差异较大，因此，项目建设前期的准备工作需要特别注意以下四项。

1. 沟通交流须充分

沟通交流在项目前期阶段非常重要，如果项目沟通不到位，就会导致工作反复，影响进度。具体有以下三方面：

一是建设单位内部的沟通交流。建设单位作为项目的发起者，应基于医院发展总体规划做好内部沟通，梳理项目建设的必要性，按照医院建设标准来确定医院定位、功能、规模等内容。项目的概念雏形是在内部沟通基本一致时形成的。建设单位的内部沟通交流的内容从重要决策一直到方案细节。当内部沟通产生矛盾的时候，医院领导层应做好协调均衡、明确意见或要求。

二是建设单位和政府部门的沟通交流。建设单位和政府部门作为在项目推进过程中起主导作用的两个对象，其沟通交流也非常重要。通过沟通，政府部门可以了解建设单位的需求及项目推进存在的问题，同时建设单位也明确了政府职能部门对项目审批的要求。政府部门包括卫生行政主管部门、发展改革委、建设及规划、环保等各类职能部门。

三是建设单位和咨询单位的沟通交流。咨询单位是为建设单位服务的机构，为建设项目提供技术咨询。咨询单位通过与建设单位的沟通交流，要明确受托范围内工作咨询目的、建设单位的需求和方案建设的意图，并出具符合要求的咨询成果，作为相关部门审批的依据。

2. 政策、要求须明确

项目推进的基础是各类政策文件和规范要求。项目建设前期需了解并熟悉国家及当地的各项法律法规、政策文件、建设标准文件的要求，包括程序性的要求或在某个环节上的要求等，确保项目内容上、程序上合法合规，而且要深入解读条款内涵以及适用范围。在不同参建单位沟通交流的信息中，各类政策文件、行业规范、文件要求是重要的信息之一，因此一个项目的建设过程是各类信息汇总的结果，起到的作用也不尽相同，具体如表 6-2 所示。

不同参建单位政策、要求信息交流分类 **表 6-2**

参建单位	政策、文件、标准	提供对象	主要作用
建设单位	行业发展规划、卫生行业规范要求、质控要求等	咨询单位	支撑建设必要性；方案设计的依据
政府部门	规范和审批要求等相关政策文件	建设单位、设计单位	明确政策要求，指导相关工作开展
设计单位	各类设计标准与规范	评估单位、评审单位	判定方案的合理性、可行性、经济性
咨询单位	政策文件、建设标准等	建设单位、评估单位	使建设单位明确相关要求，让评估单位作为依据

3. 前期工作应抓住关键环节

前期准备阶段有四个大的环节需通过政府审批，即规划项目入库、项目建议书、可行性研究报告和扩大初步设计，每个环节的工作依次是由浅入深、由粗到细，前期准备中同相关部门解决关键问题，可以大大提升工作效率和工作质量。如在规划咨询和项目建议书阶段，主要研究项目建设的必要性，项目的选址、规模测算、项目方案的功能需求，新建项目要规划好总体布局等，对于项目的外立面形式、建筑内部的医疗流线等细节的内容可以到后续环节进行深化，无须在此阶段过多反复。

4. 对拆建、迁建项目应慎重处理

在医院的改扩建过程中，不可避免地需要对有些现有建筑进行拆除。医院应研究论证建筑拆除的必要性，首先摸清拟拆建筑资料，包括建设年代、设计年限、结构形式以及使用状况等；对未到设计年限的建筑，应从医院整体的可持续发展角度研究其改造建设的合理性，并研究其通过改造达到使用需求的技术可行性和经济性。对于迁建项目，应重视其与新建项目的区别，即医院迁建后，区域卫生发展规划从宏观上会受到现址资产处理的影响，影响医疗卫生资源的规划布局。在微观上也会涉及医院的固定资产权属调拨、人员配置等问题。这些问题往往会在新项目建设前期被疏忽，应引起足够重视。

第二节　项目建议书

医院建设项目建议书是医院根据国家经济的发展、国家和地方卫生中长期发展规划、医院发展规划要求、项目所在地内外部条件等，向审批机关提出的某一具体项目的建议文件。其主要从宏观上论述项目设立的必要性和可能性，是对拟建项目提出的框架性的总体设想，是立项的依据。简而言之，项目建议书要回答“为什么要做，做什么，预计投资规模，投资效益如何”等关乎项目前期决策的重要问题。

一、项目建议书的作用及内容

医院建设项目建议书一般是医院委托项目管理方负责编写。项目建议书的作用主要有三点：一是建设单位对拟建项目的初步说明和投资建议；二是决策者选择、决定项目的依据；三是政府相关部门宏观控制建设项目、确定是否投资以及投资规模的依据；项目建议书批准后也是进一步开展可行性研究的依据。

项目建议书一般应包括以下十一项内容：

（1）总论：阐述项目名称、建设单位名称、项目性质、建设规模、投资规模、主要经济技术指标、项目定位以及立项依据等。

（2）建设单位概况。

（3）项目立项背景。

（4）项目建设的规模与内容：对总论中的建设规模加以细化，内容包括总建筑面积的构成，拟建项目功能的构成、床位规模等，并进一步说明建成后所能达到的水平。

（5）项目建设的必要性：政府性项目可以从国家、地方以及地区发展规划入手，通过市场预测，结合行业特殊性，围绕满足社会需求、提高地方医疗服务水平、促进地区经济发展等方面进行分析，说明现有设施已无法满足市场需求，以达到充分合理建设理由。

（6）项目建设条件：明确拟建项目场地周边交通条件及配套现状。

（7）项目建设方案：指项目的初步建设方案，一般附有拟建范围的总图平面布置及相关经济技术指标，并阐述建设方案的总体规划、设计理念、建筑设计、结构设计及电气、暖通、给水排水设计等内容。

（8）建设周期：明确项目建设各项目内容的进度安排和需要的建设周期。

（9）项目建设投资估算及资金来源：明确项目投资总额及主要建设内容的投资估算表，资金安排情况，筹措资金的办法和计划。

（10）项目建成后的初步经济效益分析：对于部分自筹资金的政府项目，在委托单位能提供有效数据的情况下，需要进行必要的经济性分析，如还贷能力分析等。

（11）项目建成后的社会效益评价：简要阐述项目建成后的初步社会效益。

二、项目建议书阶段的关注要点

项目建议书除了应具备以上所述的一般内容，作为医院建设项目，还应关注以下三点：

1. 项目建设的必要性

项目建议书中应充分阐述项目建设的必要性，包括宏观层面和微观层面。宏观层面主要是指项目符合国家或当地的发展规划、行业规划；微观层面主要是指项目是满足建设单位自身的使用、发展的需求而提出的，即首先须满足自身的使用需求，如现有设施用房不能满足患者使用的需求，或者已经存在安全隐患、离相关的建设标准还存在差距等，其次须符合医院的未来发展需求，实现医院的可持续发展。

2. 选址的确定

项目建议书阶段最为重要的内容是项目建设的用地选择，建设用地的不同会导致其他条件的变化，如建设基地内地质条件不同、现有建筑情况不同以及周边的管线情况不同，还有对周边建筑影响不同等。因此，在项目建议书阶段确定建设用地是非常重要的。根据不同性质的医院项目，选址需要关注的内容不同，具体如下：

（1）新建 / 迁建项目。新建项目是指在医院原有院区以外新征土地的建设项目；迁建项目是指医疗机构由于某种原因搬迁到另一地方而建设的项目。新建或迁建项目的选址要关注以下三方面内容。

①新征用地原有性质，如果不是医疗卫生用地，应在项目建议书阶段启动控制性详细规划（以下简称“控详”），先将土地性质调整为医疗卫生事业用地，并明确新征用地容积率、绿地率等指标作为后续设计的依据。

②新征用地上的建筑物、构筑物、管线、河道、涵洞现状等情况，结合计划签订的土地协议，明确交地条件及涉及的相关费用。

③新征用地周边市政配套情况，项目费用中应该考虑市政管线是否到基地红线，并在相关书面协议中进行明确。

（2）改扩建项目。改扩建项目指医院在已有基础上，对原有医疗建筑、设施条件进行扩充性建设或大规模改造，以此增加医院的医疗用房、改善就医环境、增加医疗设备、满足医院发展的需求。

3. 建设规模的确定

项目建设规模的确定既影响项目的建设投资，也会影响相关部门审核意见的获取，如地方的控详指标。新建规模在现有控详指标范围内的，不需要进行控详调整，否则就需要按照当地规划部门要求调整规划控详。因此前期必须充分论证项目的规模体量的合理性。

建设规模的确定取决于两个方面：一是在项目建成后，医院整体建设规模须在建设标准的范围内；二是从医院本身对项目的功能需求考虑来确定规模。《综合医院建设标准》建标 110—2021 规定了综合医院中以床位规模为基本参数确定的急诊部、门诊部、住院部、医技科室、保障系统、行政管理和院内生活用房七项设施的床均建筑面积指标[1]，是编制、评估及审批、核准综合医院建设项目的项目建议书、可行性研究报告和项目申请报告的主要依据，是审查项目工程初步设计及监督检查工程建设全过程的重要尺度[2]。

三、项目建议书阶段审批必备条件

要通过医院建设项目建议书的审批，必须首先具备以下条件。

1. 床位核定

床位批复是医院规模确定的基础，目前医院建设规模都必须在有核定床位的条件下进行审核批准，同时，核定床位是医院人员编制的依据，也是测算建筑物内工作的人员数量依据之一。

2. 规划认可

项目建议书阶段尚未立项，因此，此阶段规划部门是无法出具正式的方案审核意见文件的。在实际操作中，项目一般以地方所在区域的控详作为依据，即若项目建成后，规模超出控详指标的容积率，则须调整控详；若不超出，现有控详指标即可作为项目建议书审批的规划方面的依据。

3. 土地落实

土地落实的文件形式有多种，如土地协议、土地意向协议、涉及土地落实的重要会议纪要等。医院作为政府投资项目，其新征用地一般是与当地政府部门签订土地协议。由于在项目建议书阶段，项目尚未立项，因此政府部门也会以项目取得立项批复作为前提条件来签订正式的土地协议。实际中，项目建议书阶段的土地落实依据还可用土地意向文件或涉及土地落实的重要会议纪要。

4. 建设方案

在项目建议书阶段，建设方案是编制投资匡算的依据，通过项目建议书的评审，专家的意见有助于项目方案在下阶段进行优化。

① 住房和城乡建设部，国家发展和改革委员会．综合医院建设标准：建标 110-2021[S]. 北京：中国计划出版社，2011.

② 于宗河，武广华．中国医院院长手册 [M]. 北京：人民卫生出版社，1999.

四、医院建设项目相关标准

1.《综合医院建设标准》建标 110—2021

根据该标准，综合医院的建设规模按病床数量应分为五个级别：200 床以下、200～499 床、500～799 床、800～1199 床和 1200～1500 床。综合医院建设项目由场地、房屋建筑、建筑设备和医疗设备组成。其中，场地包括建筑占地、道路、绿地、室外活动场地和停车场等[①]；房屋建筑主要包括急诊部、门诊部、住院部、医技科室、保障系统、业务管理和院内生活用房等[②]；建筑设备包括电梯、物流设备、暖通空调设备、给水排水设备、电气设备、通信设备、智能化设备、医用气体设备、动力设备和燃气设备等[③]；承担预防保健、医学科研和教学培训任务的综合医院，还应包括相应预防保健、科研和教学培训设施。

关于医院建设用地指标，《综合医院建设标准》建标 110—2021 规定了综合医院的床均用地指标（表 6-3）。

综合医院建筑用地指标　　表 6-3

建设规模（床）	200 以下	200～499	500～799	800～1199	1200～1500
用地指标（m^2）	117	115	113	111	109

关于医院建筑面积，《综合医院建设标准》建标 110—2021 规定（表 6-4）。

综合医院建筑面积指标　　表 6-4

建设规模（床）	200～300	400～500	600～700	800～900	1000
建筑面积指标（m^2）	80	83	86	88	90

综合医院中的急诊部、门诊部、住院部、医技科室、保障系统、行政管理和院内生活用房七项设施的床均建筑面积指标，应符合表 6-5 所示的规定。

承担医学科研任务的综合医院应以副高及以上专业技术人员总数的 70% 为基数，按每人 32m^2 的标准增加科研用房，并根据需要按有关规定配套建设适度

① 凡开伦 . 以医疗工艺流程为异向的综合医院医疗空间组织设计研究 [D]. 西安：西安建筑科技大学，2019.

② 于宗河，武广华 . 中国医院院长手册 [M]. 北京：人民卫生出版社，1999.

③ 蔡聚雨 . 养老康复护理与管理 [M]. 上海：第二军医大学出版社，2012.

综合医院各类用房占总建筑面积的比例　　表 6-5

部门	各类用房占总建筑面积的百分比
急诊部	3%
门诊部	15%
住院部	39%
医技科室	27%
保障系统	8%
行政管理	4%
院内生活	4%

规模的中间实验动物室。

2. 山东省三级医院基本标准[①]

（1）床位：住院床位总数 300 张以上。

（2）科室设置。

①临床科室：至少设有预防保健科、全科医疗科、内科、外科、妇产科、康复医学科、临终关怀科、老年病科、中医科，有条件的可设置眼科、耳鼻咽喉科、口腔科（眼科、耳鼻喉科、口腔科可合并建科）、皮肤科、精神科、传染科、肿瘤科、麻醉科、疼痛科等。

②医技科室：至少设有药剂科、检验科、放射科、手术室、营养科、理疗科、病案室等。

（3）人员配备。

①每床至少配备 1.03 名卫生技术人员。

②病区实际每床至少配备 0.4 名护士，护士与护理员之比至少为 1∶0.5。

③每 50 张床位至少配备 1 名康复医学专业人员。

④医师中具有副高级及以上专业技术职务任职资格的人数不低于医师总数的 12%。临床科室主任应当具有副高及以上专业技术职务任职资格，临床各科室至少有 3 名中级及以上专业技术职务任职资格的医师。

⑤各临床科室医师结构合理，能够满足三级医师责任制等医疗核心制度要求。

（4）房屋建筑。

①每床建筑面积不少于 60m^2。

① 山东省卫生计生委关于印发山东省老年病医院等专科医院基本标准的通知 [Z]. 山东省人民政府公报，2018.

②病房每床净使用面积不少于 6m^2。

③病房每床间距不少于 1.2m。

④康复治疗区域总使用面积不少于 1000m^2。

⑤医院建筑设施执行国家无障碍设计相关标准，病房须准备防滑设施、洗澡设施和报警器等。

⑥必须设置医疗污水处理设施。

（5）设施设备。

①参照三级综合医院基本设备并结合本专业实际需要配置。

②配置适合老年病的相关设备，计算机 X 线断层摄影机（CT）、彩超（含移动）、经颅多普勒、视频脑电图、心电图机、动态心电图仪、动态血压仪、移动 X 线机、骨密度检测仪等。

③在住院部、信息科等部门配置自动化办公设备，保证医院信息化建设符合国家相关要求。

④病房每床单元基本装备同三级综合医院，病床具有防坠及变动体位等功能。

⑤有与开展的诊疗业务相应的其他设备。

（6）制订各项规章制度、人员岗位责任制，有国家制定或认可的诊疗指南和临床、护理技术操作规程等，并成册可用。

（7）注册资金不少于 800 万元。

3. 山东省三级职业病医院基本标准①

职业病医院是对企业、事业单位和个体经济组织等用人单位的劳动者在职业活动中，因接触粉尘、放射性物质和其他有毒、有害因素而引起的疾病进行诊断、治疗的医疗机构。

（1）床位：住院床位总数 200 张以上。

（2）科室设置。

①临床科室：至少设有急诊室、中毒科、尘肺科（呼吸科）、物理因素科、皮肤科、眼科、耳鼻咽喉科、内科、外科、中医科、口腔科、康复医学科、预防保健科。

②医技科室：至少设有药剂科、检验科、医学影像科、特检科（心电图、脑电图、B 超等）、健康监护科、检测与评价科、毒性监测室、理化分析室、消毒

① 山东省卫生计生委关于印发山东省老年病医院等专科医院基本标准的通知 [Z]. 山东省人民政府公报，2018.

供应室、病案室、营养科和相应的临床功能检查室。

（3）人员。

①每床至少配备 1.1 名卫生技术人员。

②每床至少配备 0.2 名护士。

③每临床科室至少有两名具有副主任医师以上职称的医师。

④各专业科室至少有一名具有主治医师以上职称的医师。

⑤至少有一名具有营养师以上职称的临床营养专业技术人员。

⑥工程技术人员（技师、助理工程师以上）不少于卫生技术人员总数的 1%。

（4）房屋。

① 每床建筑面积不少于 $60m^2$。

② 病房每床净使用面积不少于 $6m^2$。

③日平均每诊人次占门诊建筑面积不少于 $2m^2$。

（5）设备。

①基本设备：CT 机、数字胃肠机、数字化 X 射线摄影、X 光机、肺功能检测仪、彩色多普勒显像仪、心电监护仪、心电图机、除颤仪、洗胃机、血液分析仪、血气分析仪、手持裂隙灯、全自动生化分析仪、自动吸引器、呼吸机、电测听、液相色谱仪、气相色谱仪、原子吸收分光光度计、原子荧光光度计、电子支气管内窥镜、移动 X 光机、脑电图仪、全自动血球计数仪、酸度仪、高压液相色谱仪、计算机。

②病房每床单元设备：与三级综合医院相同。

③有与开展的诊疗科目相应的其他设备。

（6）制订各项规章制度、人员岗位责任制，有国家制定或认可的医疗护理技术操作规程，并成册可用。

（7）注册资金不少于 2000 万元人民币。

第三节　可行性研究报告

医院建设项目可行性研究的任务是根据国民经济中长期规划和地区规划、医疗行业规划的要求，从技术、经济、财务以至环境保护、法律等多个方面，对医院建设项目在技术、工程和经济上是否合理和可行，进行全面分析、论证，作多方案比较，提出评价，为投资决策提供科学依据，是编制和审批设计文件的基础。

一、可行性研究报告的内容

可行性研究报告需要建设单位提供的资料主要包括：一是建设单位本身的基本情况资料；二是相关部门对设计方案的审核意见；三是满足各部门审核意见的设计方案。可行性研究报告的主要内容有以下 14 项：

（1）项目建设背景、概况、主要经济技术指标等。

（2）建设单位概况，由建设单位提供。

（3）项目建设的必要性，是可行性研究报告的重点内容，通过分析后发现，现有建筑满足不了市场需求，硬件设施落后等问题，强调项目建设的必要性。

（4）建设条件及项目选址，对拟建项目选址规划合理程度进行分析，写明建设项目地理位置、地质、水文、气象状况；水、电、气保障情况；还有土地征用、拆迁及居民安置方案以及费用估算，环境影响情况等。

（5）工程设计方案，由设计单位提供项目的鸟瞰图、总平面图、立面图、剖面图等；必须有设计方案的建筑、结构、电气、给水排水、暖通、节能、环保等设计说明，以证明设计方案在外部造型、使用功能等方面的合理程度。

（6）环境影响评价，根据《环境影响评价报告书》，提出项目对环境影响或环境对项目的影响分析结果。

（7）节能评估，根据国家及地方相关要求对项目节能进行评估分析，并提出结论和建议。

（8）项目实施计划和组织，内容包括项目建设组织管理方式的论证以及工程建设总工期及各阶段进度的安排。

（9）投资估算与资金筹措，包括项目建设总体投资估算及各阶段、各单项投资估算，建设总费用估算，资金来源及保证程度以及筹措资金的方式及可行性。

（10）工程招标投标，根据国家发展和改革委员会令第 9 号，可行性研究报告中须增加工程招标投标内容，包括勘察、设计、施工、监理及重要设备、材料等采购活动的具体招标范围。对于邀请招标的理由须作出说明。

（11）工程质量安全分析，根据地方相关文件的要求编制。

（12）项目财务评价，对于有自筹资金的政府项目，可行性研究报告视具体需要进行财务评价。

（13）社会效益，阐述拟建项目对当地社会的影响和社会条件对项目的适应性和可接受程度，以论证项目的可行性。

（14）结论，通过对方案的详细论证分析，提出项目和方案是否可行的结论，并对下一步工作提出建议。其主要包括在技术谈判、初步设计、建设实施中需引起重视的意见和建议。

二、项目可行性研究阶段关注要点

在可行性研究阶段，应确定建设场地、建设规模，并编制初步建设方案、估算项目总投资等。医院使用方在本阶段需配合政府、协助代建单位重点关注以下五方面的问题：

（1）选择医院建设场地。医院建设项目选址合适与否与医院建成后能否安全高效运营密切相关。医院应尽可能选择对外交通方便、环境相对安静的场地，应远离污染源、易燃易爆物品的生产和储存区、高压线路及其相关设施；地形力求规整，地势相对较高地段，且便于利用城市基础设施，应尽量规避少年儿童活动密集场所。

（2）做好科室设置规划。科室设置规划是医院建筑规划设计的前提，医院性质、科室设置对医院建筑的建设规模和平面布局有不同的要求，对支撑各学科发展的医疗资源配置要求也不尽相同，需在项目可行性研究阶段予以确定。科室设置规划与医院性质（综合、专科）密切相关，属于医院顶层设计的范畴，应遵循系统性、适应性、发展性、重点建设、突出特色等原则，经过反复分析论证后确定。

（3）确定合理的建设规模。合理的建设规模有利于医院建成后的正常运营。若建设规模过大，则将增加建设成本和运营成本；若过小，则将难以满足使用需要。合理的医院建设规模应根据医疗规模（床位数）、大型设备单列项目、教学规模、科研规模等，结合国家相关建设标准和项目所在地的相关规划、人防要求等进行分析测算。项目所在地的规划要求，如对配套停车位的要求，是项目必须满足的最低要求，同时还应预测医院建成后的实际停车位需求，必要时应适当扩大指标，将其纳入建设规模统一考虑。

（4）合理估算建设项目总投资。为保证医院建设项目的顺利实施，在可行性研究阶段务必保证投资估算充足且合理，经批准后作为初步设计概算的上限。投资估算应包括项目可行性研究报告编制范围内的各单项工程投资、相应的室外工程投资、红线外工程投资以及其他工程费（工程建设其他费用和建设期基本预备费）、土地购置及拆迁补偿等相关的土地费用；可不包括医疗设备（含器械）及办公家具购置费，但应说明。医院使用方在本阶段可协助咨询单位，就医用气体、物流传输、净化工程、辐射防护、信息化建设等医疗专项工程的投资估算提供参考数据，避免因投资估算偏差过大而影响工程项目进展。

（5）项目建成后对医院现有资源布局调整的合理性。医院建设项目应考虑项目建成后对医院现有资源布局调整的合理性。可分为以下两种情况：第一，新建院区的项目，医院通过新征用地扩大院区范围或区域，形成分院的，有时可能会单独为院区新增核定床位，应从医院整体考虑发展规划，如学科的布局、不同院区针对的服务人群类型不同，发展定位是否会有所不同，使得总体规划方案具有可持续性。第二，老院区的改扩建项目，医院在现有院区内新建一个或若干个单体的项目，此类项目应更加注重新老建筑之间的功能布局，如何通过资源布局调整使得全院医疗流线合理。

第四节　项目管理目标规划

项目管理工作标准化、系统化、规范化是医院项目建设方或代建方工程项目管理的要求。在项目可行性研究阶段，明确项目管理及风险控制要点是提升项目管理效率和效果的重要内容，结合管理项目的具体情况，明确项目各阶段管理的重点和项目管理可能存在的风险因素，做到早作计划、早作预案、早作准备，以确保项目管理目标的实现。

项目管理目标规划应包括项目管理、财务管理、进度计划、招标管理、廉洁责任制度等内容，明确了参建方主要职责，保障了项目建设中的各项工作顺利开展。

一、项目实施目标分析

项目的实施目标包括投资控制目标、进度控制目标、质量控制目标、安全控制目标以及文明管理目标等。下面以申康管理公司规范化的目标体系为例进行讲解。

（1）项目投资控制目标。项目投资控制目标是建设投资控制在概算范围内，建立以项目经理为责任主体的投资控制体系，明确各管理人员和单位、部门的成本责任、权限及相互关系。

（2）项目进度控制目标。项目经理是责任主体，将项目进度控制总目标进行合理分解，通过计划、实施、检查、改进等手段，有效地控制各阶段分目标，以期达到总目标的实现。严格按照计划的开工日期和竣工日期为进度控制指导。

（3）项目质量控制目标。项目质量控制目标是按照合同要求和公司质量目标实施各项管理工作、行为标准，以符合国家有关法律法规及公司质量管理体系要求。

（4）项目安全控制目标。坚持"安全第一、预防为主、综合治理"的方针，建立安全管理体系和安全生产责任制，严格按照《建筑施工安全检查标准》JGJ 59—2011 及本地区有关建筑安全生产文明施工法规要求进行管理，杜绝重大安全事故，减少一般安全事故，以强有力的手段实施安全文明施工管理。

（5）文明管理目标。项目达到本地区文明工地标准。

（6）接口管理目标。项目经理协调各参建单位关系，促进上述目标的实现。

（7）其他目标。按照国家及地方有关规定及本单位质量管理体系要求，各项管理工作达到标准。

二、项目目标控制策划

明确项目实施目标之后，需要策划实施方案的具体目标，即要制定详细的目标控制任务和内容，以确保项目实施目标的实现。

1. 投资目标控制策划

投资控制是项目管理最主要的工作之一，在整个项目的实施过程中，定期收集工程项目的实际投资数据，进行投资的计划值和实际值的动态比较分析，进行投资预测，一旦发现偏差，应及时采取措施纠正，以尽早实现建设工程的投资目标。通过周期性、经常性的动态检查和比较分析，多种途径和全方位、多层次地对项目投资目标进行控制。

2. 项目进度目标控制策划

进度控制的目的是通过控制来实现工程的进度目标。在工程项目代建管理过程中，项目经理应该定期地跟踪检查项目进度计划的执行情况，发现问题后，及时采取措施加以解决。项目建设过程中应制订项目总进度计划、年度计划、月计划、周计划及分项计划等。筹建办对进度控制的任务是控制整个项目实施阶段的进度，包括控制设计准备阶段的工作进度、设计工作进度、招标工作进度、施工前准备工作进度、工程施工和设备安装进度、物资采购工作进度、验收竣工进度以及项目动用前准备阶段的工作进度。

3. 项目质量目标控制策划

质量是建设工程项目管理的主要控制目标之一。筹建办要紧紧依托监理单位和总包单位，通过总包单位和监理单位落实各项质量控制措施：一是总包单位加强对分包单位、各工种在空间和时间上的协调工作，使各专业间紧密配合，避免窝工现象；二是要求总包单位建立健全各项质量保证体系，并确保人员到位，同时，加强材料的质量检验工作等；三是要求监理单位严格按照监理规范、监理合同，建立健全质量管理体系和相应的奖惩制度，加强监理人员到位、旁站记录和检查频率，发现质量问题，督促及时反馈及整改等。

4. 项目安全与文明施工管理目标控制策划

为了保证劳动者在劳动生产过程中的健康安全和环境保护，应将安全与文明施工作为项目管理的重点。一是建立包括安全生产责任制度、安全生产许可制度、安全生产教育培训制度在内的安全生产管理制度；二是做好安全管理工作，确保建筑工程项目参建人员在施工过程的人身安全、产品安全、资金安全和建设工程顺利进行。工程项目安全管理实行分阶段进行管理，应做好勘察设计阶段、施工准备阶段、施工阶段的安全管理工作。

第七章　医院建设工程项目设计管理

医院是具备特殊功能的公共建筑，其能源消耗量大、功能部门繁多、系统设备复杂、环境安全要求较高，是建设和运行成本最大的公共建筑类型之一；建设工程投资 80% 的影响因素在设计阶段决定，因此，医院建设设计管理在医院工程项目管理中具有重要地位。

本章将从总体布局和建设规划、单体建筑设计、设备设施设计等几个方面阐述医院建设工程项目设计管理的内容和要点。重点讲解设计任务书的编制、设计交底和图纸审查内容。

第一节　设计任务书的编制

一、设计任务书概述

设计任务书是业主对工程项目设计提出的要求，是工程设计的主要依据，是使各专业设计人员从方案、初步设计到施工图全过程得到明确的指示，使设计能满足各项功能要求[①]，以减少设计变更，提高设计效率和设计质量。进行可行性研究的工程项目，可以用批准的可行性研究报告代替设计任务书。设计任务书在医院建筑策划中起到承上启下的作用，其主要内容是在项目建议书的基础上进一步明确医院的定位、运营管理模式、建设原则和思路、建设条件，细化医疗指

①《中国医院建设指南》编撰委员会 . 中国医院建设指南（上）[M]. 北京：中国质检出版社，2015.

标、建设内容、面积分配，明确功能配置与需求、各功能部门的关系定位、设备及房间清单，量化各种空间要求、技术指标等内容[①]。

要编制好设计任务书，需要做到：首先，医院决策者要提高重视度，组织各医疗科室的负责人并邀请有关专家，由具体经办的相关部门进行设计任务书的编制；任务书编制不仅要考虑总体布局及平面、空间、人流、物流和功能要求，还要进行成本分析和建设周期预估等，要把意图和要求作明确的阐述[②]；要如实反映医院的现状，包括现有建筑的面积、功能、使用情况及科室布局等；编制过程中可以借鉴同级同类医院的建设经验；为了使设计任务书更符合医院院方要求，编制好的任务书可交由专家评审，一旦确定后不得随意改动。

设计任务书表现形式随医院建设规模、项目复杂程度等特征不同，可以采取不同的形式。简单的设计任务可以用委托函的形式提出，也可以直接在设计合同中陈述设计要求。有些医院建设项目规模较大以及有个性化要求的医院建设项目，必须编制设计任务书。

二、设计任务书的内容

（1）设计任务书的内容包括医院学科设置、服务定位及项目概况等，并提供设计条件、依据、标准、要求、范围和深度。任务书的内容也会因任务不同而有所不同。

（2）建筑设计任务书的内容包括：建设目的、依据和设计指导思想；建设地点、建设内容与规模、规划设计条件（包括容积率、覆盖率、绿化率、建筑退线、道路机动车开口限制、古建筑保护要求、建筑限高、外形限制条件及日照要求等）和技术经济指标；场地建设条件、基础设施、四周建筑物、交通管制、供排水、供电、通信、能源及动力供应等情况[③]；建设项目功能要求包括医院编制规模、医疗规划、工艺要求、医疗设备规划与场地空间要求、各科各部门感染控制要求、医疗设施（含水、电、通风、空调、气体、物流站点和信息点等）要求和工作人员岗位配备数量、班次等；防空、防震、环保、绿色和节能与循环经济等

① 陈泳全．关于大型医院建筑策划的思考 [J]. 华中建筑，2016，34（11）：5-8.

② 宋振东．医院项目建设前期注意要点探讨 [J]. 安徽卫生职业技术学院学报，2011，10（3）：3-4.

③《中国医院建设指南》编撰委员会．中国医院建设指南（上）[M]. 北京：中国质检出版社，2015.

要求；设计周期及建设工期要求；投资造价控制额；图纸及文件要求。

（3）改扩建项目的设计任务书除了上述内容外，还应增加下列内容：改扩建建筑选址情况；既有建（构）筑物与新建筑之间的连接要求；因局部扩建而引起新旧连接体共同装修改造的要求；运营当中的既有建筑在施工期间的使用防护要求；分步骤拆除及分步建设的要求；新建筑与既有建筑的风格、材料要求；原有室外管线因改扩建而需要增容改造的要求；原有污水处理站因改扩建而需要增容改造的要求；为改扩建创作而提供的现状条件。

三、设计任务书的参与者

一份科学合理的设计任务书既是参建各方共同努力的结果，也是各方在不同立场上提出问题并进行沟通、整合形成的共识。其主要参与者通常包括医院院长、医院管理者、各科室部门医护人员、建筑策划团队等。医院院长是医院建设项目的决策者，从医院定位到具体的方案设计、建设实施整个建设过程都起决定作用。设计任务书的制定过程是医院领导权衡各方意见进行决策的过程，设计任务制定过程中对问题分析得越细越全面，量化越准确，就越有利于提高决策的准确性。

医院最直接的使用者是医护人员，设计任务书的重要依据就是他们的实际需求。医护人员不是工程专业人士，但对于医院建筑布局规划、内部设施设备，如房间大小、工作流程和房间关系、功能空间的细节，如手盆位置、空调配备、设备配备等具有感性的具体需求。因此，在设计之前应充分调研医护人员，了解他们实际使用中的需求。由于医院内部各个部门都比较考虑自身问题，因此需要医院管理者统一协调和权衡不同部门的意见和需求。

建筑策划人员是设计任务书的拟定者，负责提炼并梳理医院的需求。建筑策划者不只记录医护人员的需求，还要提出合理化的建议，并通过调查分析和科学的测算方法，用量化数据、直观草图与医护人员、管理者共同讨论确定相关问题。近年来，在医院建设项目中，通常委托医院策划咨询公司承担医院建设的前期策划工作，甚至参与到交钥匙阶段，这种模式弥补了医院管理人员在建设项目上的经验不足，有益于建设项目的整体效益和质量的提高。

第二节　BIM 在医院建筑全生命周期中的应用

一、BIM 介绍

BIM 认识视角具有复杂性，不同的组织对 BIM 的定义有不同的解释。其中，我国建筑行业标准《建筑对象数字化定义》JG/T 198—2007 将 BIM 定义为“建筑信息完整协调的数据组织，便于计算机应用程序进行访问、修改或添加。这些信息包括按照开放工业标准表达的建筑设施的物理和功能特点以及相关的项目或生命周期信息”。美国“国家建筑信息模型（BIM）标准项目委员会（The National Building Information Model Standard Project Committee）”编制的国家 BIM 标准中对 BIM 的具体定义是：“建筑信息模型（BIM）是对设施的物理及功能特征的一种数字化表达”[①]。对 BIM 的理解基于以下两点：

（1）BIM 模型与其他传统的三维建筑模型有着本质的区别，它是一个建筑设施的计算机数字化、空间化、可视化模型。兼具了物理特性和功能特性。其中，物理特性可以理解为三维空间的几何特性，功能特性是指 BIM 模型具备了一切与该建筑设施有关的信息。

（2）BIM 应用过程的功能在于通过开发、使用和传递建设项目的数字化信息模型以提高项目设计、施工和运营维护管理的水平，因此 BIM 是一种模型应用的过程。在建筑的全生命周期的各阶段创造价值，最终实现 BIM 模型价值最大化。

二、医院建设 BIM 应用现状

1. 国外现状

从现有文献来看，国外医院系统 BIM 应用领域主要包括：

（1）规划阶段：BIM 能快速可视化地创建和评估可替代方案，包括其建筑、结构、综合管线和能源消耗计算，以及功能优化防止交叉感染等。加州太平洋医

① 张建忠 . BIM 在医院建筑全生命周期中的应用 [M]. 上海：同济大学出版社，2017.

疗中心利用BIM模型优化平面布局，仅用原来70%的空间就实现了90%的功能。

（2）设计阶段：利用价值导向设计（Target Value Design，TVD）和项目集成交付（IPD）模式，萨塔医疗中心进行了较好的成本控制。承包商可以进行更好的4D和5D策划和分析。基于BIM模型的可施工分析，奥克兰凯撒医疗中心项目通过设计阶段预先发现了200多个施工问题，大大减少了施工错误。菲尼克斯儿童医院仅钢结构的BIM技术设计就使采购节省200万美元，萨塔医疗中心采用基于集合的设计方法（Set Based Design，SBD）和BIM技术为可持续设计和业主增加了巨大价值。枫树林医院、萨塔医疗中心和菲尼克斯儿童医院利用BIM进行设计协调分析、冲突分析和施工组织分析等。

（3）施工阶段：施工阶段的BIM应用由施工总包负责，谢尔曼康复医院十分重视施工前分析，菲尼克斯儿童医院利用BIM进行了4D施工分析，皇家伦敦医院则利用手持终端记录施工实际进度，进而和模型进度进行比对。无线射频（Radio Frequency Identification Devices，RFID）和条形码技术也被用于材料和设备安装管理等方面。

（4）运营维护阶段：BIM应用的重要价值是建造信息（As-build）的移交。据统计，运营维护成本占整个生命周期成本的83%。马里兰综合医院利用BIM模型进行可视化设施管理，改进应急情况下的响应时间，以及运营期的维护、更新和改造。另外，BIM在医院改造和扩建当中也发挥了重要用途。

2. 国内现状

国内BIM技术应用在医院项目中比较常见，如香港柴湾医院、清华大学新建医院、北京羊坊店医院、沈阳市浑南医院、山西省心血管病医院医技综合楼项目、上海新虹桥国际医学中心、鄂尔多斯市心脑血管病医院、云南省第一人民医院住院综合楼等。

清华大学新建医院一期工程门诊综合楼实现了MEP模型布置及调整、管线综合设计等功能；北京羊坊店医院的应用包括医院项目场地分析与周边整合、内部动线分析与模拟、内部空间分析与模拟、绿色环保、人性化和智能化管理等；沈阳市浑南医院肿瘤中心及急诊急救中心主要用于给水排水工程设计，包括BIM协同化工作、三维可视化应用、BIM管道综合应用，以上都是BIM在医院建设设计阶段的应用。

山西省心血管病医院医技综合楼实现BIM技术中的施工图纸校核、管线综合碰撞、项目可视化等功能；安徽医科大学第一附属医院高新分院的应用包括施工工况模拟、施工场地布置、图纸甄别纠错、施工现场沟通协调、重点分布分项工程施工方案、深化设计等属于设计阶段的应用。

以上这些医院项目大多停留在三维建模和碰撞检查方面，缺少在集成化、多角度以及协同化方面较深层次的应用，尤其在BIM技术应用组织模式研究上需要进一步地探讨，也未能形成行业性应用标杆和最佳应用实践，与国外先进水平相比，还存在一定的差距。

三、医院建设项目BIM应用的工作流程

BIM应用的工作流程设计涵盖两个层面：一是总体流程，说明建设项目与BIM应用之间的关系，包括主要的信息交换要求；二是详细流程，说明上述每一个特定的BIM应用的详细工作顺序，包括每个过程的责任方、参考信息的内容和信息交换要求[①]。

1. 建立总体流程的工作内容

（1）将选定的BIM应用放入总体流程。

（2）根据建设项目阶段安排BIM应用流程顺序。

（3）为每个BIM过程定义责任方，有些BIM过程的责任方可能不止一个，规划团队需要仔细讨论哪些参建方最适合完成某个任务，被定义的责任方需要清楚地确定执行每个BIM过程需要的输入信息以及由此而产生的输出信息。

（4）执行每个BIM应用所需的信息交换要求，总体流程包括过程内部、过程之间以及不同参建方之间的关键信息交换内容。

2. 建立详细流程的工作内容

（1）将每个BIM应用逐层分解为一组进程。

（2）定义进程之间的相互关系：有的进程会有多个前置或后置进程。因此，需要清楚每个进程的前置进程和后置进程。

（3）生成详细流程图，包含三类信息。参考信息：执行一个BIM应用需要的公司内外部资源；进程：构成该BIM应用需要的具有逻辑顺序的活动；信息交换：一个进程产生的BIM交付成果，可能会被以后的进程作为资源。

（4）设置决策点：决策点不仅可以判断执行结果是否满足要求，也可以根据决策改变流程路径。决策点代表一个BIM任务结束以前的任何决策、循环迭代或者质量控制检查。

① 何关培. BIM总论[M]. 北京：中国建筑工业出版社，2011.

（5）记录、审核、流程改进：通过对实际流程和计划流程进行比较，从而改进流程为未来其他项目的 BIM 应用服务。

3. 医院建设项目全过程项目流程

医院建设项目的全生命周期一般包括六个阶段，如图 7-1 所示。

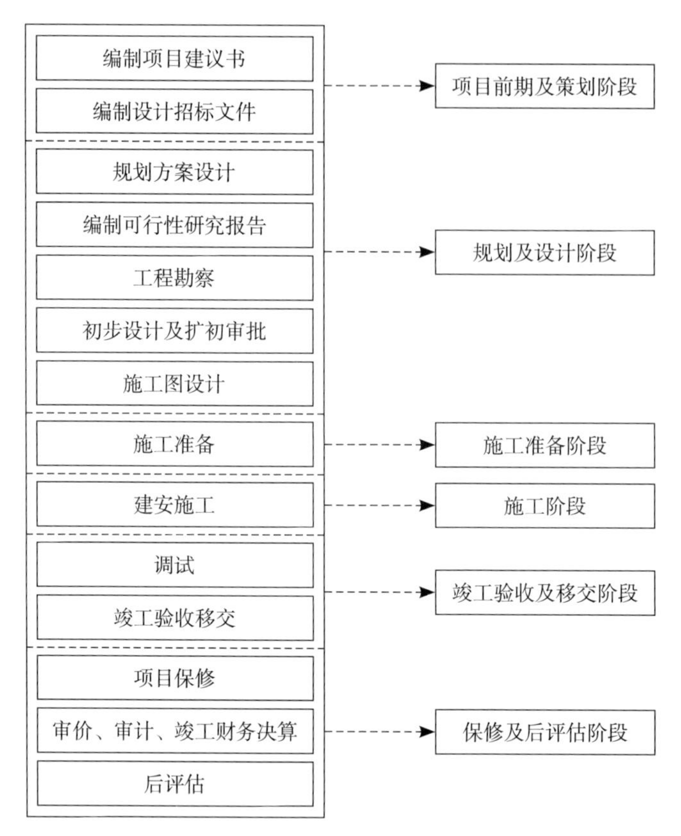

图 7-1　医院建设项目的全生命周期阶段

4. BIM 总体应用流程

BIM 在医院建筑全生命周期各阶段的应用流程，如图 7-2 所示。

四、BIM 在医院建设项目的应用

医院项目具有功能和专业系统复杂、物业和设施长期持有等特点，在运营过程中需要根据不断变化的实际需求进行功能重组、改建和扩建，这就决定了医院项目需要探索符合自身特征的应用模式。BIM 在医院建筑全生命周期中的应用，顺应了现代医院建筑建设与运营维护管理的需求。

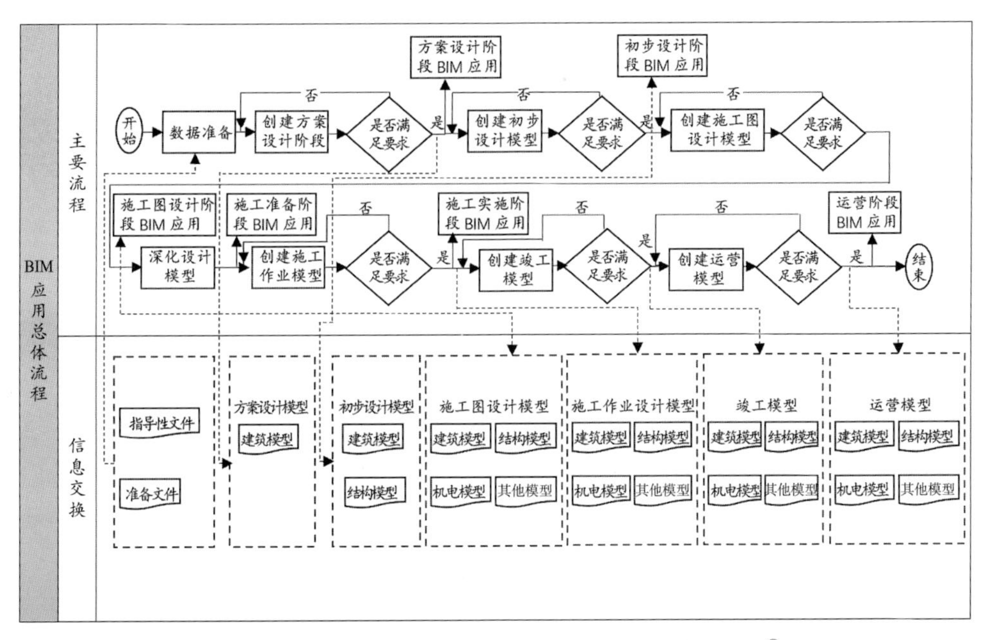

图 7-2　BIM 在医院建筑全生命周期各阶段的应用流程[①]

1. 方案设计阶段的应用

（1）场地分析。

分析就按设计项目场地平面布局及周围环境，检验工程项目在建设用地中布局的合理性。

（2）设计方案比选。

①通过 BIM 模拟基坑施工的顺作法、逆作法，从造价、工期、基坑周边环境保护、场地布置、安全文明、绿色施工等方面对两种方案进行比较，提出合理的基坑施工方案。

②利用 BIM 模拟楼层的功能布局，基于各房间及科室的规划面积，结合业主对房间的使用情况以及相关经验，对划分排部有争议或难以确定的楼层进行多方案模拟，从而优化了科教综合楼的楼层功能布局。

③BIM 模拟样板间，通过 BIM 的可视化效果，模拟样板间的多个装饰方案，结合业主及财务监理的意见，在造价控制范围内为业主采纳合适的设计方案提供辅助与支撑。

④对多个方案进行模拟比对，从立面风格、空间设计、抗震特点方面给出

① 张建忠 . BIM 在医院建筑全生命周期中的应用 [M]. 上海：同济大学出版社，2017.

方案选择建议，最终达到辅助业主对方案进行决策的目的。

（3）建筑性能模拟分析。利用BIM技术模拟分析场地风环境、室内自然采光以及室内通风情况。结合模拟分析结果，比照《绿色建筑评价标准》GB/T 50378—2019，对医院建筑性能进行评价。

（4）特殊场所疏散模拟。利用BIM技术模拟整栋建筑以及人群在突发情况下的疏散情况，并根据模拟结果给出具体的疏散路线以及保证安全采取的措施。

2. 初步设计阶段的应用

（1）建筑结构模型构建。为实现设计过程的可视化，并为施工图设计提供设计模型和依据，利用BIM软件，建立建筑物三维几何实体模型，细化建筑、结构专业在方案设计阶段的三维模型。

（2）建筑结构平面、立面、剖面检查。利用已建好的三维模型，检查修改后的建筑、结构专业模型。模型深度和构件要求需符合初步设计阶段的建筑、结构专业模型内容及其基本信息要求。

（3）面积明细表。利用建筑模型，提取房间面积信息，精确统计各项常用面积指标，以辅助进行技术指标测算；并能在建筑模型修改过程中实现精确快速统计。

（4）设备选型。分析医院设备配备状况，初步确定电梯、空调、医用气体系统等设备的需求参数，然后利用BIM技术对设备使用情况进行了模拟，避免由于计算失误造成的设备不足或浪费，在满足使用功能要求的前提下节省了设备的投资。

3. 施工图设计阶段的应用

（1）各专业模型的构建。利用BIM软件创建暖通、给水排水和电气等专业工程的三维模型，为下一步进行碰撞冲突检测分析奠定基础。

（2）冲突检测及三维管线综合。利用已创建的建筑、结构及各专业三维模型，应用BIM软件对施工图设计阶段的碰撞进行检测，完成建筑项目设计图纸范围内各种管线布设与建筑、结构平面布置和竖向高程相协调的三维协同设计工作。

（3）竖向净空优化。基于设计单位提供的管线综合图，并参照最终施工图，以最初设定的功能区域的最低净空标准要求为依据，通过BIM模拟，合理优化管线布置，配合施工安装标准，以达到各区在不改变结构和系统情况下的最大管线安装高度。

4. 施工准备阶段的应用

BIM 技术在医院建设项目中应用的关键阶段是施工准备阶段，是连接设计阶段和施工阶段的桥梁与纽带。

（1）基于 BIM 的深化设计。其包括专业性深化设计和综合性深化设计两类，分别执行严谨的管理流程，参与 BIM 深化设计流程操作的单位包括建设单位、设计单位、BIM 咨询单位、监理单位、施工总承包单位和分包单位。

（2）基于 BIM 的施工模拟。在计算机上进行试错及纠错，优化现场布置、施工工序、施工进度，达到优化施工实施方案的目的。

（3）基于 BIM 的构件预制加工。是实现建筑产业现代化的重要内容和途径。基于 BIM 的构件预制加工技术，提高了构件加工质量，缩短了现场施工工期，也降低了施工成本。

5. 施工阶段的应用

BIM 技术在医院建设项目中应用的重中之重阶段是施工阶段，BIM 技术的应用价值将在施工过程的进度、造价、质量和安全等建设项目管理的目标方面获得充分的体现。

（1）基于 BIM 技术进行施工进度管理。利用 BIM 技术优势，集成 BIM 施工进度管理流程，形成优化后的进度管理流程图；利用 BIM 技术模拟每一个施工环节的先行状态，并结合现场实际经验进行进度计划的编制，涉及总进度计划、二级进度计划、周进度计划、每日进度计划四个层次；应用 BIM 技术进行多方案模拟施工进度、跟踪分析、控制分析；最后，进行施工进度事后分析。

（2）集成三维 BIM 模型、施工进度、成本造价于一体，形成 BIM-5D 模型。对工程造价进行管理，实现成本费用的实时模拟和核算，并且以 BIM 施工预算控制人力资源和物质资源的消耗、基于 BIM-5D 的变更管理、快速实现进度款支付等造价管理，通过 BIM 技术精细化的造价控制。

（3）基于 BIM 技术进行施工质量管理。BIM 的前期应用为施工阶段的质量管理奠定良好的基础。构建基于 BIM 的质量管理操作流程图，为 BIM 技术引入质量管理提供实施路径。基于 BIM 深化设计的质量管理、基于 BIM 虚拟施工的质量管理、基于 BIM 现场监控的质量管理，系统地实施医院建筑从设计文件质量至建筑材料、构件和结构等实物质量的全方位的质量管理。

（4）基于 BIM 技术进行施工安全管理。医院建设项目施工工艺复杂、工程量大、交叉作业频繁等，因此，其安全管理工作面临较大的挑战。在安全管理方面基于 BIM-3D 漫游的安全防护检查、基于 BIM 模拟分析的施工场地安全管理、基于 BIM 的专项方案优化、基于 BIM 的临时设施搭设、基于 BIM 的安全培训和安全技术交底、基于 BIM 云平台的动态安全管理。

（5）基于 BIM 的施工技术管理，包括技术策划、交底、控制、专项施工方案制订以及 BIM 技术管理五个方面的工作，使得进度控制、质量控制、安全控制和造价控制等建设项目管理流程都体现技术管理的重要作用。

（6）基于 BIM 技术的设备管理，主要包括掌握建设工程项目机械设备的分类信息、正确选型和合理调配机械设备、正确使用和及时保养、提高效率等方面。基于 BIM 技术的材料管理主要包括材料计划管理、材料采购管控、材料进场验收、材料的储存与保管、材料领发与回收、材料使用监督等方面。

（7）基于 BIM 技术的竣工验收管理，主要包括竣工模型的形成过程、竣工结算、BIM 应用效果总结等内容。

6. 运营维护阶段的应用

随着互联网 +、大数据、人工智能和 BIM 等技术的发展和应用，智慧医疗、智慧医院和绿色医院等逐渐成为趋势，BIM 如何在运营维护阶段发挥更大的价值成为行业研究的新问题。

（1）BIM 在医院建筑运营维护阶段提升医院运营维护的“可视化”，保证设备设施、日常运行活动信息的真实性、完整性和共享性。

（2）利用 BIM 技术提升设备检测的及时性、可靠性，预警安全隐患以及有效进行突发事件管理。

（3）利用 BIM 技术实现设备运行自动控制，降低能耗以提高运营维护阶段管理质量与效率。

通过运营维护导向的医院建筑 BIM 数据处理，形成智能运营维护辅助及医院数字化资产，提高运营维护管理人员的管理质量和决策效率等。

7. BIM 在医院修缮中的应用

医院修缮工程涉及面广、参与方多。利用 BIM 技术进行可视化分析项目的状况，有利于推动项目的正常、有序开展[①]。

（1）由于医院修缮工程具有投资小、项目复杂、进度急、边施工边运营维护等特点，因此，工程管理方面难度较大、风险较高，医院修缮工程中应用 BIM 技术有利于参与方把握工程质量、监控工程进度及成本，辅助业主方决策。

① 温春晖 . 线上线下结合 管理服务并存——嘉隆物业的智慧医疗服务 [J]. 城市开发，2018（5）：72-73.

（2）基于 BIM 技术的整合优势，还原原有建筑的三维信息，与修缮设计相结合，力求使新设计与老建筑风格融合，提前预判修缮项目中需要沟通协调之处，降低项目开展延误的风险。

（3）基于 BIM 技术在医院修缮工程全生命周期的应用。根据各阶段的特点建立相应的三维模型，针对项目特点开展相应的 BIM 技术应用，从性能化分析、管线综合、净高优化、复杂施工工艺模拟、施工进度模拟、运营维护管理等各方面辅助项目顺利开展，保证了项目按时、按质顺利完工，达到了良好的管理效果。

案例 5　潍坊昌大建设集团有限公司 BIM 技术应用概况

潍坊昌大建设集团有限公司（以下简称"潍坊昌大建设集团"）作为中国建筑工程施工总承包特级资质企业、城市综合运营商，传承和发扬工匠精神，多年来坚持用心做建筑，充分利用我们的品牌优势、施工资源和专业优势，为业主打造品质一流、使用功能完备的高品质建筑，提供建筑全生命周期专业服务，让业主的投资更有价值，赢得了社会各界的广泛信任。特别是在关乎民生工程的医院项目建设上，更是匠心独运，经验丰富，具有高超的建设能力和创优能力。通过理念引导、标准引领、精益建造、统筹协调，全员、全企业、全过程推进实施质量兴国策略，以优质高效的建设施工服务和质量优良、功能齐全、节能高效、智能先进的精品工程产品来诠释"以人为本"的建设理念。潍坊昌大建设集团先后完成了几十个医院项目的建设任务，实现了鲁班奖、国家优质工程奖以及省市级质量奖全覆盖，积累了丰富的医院建设经验。与医院同心，为群众着想，倾力打造精品工程，倾心为"天使"建造舒心的工作环境，倾情为群众建造舒适的就医条件。更要提升医院形象，美化城市景观，既要考虑与医院当前规模相适应，又要考虑为医院预留后期发展提升空间。一个完整的医院项目建设理念已成为潍坊昌大建设集团企业文化的一个重要组成部分。

对于城市快速、高效的发展，潍坊昌大集团重新梳理了民生工程思维。打造城市综合运营商的发展目标，展现着"为建筑产品提供全生命周期服务"的民生理念；"集成化、标准化、工厂化、部品化"的发展方向，代表着环保、节能、科技、绿色建筑的未来；"打造品质建筑，让生活更美好"映托了潍坊昌大建设集团地产业的民生思想；“专业人士、专业公司、专业技术、专业服务”的打造，反映着潍坊昌大建设集团为百姓创造优质生活的承诺；技术立企、质量兴企、服务强企的发展思维，透射出“昌大建设”这一建筑品牌的民生内涵。昌大建设与民生同行，逐步将优质工程的建设理念系统化，并在全员、全企业、全过程中得以强化实施。

集团在做好国内项目的同时，积极响应国家号召，把先进经验与技术运用到国际市场，其中集团卡塔尔公司参建的卡塔尔沃克拉市医院项目充分利用集团医院建设经验，全面落实项目管理整体策划，多次运用国内BIM和智能建筑等先进技术，在中央空调系统、消防系统，高低压配电系统、不间断供电系统等分项的施工过程中合理优化设计方案，优化集成各系统操作，使各系统联动运行更加合理，更加智能，操作更加简便，提高了运行效率，保证24小时水、电、气供应，以及电梯、变配电、中央空调、锅炉房、氧气输送系统等的正常运转。

潍坊昌大建设集团坚持以科技创新提升企业核心竞争力，累计投入近千万元用于BIM技术的研究与应用，在BIM咨询、BIM正向设计、施工BIM应用和BIM运营维护管理中成果卓越。特别是在医院项目建设及运营维护管理方面，公司成功将BIM技术应用于21个医院项目中，并创成鲁班奖3个、国家优质工程奖3项、华东地区优质工程奖2个、泰山杯10个、天府杯1个，积累了丰富的医院项目建设及运营管理经验。其中，在潍坊市眼科医院门诊病房综合楼项目设计过程中，利用BIM技术完成了建筑方案模型的创建、可视化建筑性能分析、方案比选、虚拟仿真漫游、多专业协同设计、碰撞检测、BIM设计成果交付等应用，确保了该项目建筑设计方案能够同时满足日照要求和床位数量要求，实现了利用BIM模型快速统计各房间尺寸并划分功能区，优化平面及空间布置，为病人就诊及检查提供清晰明了、方便快速的行进路线和舒适的就医环境，减少了工程设计错漏碰缺，提高了各方沟通效率，降低了工程建造成本；在国家优质工程奖潍坊市第二人民医院病房楼项目施工过程中，利用BIM技术完成了三维图审及场地布置、管线综合、消防泵房等关键部位深化设计、可视化交底、施工方案模拟、防坠落安全管理、4D工程进度管理、质量检查验收等应用，有效地避免了因设计问题返工的情况，提高了施工质量，缩短了工程建设工期；在鲁班奖工程潍坊市中医院门诊综合楼主楼项目施工过程中，利用BIM技术对轨道式物流运输系统、医用污废水系统、医用气体系统、病房呼叫系统、远程教学系统及医疗物联网系统等医疗建筑特殊系统与建筑结构及装饰装修工程进行了协同深化设计，通过综合考虑施工及后期使用和检修的便利性，对各类系统管线进行综合排布并优化检修口位置及尺寸等，减少了碰撞及后期拆改，保证了净空达到医院建筑标准，提高了施工质量、缩短了工期，同时在该项目运营维护管理过程中，通过将BIM技术与物联网、AI、云计算等技术相结合完成了医院空间管理、设备管线管理、能耗监控、应急管理、维修维保、安防联动等应用，实现了资产设备的快速定位与追踪管理，为后勤维修维护及医疗设备设施的调配使用提供了极大的方便，辅助优化了医院空间布局及分配，提高了医院空间资产的使用效率，实现了保洁服务、院感消杀、医疗废弃物收集运送等的定点定位管理及可视化能耗监控、异常能耗报警及能耗预测，辅助制定高效的能耗管理测量，确保了医院运行的安全、高效、节能。

目前，项目各系统运行平稳高效，操作维护简便快捷，业主非常满意，公司将继续推进国内先进医疗建设技术输出，把品质一流、使用功能完备的高品质建筑呈现到国际舞台。

第三节　医院建设工程总体布局和建设规划

一、医院建设工程总体布局

医院建设总体规划与设计的核心是合理的医院建筑布局，是指处理好整个医院各部分与周围城市环境之间的关系，使医院与周围城市环境相协调，既有各种流线、路线的合理布局，也有院区环境的设计布置；也指有效地组织医院建筑群本身内部各组成部分之间的关系，使医院各种功能区域实现最佳的有机组合。医院总体布局应遵循以下原则[①]：

医院的总体布局要遵从科学规划、合理用地、高效节能的目标。首先，要

① 张建忠，陈梅，魏建军，等.绿色医院高效运行在医院建筑设计中的思考[J].中国卫生资源，2012，15(3)：203-205.

依据医院总体建设规划，做好建设项目的可行性研究，通过必要性和可行性的论证分析，确定建设投资及规模；其次，分析评估医院建设的规划用地，保证医院总体的功能分区，保留未来需要的发展空间，并结合《综合医院建设标准》建标110—2021与当地相关部门有关条例指导意见，进行分步实施。最后，在建筑布局上做到模块化，使医院具有最佳的灵活性和扩展性，并为医院未来发展留有余地。

功能结构是医院建筑布局和建设规划的第一要素。医院的布局受功能结构的影响很大，合理的总体功能分区能将医院各相关部门设置在合理位置，使各类医疗流线、洁污流线、能源输送流线、工作医疗运行等舒畅、合理、便捷，降低运行成本、提高工作效率。

总体布局设计应结合医院的建设布局情况，参考现代化医院的设计理念，采用功能分区合理的布局形式，充分考虑医院各单位布局之间的相互关系，结合现代医疗流程、交通、动线及不同人流、物流分流的要求，做到动静分区、洁污分流、上下呼应、内外相连、集分结合、流程便捷，保证医院日常运转的便捷、安全、高效，与周边环境的有机结合，做到最大程度的资源共享，减少人流、物流对患者的影响，同时合理考虑整合周边医疗资源。

医院各医疗功能分区设计时要考虑未来发展空间，总体布局设计时要做到紧凑、科学、合理及有效。合理设置医院供水、供电、供气等，以最短的输送距离减少能源损耗；也要注意提高土地的使用率、提高各部门的利用率、降低运营成本。

除此之外，医院的总体布局还要考虑医院类型、专科特色以及历史传承，做到既保持医院的文化历史特色，又提升医院的医疗流程和水平。

二、医院总体建设规划

医院建设总体建设规划既要满足现实条件，又要体现发展意识。医院的规划既要考虑建筑物的空间造型、色彩、采光、通风，并安排设备空间、合理布局及流程，也要考虑医学发展的各种因素，医院未来发展及建筑和设备不断增加的需要、医疗技术装备的发展更新、医学模式的转变、医院管理方式的变化等对医院建筑的规划布局产生的巨大影响；还要考虑环境保护、可持续发展以及适应医院所在地区的气候特点等。医院总体建设规划应该注意下列要点：

体现医院以人为本的理念，关注人的生理和心理需求，注重领域感、归属感、成就感以及开放性、私密性等方面的内容，将人文关怀贯穿医疗、护理、服务和环境的全方位、全过程，最大限度地方便患者，为患者服务。

综合医院组成结构复杂，科室众多，相互间功能关系及密切程度各不相同。医院总体规划应该满足医疗护理、教学科研、后勤保障、院内生活与卫生服务等功能要求，合理分区使用。

从医院外部来看，要构建良好的城市与院区环境关系，达到规划、交通、绿化、消防及环保等方面的综合要求；并分析与比较医院的经济实力和融资情况以及建成后的运行成本，了解医院建设项目的建设成本和运行成本，以确保规划得到落实。

医院改扩建项目中，不仅需要规划新建项目，同时还要对保留建筑进行改造维修，提升其功能和水准。需要考虑过渡措施，以减小对医院正常运行的影响。不少历史悠久的老医院保存着大量的优秀历史建筑，在医院总体建设规划时需要对这些建筑进行加固、保护。在优秀历史建筑的周边建设控制范围内新建、扩建、改建建筑的，应当在使用性质、高度、体量、立面、材料及色彩等方面与优秀历史建筑相协调，不得改变建筑周围原有的空间景观特征，不得影响优秀历史建筑的正常使用。

医院是一个经济性与持续性的医疗机构，应着力于近、中、远期总体蓝图，既能满足现有需求，又保留一定发展弹性，兼顾未来的发展。基本建设规划在空间、通道、能源及智能化等方面要有一定的超前设计，还应考虑实施的步骤与方案。充分考虑到医院未来的发展及建筑和设备不断增加的需要、医疗技术装备的发展更新、医学模式的转变和医院管理方式的变化等对医院建筑的规划布局产生巨大的影响，实现医院的可持续发展和高适应特性。

三、医院建设项目选址

医院建设基地选择与建设规模需要满足《综合医院建设标准》建标 110—2021 等相关规定，具体如下所述。

一是医院用地宜平整、规整，工程水文地质条件较好，符合环保和交通要求，便于充分利用城市资源，同时宜环境安静，避开污染及危害场所；二是用地干净完整，尽可能无市政道路（或规划道路）、河道等将用地分开，地上无构筑物，不存在征转地拆迁问题（或已完成征转地拆迁），不涉及调整土地规划，地形方正且高差范围合理，避免不规则地形影响医院规划布局；三是用地不涉及占用林地、绿地，无地下河道，不占用河道蓝线，不在基本生态控制线范围内，不属于水源保护区，地下无压覆矿产资源，无地质不稳定和灾害隐患等情况；四是不存在使用海域，无航道、机场限高等影响；五是用地需避开污染源和易燃易爆物的生产以及贮存场所；六是远离高压线路及其设施；七是尽可能不邻近学校等少年儿童活动密集场所；八是用地与周边住宅保持合理距离，优先选择处于密集住宅区下风向的用地，避免周边居民反对医院的建设；九是用地周边需有两条或以上能够满足承载能力的城市道路，便于医院内外交通组织；十是用地尽量靠近地铁、公交站点，满足患者搭乘公共交通就医的需求。

对于在已有院区进行新建、改扩建的，医院在进行基地选择时要认真考察医院目前用地现状、院区内已有建筑现状、道路系统现状及周边环境现状，以确定是否适合在院内新建医疗建筑或改扩建。对于在新址新建或迁建的项目，要充分考察基地周边道路交通系统状况、城市基础设施配套状况、地形地貌状况和周边环境是否会影响到医院运转，以及医院建设与运行对周边的影响。

第四节　建筑、工艺及设施设备设计

一、医院单体建筑设计

建筑设计应充分体现医疗建筑的功能要求，符合现代化医学的基本规律，具备相应的科学性、合理性和先进性，形成统一有序、层次丰富的空间界面，还应为今后发展改造和灵活分隔创造条件，并且与周边建筑相互调和，达成和谐，充分考虑沿城市道路的空间轮廓和城市形象，体现医院建筑特点及地域、文化特点，塑造医院的新形象。进行单体建筑策划与设计时需要考虑功能布局、适宜的公共空间和健康、安全、舒适的室内环境。

1. 平面及流线设计

医院建筑包括医疗、后勤和行政管理三部门，医疗部门包括门诊部、医技部和住院部三个子系统。这三个子系统是医院的核心部门，它们之间的流线构成了医院建筑子系统间流线的主体，行政管理部门相对独立，后勤部门与医疗部门的流线主要是物流供应方面。

在门诊、急诊、医技和住院各个单体中都有各自的工作流程，设计时要以高效便捷指标为原则，为病人提供人性化的就医环境，最大限度地保证就医流线、工作流线、洁净流线和污物流线的工作便捷并相互不交叉。

（1）门急诊楼平面及流线设计。门急诊楼人流量较大，应首先考虑人流的疏导与集散问题。流线设计首先要遵循三级分流原则，即广场分流、大厅分流、候诊厅分流；其次是遵循平均距离最短原则，最后是落实科室专属领域原则。此外，还要遵循畅通协调原则、易于识别原则和特殊流线原则。门诊急诊应分别设置出入口，采用集中与分散相结合的三级分流模式，合理组织交通流线，最大限度地提高医院的运转速度，减少病人的就诊时间。

（2）病房住院楼平面及流线设计。病房设计应考虑住院病人的不同性质、可能的流动次数、护理流程与建筑的层次功能等因素，还应充分考虑各种人流、物流的组织，避免相互造成交叉感染。

（3）医技部平面及流线设计。医技部包括放射科、检验科、药剂室、功能检查中心、供应室、病理科、血库、高压氧舱、核医学科、营养部、介入科、超声科、核磁共振、手术部等功能科室，科室内布局应满足医疗设备的使用要求，体现科学合理的使用流程，并为科室发展预留必要的空间。

随着医学的发展，各类医技设备不断更新，在进行单体建筑设计时应充分考虑医疗设备和医疗流程的革新，进行适度超前的设计，同时要便于进行建筑改造和加固等。

2. 空间设计

门诊、急诊、医技和住院各个单体都有各自的工作空间，设计时要遵循高效便捷的原则，为各个医疗单体提供安全、稳定和洁净的空间，也为病人提供人性化的就医环境。

进行空间设计时必须考虑医疗建筑的功能布局。一般将停车场、污水处理、空调机房、水池、泵房、仓库、配电房、太平间、人防设施、设备用房、辅助用房等配套设施设备安排在地下楼层中。大型医疗设备如CT、MRI、DSA、DR2等一般安排在地下一层。一楼一般安排入口大厅、挂号收费处、急诊急救科室、药房、服务中心等。医技检验科室一般安排在较低楼层，病房一般设置在较高楼层。

在空间设计时还要注重空间适应性，尤其是门诊空间，在合理的方法控制下，能够适应不断发展变化的医疗状态，满足不同使用者的需求。医院建筑应充分利用地下空间，将部分建筑面积安排在地下建造。地下停车和机械停车可以减少对土地的占用，达到节地的目的，并且可以减少地面硬质铺装，增加绿化面积。

3. 环境设计

医院的环境对于患者的康复有重要影响，在设计时需要通过声、光、色等环境的控制，为病人创造安静、舒适的康复环境。医院建筑环境设计包括室内环境设计和室外环境设计。按《综合医院建筑设计规范》GB 51039—2014 规定，在进行环境设计时应注意的问题：充分利用地形防护间距和其他空地布置绿化，并有供病人康复活动的专用绿地，并对绿化装饰建筑内外空间和色彩等作综合性处理；提供集中场所、房间和专用设备接收、回收或安全处置危险材料。

病房、门诊、手术室、测听室等建筑布局、构造和门窗材料选择应充分考虑患者心理需求，有效地运用建筑材料与构造手段，防止噪声的干扰，营造宜于休养康复的声音环境；主要病房、诊室和办公用房等主要功能空间保证日照时间满足国家及地方标准要求，适当降低窗台高度，做到自然通风和充足的日照采光，通过充足的日照采光及舒适的光线设计营造人性化的光环境；通过多色彩的病房环境使病人消除对单一的"白色"病房所产生的陌生、紧张等不良心理，注意色彩、材料组合产生的视觉效果，营造家庭式色彩环境。同时，建筑内部空间分割和门窗位置应该利于空气流通，内部空间设计有助于利用自然风压和热压，保证门诊部和住院部自然通风。

二、医疗工艺设计

医疗工艺设计通过对规划、医疗、护理及感染控制等方面知识的融合，将医院所需的各种急诊、医技、病房和后勤保障等空间划分成一系列医疗功能单位，再将各个医疗功能单位组合成一个有机整体。医疗工艺设计由医疗系统构成、功能、医疗工艺流程及相关工艺条件、技术指标、参数等组成，是建筑设计的基础条件，是后续编制可行性研究报告、设计任务书及建筑方案设计的依据；医疗工艺条件设计是医院建筑初步设计及施工图设计的依据[①]。

1. 医疗工艺设计的主要内容

完整的医疗工艺设计从建设前期到医院运营均有涉及，包含六个方面的内容：医疗策划、工艺规划设计、工艺方案设计、工艺条件设计、工程管理咨询和医院开办咨询。其中，与医院设计前期工作对应的是工艺规划设计；与医院建筑设计工作对应的是工艺方案设计和工艺条件设计。

医疗工艺规划设计是对医院功能和装备规划，包含的工作内容：前期资料整

① 姜波 . 山西大医院施工图深化设计中的若干问题探讨 [J]. 科技情报开发与经济，2011，21（7）：183-186.

理、医院规模及业务结构规划、管理方式与服务模式规划、功能单位及医疗指标测算、建设规模测算、功能房型研究、功能面积分配、医疗设备配置计划、医用专项系统方案策划、投资与运营管理方式策划及设计任务书编写。

医疗工艺方案设计的主要目标是确定符合医院合理有效的功能空间关系，完成空间指标和空间资源的结合，为各个医疗功能单元提供医疗功能房间组合方案。该部分主要包括功能单位的梳理、工艺流程的确定、医疗设备和装备的配置、医用设施配置和信息系统设计等。功能单元的梳理和工艺流程的确定均有阶段性成果，并且最终将这些阶段成果整理成册，包括建筑功能平面图、主要医疗用房房型图、房间功能表、房间明细表、医疗设备和大型医疗装备配置计划表、医用专项系统技术要求和信息系统建设方案等①。

医疗工艺条件设计是将医疗要求具体化、详细化的工作。其主要是在工艺方案的基础上，确定每个功能房间内部的医疗工作流程，并根据医疗工作开展的要求确立与建筑实现有关的设计条件，最终将这些条件反映到专项图纸的工作。医疗工艺条件设计包括大型医疗设备机房场地条件图、医疗特殊功能用房功能平面及场地技术要求、各专业点位图及主要医疗用房房间布置图等。

2. 医疗工艺设计中应注意的问题

及时关注社会发展、生活方式的改变、社会进步、科学技术的高速发展带来的多元病患需求，并及时融入医疗工艺设计中。医疗建筑项目应关注项目的经济发展条件，在可能的情况下积极引进已有科学技术成果，预留未来的发展可能。应关注诊疗一体化模式，信息化、数字化带来的门诊服务、后勤服务、预约诊疗及费用结算等领域的变革，以及对精细化管理的要求。

及时关注医疗行业规范变化，包括建筑、建设、感控、评审及验收等各方面的要求，并在医疗设计中落地；除了公共建筑应遵循的规范，还有如《综合医院建筑设计规范》GB 51039—2014 等专门规范，以及各类地方规范。

医疗工艺设计应与医院发展规划相一致，同时关注医护需求与工作习惯。医疗工艺策划是以医院战略为导向的，应重点分析医院的战略目标、战略定位、分阶段发展要求和医院管理运营模式等，为患者提供的服务水平在很大程度上取决于医护人员对医院管理、对工作环境的满意度，在医院工艺设计中应关注医护人员工作空间的合理性、友好性，生活空间的舒适性，安全诊疗环境的落实等，通

① 梁学民，卢文龙，冯梦，等．纯中医医院医疗工艺理论与实践研究 [J]. 中国医院建筑与装备，2019，20（8）：46-49.

过充分调研，了解医护人员的意见和需求，并融入医院设计中。

此外，工艺设计还应关注国外医疗建筑新趋势变革，包括前沿工艺、技术和理念、细分功能单元内的设计建设模式、人性化的细部处理、精细化的医院管理等，同时也应及时关注国外医疗建筑、工艺、技术应用方面的经验教训。

三、医院设备和设施设计

医院的设备和设施是组成医院正常运行的重要设备系统，是医院运转的物质基础和技术保障。医院建筑的设备设施种类繁多、配置复杂，现代医学技术的快速发展对医院设备设施提出了更多、更高的要求，因此，设备设施在医院建筑设计中成为至关重要的一环。医院建筑的设备设施可分为给水排水系统、电气系统、暖通系统、消防系统、交通系统、安防系统、医用气体、大型医疗设备、物流系统、标识系统等。在医院设施设计时还应考虑绿化与景观和节能环保。

1. 给水排水系统

医院建筑给水排水系统由给水系统、热水系统及开水供应、排水系统组成。

（1）给水系统。给水水源一般接到城市市政给水管网，引入后分别接消防用水管和生活用水管两条管道。建筑内供水设备设置应根据给水竖向分区及减压进行设置，净化水系统均根据医院需求和设备工艺要求，设置中央净水系统或末端净水设备。各病房或每层为计量区域设置水表计量，方便病房各科室独立核算。

（2）热水系统及开水供应。病房、急诊留观、中心供应及手术区域是集中热水用水点，由于不同功能及用水时间的差异，各用水区域分别设置热水供水系统。

手术室等特殊区域可另行配备辅助热源以保证热水供应，热水温度根据使用要求来设定。门急诊、办公区域饮用水的开水供应方式采用桶装水供应，病房开水由每个医疗区或护理单元的茶水间电开水器制备，自带净水装置对水质进行处理。对纯度要求较高的医用纯水、实验纯水再根据不同的水质要求，单独进行深度处理。

（3）排水系统。室内病房及急诊留观等处宜实行污废分流，其余可实行污废合流，设专用通气立管，环形通气管；地下室设备机房集水坑及污水集水井的排水采用潜水排污泵提升排放。消防电梯井旁设置集水井和专用消防排水泵；地下车库集水井带隔油沉砂预处理功能；含低放射同位素的医疗废水需经衰变池预处理。若市政排水管道为雨污合流管道，则总体污水可只设一个排出口，经检测后与雨水管汇合排至市政雨污合流管道。

为保持卫生，同时为雨水利用考虑，室外雨污要分流，屋面基地雨水采用有组织排水方式进行排放，排出口与市政雨污管道连接。污水需经过净化和消毒处理后才可排至市政污水管道，一般污水处理流程为医院污、废水—格栅—调节池—生物接触氧化处理—复合沉淀池—接触消毒池—消毒达标后排至市政污水管道。设计出水水质达到国家或地区要求的污水综合排放标准或者《医疗机构水污染物排放标准》GB 18466—2005 的规定。

2. 电气系统

医院建筑电气系统可分为强电系统和弱电系统。强电系统包括变电系统，照明、动力、空调、消防供配电系统及控制系统，防雷、接地系统，电气火灾报警系统，自备发电机控制系统，不间断电源等。

（1）强电设计。强电设计一般根据建筑类型选择负荷等级，医院的负荷等级按照《民用建筑电气设计标准（共二册）》GB 51348—2019 的要求，如表 7-1 所示，并结合院方的实际使用情况进行分级。

医院建筑的负荷等级及用电名称 **表 7-1**

负荷等级	用电名称
一级负荷中特别重要负荷	消防水泵、消防风机、应急照明、手术室、产房、胎儿监护、ICU、NICU、抢救室用电、介入手术
一级负荷	走道照明、生活泵、客梯医梯、急诊部、门诊手术室、药房冷库、检验科、治疗室、实验室、病理科、手术部空调热水、核磁共振、加速器机房、放射治疗、输血科
二级负荷	收费、扶梯、诊断用 X 光机及 CT 机
三级负荷	其余用电

（2）弱电设计。弱电智能化系统是现代医院智能化、数字化、网络化、信息化的体现和基础。

弱电系统集建筑设备管理、办公自动化、通信、计算机网络、服务管理、安全防范、停车库管理、门禁管理和医疗教育、医疗信息、医疗诊断、医院专用系统等为一体，医院的弱电设计要求因地制宜，根据各医院的实际情况与需求，采用多方案的比较来确定最优实施方案，有利于提供一个安全、高效、便利的建筑环境。

3. 暖通系统

暖通系统设计包括舒适性空调系统、手术部及工艺用房净化空调系统、通风系统、防烟排烟系统等。为了防止院内感染，要注意维护医疗过程中适宜的医疗环境、卫生环境，确保采暖、通风、空调设备系统的安全。医院各部门的功能之间的差异，对空调的供给要求也不同，所以应根据各部门建筑情况的不同采用多方案的技术与经济比较，选择一个高效、节能及安全的实施方案。

4. 消防系统

消防系统是医院重要的防灾救灾系统，其主要系统有消火栓系统、自动喷水系统、水喷雾系统、气体灭火系统和灭火器等系统。消防系统设计首先应根据建筑的使用性质、火灾危险性、疏散和扑救难度等因素确定建筑物的分级和耐火极限，然后确定设计耐火等级。在进行总图防火设计时，要根据院区内场地情况设置足够宽的消防车道，还应设计消防登高面和足够大的登高场地，建筑物之间还应留足够大的防火间距，每栋建筑宜设消防控制中心，医院主出入口和其他入口前应留有集散的空地及通道，满足紧急疏散时的要求。

5. 交通系统

医院内部交通错综复杂，交通流线是否通畅直接关系到医疗行为和就医流线的便捷和效率，在设计时要注意梳理各类交通流线以便提高医院运行效率。室内的水平通道、垂直通道要从功能的分布、各医疗流程进行梳理整合，选择各种运输梯台数与形式，从而提高医院的整体运营效率。

综合医院内部的交通组织应遵守的基本原则是：洁污分区，医患分流；缩短就诊流线，提高就诊效率；尽量减少互相干扰。医院的交通组织要与外围的城市道路交通相衔接，设置三个或三个以上出入口，布局合理，分区明确，流线清楚。医院出口附近应按要求设置机动车清洗消毒场。交通系统设计需达到便捷的外部交通和流畅的内部交通两个目标。

6. 安防系统

建筑安防运用人力防范（简称“人防”）、实体防范（简称“物防”）和技术防范（简称“技防”）等手段对建筑物的环境（包括内部环境和周边环境）进行全面、有效的全天候监测和控制。同时，保障建筑物内全体人员的人身安全和正常活动，保障建筑物内的可移动物品、固定设备和信息资源的正常使用和财产安全，保障建筑物的正常运行，维护、延长建筑物的生命周期。

对于医院建筑来说，安全保障的主体存在生命、环境、仪器、财务、药品、信息等多元化的特点。医院建筑的功能单元较多，急诊、门诊、住院、医技、保障、行政管理、院内生活用房、实验教学科研等各区域功能差异较大。医院建筑的系统复杂，水、暖、电、气、信息、消防等各个功能子系统须协同工作，确保运行通畅。

7. 医用气体

医院医用气体系统包括气源供应系统、气体输送系统、气体的使用终端等。气源一般由气瓶或液态槽车供给，也有的由机组制备。由气瓶或液态槽车供给时，应该考虑运输的便利；由机组制备时，应考虑保证安全和消除噪声，以及振动烈度对周边环境的影响；气体输送和使用终端应特别注意末端截止阀的质量，医用气体管道系统的阀门均应按照规定进行设计。医院中心监控系统监视和控制医用气体系统，医用气体的各个系统的运行情况及有关参数送至医院中心监控系统，由监控系统的计算机统一管理。

8. 大型医疗设备

大型医疗设备是指 CT、核磁共振、数字化摄影诊断系统（DR）、CR、工频 X 光机、推车式 B 型超声波诊断仪、体外冲击波碎石机、高压氧舱、直线加速器等医院使用的市值较高、体积较大的医疗设备。

大型医疗设备一般会有放射性射线，因此，诊室有相对封闭、不存在自然采光和通风的需求，可选择在地下或低层，以节省采光和通风良好的上层建筑空间留给其他诊室和病房，还可以节省结构造价和资源消耗；此外，大型医疗设备放置于地下或低层也便于未来利用吊装孔和吊装设备进行更换零部件、移动和更换医疗设备。

9. 物流系统

物流系统是医院后勤保障体系的重要组成部分，医院自动化物流系统是现代化医院不可或缺的标志之一。医院物流最显著的特点是海量传输、高峰期集中传输、多楼间传输、长距离传输，加之现代化医院建筑层高不断增加，更加对医院物流系统提出了更高的要求。

医用智能化物流系统的提出能在很大程度上解决传统物流在成本、失效性和安全性等方面的问题，满足现代化医院物流的要求。医用智能化物流指的是通过软件精准控制的自动化运送与存储设备，对医院进行全供应链补给，实现医院的精益化管理。

10. 标识系统

医院标识是指设置在院区内门诊、急诊、病房、检验、治疗、手术室以及各种与医疗相关的配套服务等病人所及的全部空间所设置的各种具有指示性、引导性和警示性的标识和标牌。医院对标识有较高的要求，是一个复杂的建筑结合体，标识也是提高医疗服务的重要环节。在设计时应设置导向标识，引导至不同的单体部门、区域或房间，有助于提高就医流程和工作流程的效率。标识符号设计中参照的标准包括：

（1）公共信息图形符号执行国家标准——《公共信息图形符号 第1部分：通用符号》GB/T 10001.1—2021。

（2）医疗保健专业符号国家执行标准——《公共信息图形符号 第6部分：医疗保健符号》GB/T 10001.6—2006。

（3）安全标志图形符号执行国家标准——《安全标志及其使用导则》GB 2894—2008。

（4）消防安全标志图形符号执行国家标准——《消防安全标志 第1部分：标志》GB 13495.1—2015。

（5）交通道路标志图形符号执行国家标准——《道路交通标志及标线 第2部分：道路交通标志》GB 5768.2—2022。

第五节 设计交底与图纸审查

一、图纸审核

施工图设计文件审查包括政策性审查和技术性审查。政策性审查由地方建设行政主管部门负责；技术性审查由地方建设行政主管部门委托取得《施工图设计文件审查许可证》的机构（以下简称“审查机构”）具体实施。

地方建设行政主管部门收到建设单位提交的文件或资料后，对符合规定的予以受理，并进行政策性审查，审查合格后交由审查机构进行技术性审查。审查机构进行技术性审查，并形成施工图设计文件审查意见书报建设行政主管部门审核后，反馈给建设单位。对于特大型或技术较复杂的工程项目，经地方建设行政主管部门批准，可分阶段报送施工图设计文件审查[①]。

1. 所需材料

（1）施工图设计文件审查报审表；

（2）勘察设计单位资质证书副本（复印件），经市、县建设行政主管部门备

① 《中国医院建设指南》编撰委员会 . 中国医院建设指南（上）[M]. 北京：中国质检出版社，2015.

案的勘察设计合同文本及合同履行情况有关证明；

（3）工程项目立项审批文件（复印件）；

（4）建设工程方案设计批准文件（复印件）；

（5）应当进行初步设计审查的工程项目初步设计批准文件（复印件）；

（6）依法应当进行专项设计审查的，有关专业主管部门出具的审批（审查）意见书；

（7）岩土工程勘察报告，全套施工图设计文件以及相关设计基础资料。

2. 审查内容

（1）建筑物的稳定性、安全性，包括地基基础和主体结构体系是否安全可靠。

（2）是否符合消防、节能、环保、抗震、卫生、人防等国家有关工程建设强制性标准和规范。

（3）是否按照经批准的初步设计文件进行施工图设计，施工图是否达到规定的设计深度标准要求。

（4）是否损害公众利益。

施工图一经审查批准，不得擅自进行修改。如遇特殊情况需对已审查过的主要内容进行修改时，必须重新报请原审查单位批准后实施。建筑工程竣工验收时，有关部门应当按照审查批准的施工图进行验收。

3. 审图要点和重点

设计单位在进行施工图设计文件审查时，需注意和审图公司各专业对接、及时沟通，发现问题后马上反馈修改。人防、基坑维护工程需要有专门的审图公司进行审查。

审图公司要进行第三方基坑围护和桩基施工图审查，由于地铁工程与建设项目的地基和结构之间的相互影响较大，所以临近地铁线的项目必须进行专门的基坑围护和桩基施工论证与审查。

二、图纸交底

为确保工程质量，使建设管理人员、监理工程师及施工人员正确领会设计意图，熟悉设计内容，正确地按照图纸施工，同时也为了减少图纸差错，将图纸中可能的问题解决在施工之前，设计图纸需进行交底。

设计单位在设计技术交底与图纸会审之前，应先提交完整正式的施工图纸。业主、监理单位和施工单位都必须指定各自单位技术负责人、专业工程师熟悉图纸，认真进行初步审查，初步审查意见于图纸会审前两天送交监理单位，由项目总监审核汇总后交设计单位。

技术交底和图纸会审一般应在工程开工10天之前进行，由业主通知召集，项目总监主持。设计单位必须派项目负责人和主要设计人出席，施工单位必须派项目经理、项目技术负责人和专业工程师参会。

交底会审主要程序包括：

（1）设计单位介绍设计意图、工艺要求、布置与结构设计特点、质量标准、施工技术措施、隐蔽工程、施工难点、设计特点、工艺、工序重点与有关注意事项；

（2）监理、施工单位提出图纸中的疑问、存在问题和需要解释说明的问题；

（3）设计单位答疑；

（4）各单位专业人员研究与协商提出的问题，并拟定解决问题的方案；

（5）项目监理单位负责形成会审纪要底稿，并经各方会签后，分发各有关单位，该纪要一经会议各方同意，即被视为设计档案组成部分并予以存档。“纪要”采用表格形式，并经各方签字。

图纸会审重点内容包括：

（1）施工图设计是否符合初步设计已审定的原则与标准，是否符合施工承包合同的相关要求；

（2）施工图是否优化了采用的方案；

（3）施工图设计是否符合国家和住房和城乡建设部颁发的规范、规程和标准；

（4）图纸表达深度和出图范围能否满足施工要求；

（5）设计图纸是否经过设计单位按图纸划分经各级人员正式签署；

（6）施工图与设备、特殊材料的技术要求是否一致；

（7）设计与施工主要技术方案是否能相适应，对现场条件有无特殊要求；

（8）预制构件、设备组件及现场加工要求是否能符合现场施工的实际能力；

（9）各专业之间及设备和系统施工图设计之间是否协调；

（10）施工图之间、总图和分图之间、总体尺寸与分部尺寸之间有无矛盾。

本章附录：国内主要建筑规划设计院的医院建筑设计能力简介

1. 山东省建筑设计研究院有限公司

山东省建筑设计研究院有限公司是拥有国内最早的专业化医疗设计团队的设计公司之一。经过将近三十年的发展，现已成为国内规模最大的专业化医疗建筑团队。该公司在医疗卫生项目设计方面形成了自己的专业优势，几十年来完成上千个优秀医院建筑设计项目，连续多年获得“中国医院建设十佳医院设计供应商”“中国医院建设品牌服务企业”等荣誉称号。

在医疗卫生设计领域，该公司已形成完整体系，院医养建筑研究中心、医疗专项设计部，形成一个完整体系。从医疗建筑的咨询、论证、设计、后期服务以及改扩建、设计总承包各阶段，到医疗工艺设计、建筑设计、装饰设计、专项设计各方面都有自己的设计团队，都能紧密配合，第一时间提供优良的设计产品。

近年来，在绿色设计、装配式设计等方面有突出研究，该公司是中国绿色建筑与节能委员会绿色医院建筑学组成员，大力提倡绿色医院设计。不仅参与《绿色医院建筑评价标准》GB/T 51153—2015 的编制，而且以超前理念付诸项目设计。设计中突出建筑节能、使用高效，自然通风采光为主，重视绿化在医院室内外环境的重要性。并且在设计中超前地采用了后来颁发的《绿色医院建筑评价标准》GB/T 51153—2015 中提及的设计理念和技术手段，取得了很好的效果。

针对在老医院改造的项目设计中有自己的设计理念。老医院用地紧张，布局不尽合理的特点，总结出“以总体规划统领全局，以功能整合为目的，循序渐进，分期实施”的设计理念，使新建医疗建筑能很好地融入医院原有建筑环境和功能格局中，以新建医疗建筑来提升整个医院的医疗环境品质，达到强化功能整合、缩短医疗流程、提高医疗效率、方便医患的目的，使新建医疗建筑成为周围建筑的好邻居，而不仅仅是新建一栋建筑，改善部分硬件条件。

专业化的设计来自于对现状的全面了解、大量的实践经验、长期的思考研究、超前的观念。公司完成的建筑作品包括江苏省人民医院外科病房楼、内蒙古自治区妇儿医院、深圳大学附属医院（图 7-3）、深圳第三人民医院、广东中西医结合医院、暨南大学附属第一医院、北京 309 医院、内蒙古自治区人民医院、东南大学附属医院、解放军第四医院、乌鲁木齐儿童医院（图 7-4）等。

图 7-3 深圳大学附属医院

图 7-4 乌鲁木齐儿童医院

2. 潍坊昌大建设集团有限公司建筑设计院

潍坊昌大建设集团有限公司建筑设计院（以下简称“昌大设计院”）拥有建筑行业（建筑工程、人防工程）甲级设计资质、甲级工程总承包与项目管理、景观园林设计、室内装饰设计、建筑智能化系统设计、照明工程设计、消防工程设计、造价咨询等业务资质。同时拥有预制装配式混凝土（PC）设计和马克俭院士“预制装配式空间网格盒式结构体系”两项核心设计业务。

近年来，昌大设计院全体员工创作设计了一大批省市优秀设计项目。如医院建筑项目：潍坊眼科医院门诊病房综合楼（图 7-5）；学校建筑项目：山东潍坊第四中学、诸城实验学校、东方学校、东明学校等；酒店建筑项目：诸城蓝海大酒店（图 7-6）、融智国际金融中心（图 7-7）；商业综合体：坊子泰华城、爱琴海购物广场（红星美凯龙）、谷德锦城（图 7-8）；产业园项目：昌大建筑科技有限公司、贵州万仁新能源汽车、诸城市科技公司产业园、淮海数字智谷项目等；绿色办公项目：昌大集团办公楼、寿光金融投资财富管理中心等；仿古建筑：城隍庙项目；温馨居住建筑：昌乐卡纳圣菲住宅小区、泰和上筑、御花园、中颐和园等；装配式建筑：渭水苑办公楼、泰和上筑 51 号楼等。

在潍坊昌大建设集团成立 70 周年之际，昌大设计院正站在新的起点上，集严谨、专业、精细、认真、负责于一身，用先进的理念、专业的设计能力、严格的质保体系要求每一道工序，以确保设计的最高质量让合作伙伴获得超附加值服务。

图 7-5　潍坊眼科医院门诊病房综合楼

图 7-6　诸城蓝海大酒店

图 7-7　融智国际金融中心

图 7-8　谷德锦城

3. 浙江省现代建筑设计研究院有限公司

浙江省现代建筑设计研究院有限公司主要从事各类大中型医院建筑设计及相关工程咨询业务，在全国各地承接完成1000多项各类医院的新建、迁建和扩建工程设计项目，与美国的PERKINS+WILL、HDR，澳大利亚的BAU，德国的GMP多家国外工程咨询设计机构建立了广泛的合作交流。

设计院善于结合当地特色、因地制宜、进行标志性设计；以人为本，设计中加入很多绿化空间，满足现在人类对环境的要求。近几年完成的部分获奖医院：湖北医学中心（与美国的PERKINS+WILL合作）、中国科学院大学附属肿瘤医院和浙江大学医学院附属二院创新中心、广西桂林医学院附属第一医院（与美国的HDR合作）、福建省福鼎市医院百胜院区（与澳大利亚的BAU合作）、浙江广济肿瘤医院（与德国的GMP合作）、浙江大学附属邵逸夫医院、江苏省扬州市江都人民医院、浙江大学附属妇产科医院钱江院区、温州龙港人民医院（图7-9）、浙江省人民医院（图7-10）等。

图 7-9　温州龙港人民医院

图 7-10　浙江省人民医院

第八章　医院建设工程项目施工

由于医院建筑的行业特殊性，不同科室的用房标准不同，特殊功能要求较多，对医院建设项目施工管理提出了更高要求。同时，随着医疗技术发展，医院建设工程项目的施工管理也需要与时俱进，以满足医院建筑对现代医学模式的适应变革。

本章主要结合潍坊昌大建设集团多年积累的医院工程建设经验，分别介绍土建工程、机电安装工程、装饰装修工程以及竣工验收等环节的施工管理的要点和应注意的问题。

第一节　土建工程

一、施工现场的布局

根据医院建设项目施工现场大小、基础设计深度等因素，确定基坑支护方案（护壁桩、锚杆、自然放坡），并结合医院工程特点及周边环境，现场平面布置应充分考虑各种环境因素及施工需要，施工现场布局应注意以下六个原则：

第一，现场施工随着工程施工进度的布置和安排，并且阶段性的平面布置必须与该时期的施工重点相对应。

第二，施工道路、现场出入口、机械设备、临时材料堆放场地的合理布局是施工现场布局应特别关注的重点，并进行优化合理的布置。此外，医院工程建设中还应特别注意将生活区和施工区进行隔离和区分。

第三，临时电源采用暗敷方式，并注意避开安全出入口和人员流量大区域。

第四，施工现场的中小型施工机械需注意避免高空坠物打击，安全应成为首要考量因素。

第五，在高压环境保护和文明施工检查压力下，现场应时刻处于整洁、干净的卫生状态，做好环境保护、文明施工要求。

第六，施工现场设置环形硬化道路，加工场地硬化处理，大门口设置洗车设备、扬尘检测仪等。

二、施工材料的选用

材料选用得好与坏影响医院后期的使用和维护成本的大与小。昌大建设在医院建设中，基于全生命周期项目管理理念和管理方式，施工前就考虑工程后期的使用和维护成本，应选用满足医院功能要求、工程造价低、后期维护成本小的建筑材料。在施工材料选用中，应考虑以下八个因素。

（1）根据医院功能要求和使用人群特点，所选用的材料、成品及半成品，必须符合环保及洁净要求，不能成为二次污染源。

（2）医院建筑功能复杂、区域多样，不同功能、不同区域对材料要求不同。设计时应分功能、分区域进行规划，在满足要求的同时避免不必要的浪费。

（3）不同区域的墙面、地面和顶棚的材料选用要有针对性。大厅、电梯厅地面应选用具有防滑、防污染、耐磨等特点的材料；病房区地面应选用优质塑胶类弹性材料，做到防滑、耐磨；墙面应选用装配式成品墙面材料，如转印铝板、洁净板、钢板及其他复合类制品等，此类材料具有抗污染、易打理、施工简洁、抗撞击、好维护等优点，已在多家现代化医院大量应用。公共区域、人流量大的区域的内墙应选用树脂板等耐用、耐擦洗的材料或石材，以避免碰撞损坏及污染。

（4）公共区域走廊吊顶应选用成品铝制扣板、网眼铝板等集成式、装配式吊顶材料（尤其是各类管道安装区域），避免或减少使用石膏制品材料，以利于管道维修，减少管道漏水造成的二次污染及破坏。

（5）一层出入口可选用不锈钢门框式安全玻璃门，普通房间内门一般采用木质夹板门，重要房间可用实木装饰门，门扇下方安装高 350mm 的护门板；放射用房用铅板防护门；净化手术室应安装金属整体内壳、电磁感应门。

（6）病房卫生间的照明灯和排气扇的开启，可考虑采用红外线人体感应开关来控制，改变以往的普通墙壁开关做法，可安装到病房卫生间顶棚上。当有人开启卫生间门时，红外开关感应到人体后自动开启照明灯和排气扇，人离开后 50s

自动关闭，既方便又节能。

（7）管道保温的保护层可选用 PVC 壳来代替不锈钢及铁皮外壳，本材料色系齐全，可根据医院和规范要求的管道颜色订制色系，施工方便，施工后色彩靓丽，观感效果较好。

（8）材料的选用在满足实用、耐久的前提下，还应考虑病人的使用和安全，要求使用易维护、好打理。不同材料合理搭配，也可做到花钱少、效果好。

三、医院建筑构造

1. 人防系统

根据人防设计要求，现在医院建设作为大型公共性建筑都带有人防设计功能要求，人防设计施工可分为战时和平时不同使用功能考虑：战时作为避难场所，按照图纸设计要求施工；平时可考虑作为停车场使用。

2. 抗震措施

医院工程抗震要求比较高，为增加建筑抗震性能，一般梁柱都设计得比较大。在抗震性能提高的同时，造价和楼层净高受到梁设计截面的影响，抗震阻尼的出现改变了上述影响。但是抗震阻尼的缺点是影响后期房间布局，可以提前确定房间使用功能，进行优化。

3. 墙体材料

墙体主要起到分割房间的作用，受建筑节能要求，现在的墙体材料大多设计为加气混凝土砌块，加气混凝土砌块墙体因与混凝土构造柱、圈梁、过梁、压顶配合施工，所以施工周期长、施工烦琐。在环保要求居高不下的情况下，混凝土供应严重影响墙体施工进度，且寒冷季节无法施工，影响施工进度。轻体墙板墙体的出现，解决了部分难题，轻体墙板墙体机械化作业高，施工进度快，不受混凝土供应影响，现场整洁，能够满足环保要求，季节性施工影响小，可以缩短施工周期。复合墙板墙体同轻体墙板墙体施工，但是复合墙板墙体做外墙使用时，很难满足节能要求，作为内墙使用时，其保温效果也不好。

4. 保温系统

现代医院外墙大多采用幕墙 + 铝板设计打造效果，这时外墙保温大多考虑岩棉保温，岩棉保温效果好、防火等级高。如果医院设计档次不是很高，外墙为面砖或真石漆外墙，那么岩棉保温的缺点就暴露了，时间一长，外墙出现裂缝，岩棉吸水性加大，增加重量后容易脱落。外墙保温系统可考虑聚苯板，聚苯板虽没有岩棉保温效果好，但是通过加大厚度也可以解决保温效果，且施工速度快、吸水性差、不易脱落。

第二节　机电安装工程

一、医院给水排水系统安装工程

由于医院建筑功能的特殊性，给水排水系统是医院建设的重要组成部分，它与医院建筑的规划和建设密不可分。建设前需要在总体规划中考虑并与医院建筑统筹规划，确保工程招标、监理招标、施工证许可等手续与医院建设同步，以保障医院的正常运行。

1. 医院的给水排水和污水处理等工程应执行国家现行的有关标准和规范

（1）《生活饮用水卫生标准》GB 5749—2022；

（2）《建筑给水排水设计标准》GB 50015—2019；

（3）《医疗机构水污染排放标准》GB 18466—2005；

（4）《医院污水处理设计规范（附条文说明）》CECS 07—2004；

（5）《室外给水设计规范》GB 50013—2018；

（6）《室外排水设计规范》GB 50014—2021；

（7）《综合医院建筑设计规范》GB 51039—2014；

（8）《给水排水工程构筑物结构设计规范》GB 50069—2002；

（9）《地下工程防水技术规范》GB 50108—2008；

（10）《混凝土结构设计规范》（2015 年版）GB 50010—2010；

（11）《建筑给水排水及采暖工程施工质量验收规范》GB 50242—2002；

（12）《给排水用玻璃纤维加强塑料（GRP）管、接头及配件规范》BS 5480—1990；

（13）《给水排水管道工程施工及验收规范》GB 50268—2008；

（14）《医院洁净手术部建筑技术规范》GB 50333—2013。

2. 医院给水排水系统规划设计要点

（1）给水管道设计。

为方便医院供水系统的管理和控制，主给水管道应形成供水环网。

室外主供水管道布局应考虑主要用水区域，靠近用水量较大的地段。

室外主供水管道埋设的深度应充分考虑地质、环境和管材等因素确定，如冰冻深度、外部荷载和管材强度等。一般应敷设在原状土层上，对于承受力不达标的地基，必须进行承受力加强处理，达标后方可敷设。

制氧机房、锅炉房、血液透析、医学检验等医疗设备、设施对水压有特别要求，用水量大而且保障要求高，应设置在4层或4层以下。其中，制氧机房、锅炉房、血液透析和医学检验还应设置应急用水中间传输水箱，并根据设施设备的工艺要求，布设供水系统。

（2）排水管道设计。

医院排水管道的规划设计和施工应遵循管线最短、埋深最小、尽量自流排出的原则，沿道路和建筑物平行敷设，敷设位置首选草地以及道路外侧，管道之间的水平和垂直距离要根据管道类型、使用材质、敷设深度不同因素进行确定，并重复考虑施工作业及后期检修。

医疗区内下列场所应采用独立的排水系统或间接排放：

①传染病的门、急诊和病房的污水应单独收集处理，处理工艺应符合《传染病医院建筑设计规范》GB 50849—2014的要求；

②放射性废水应单独收集处理；

③医院专用锅炉排放的污水、中心供应室的消毒凝结水等应单独收集并设置降温池或降温井；

④手术室设置单独的血污池，而且排水管独立排水；洗胃室、血液透析、医学检验、科研等排水应采用耐酸、碱性管材排水独立排水；

⑤ICU、洗胃室应设置导便池；

⑥其他医疗设备或设施的排水管道为防止污染而采用间接排水；

⑦太平间应在室内采用独立的排水系统，且主通气管应伸到屋顶无不良影响处。

（3）污水处理设计。

医院医疗区污水的水质应满足《医疗机构水污染物排放标准》GB 18466—2005中的有关规定，医院污水必须进行消毒处理，并符合下列要求：

①医院污水处理流程应根据污水性质、排放条件等因素确定，当排入终端已建有正常运行的二级污水处理厂的城市下水道时，宜采用一级处理；直接或间接排入地表水体或海域时，应采用二级处理。

②在医院污水处理构筑物与病房、医疗室、住宅等之间应设置卫生防护隔离带。

③传染病门诊和病房的污水收集和处理应符合《传染病医院建筑设计规范》GB 50849—2014的有关规定。医院建筑内含放射性物质、重金属及其他有毒、有害物质的污水，当不符合排放标准时，需进行单独处理达标后，方可排入医院污水处理站或城市排水管道。

放射性污水的排放应符合《电离辐射防护与辐射源安全基本标准》GB 18871—2002的要求。

（4）医院给水排水系统调试要点。

①开启进水主阀。给水进入给水环网，以冲洗检查Y形过滤器中的滤网。

②水箱外观检查和自动控制液位系统调试。

③水泵调试试运转。

④减压阀调试。

⑤潜污泵的调试。

⑥观察排水管路排水情况，排水流畅，检查井盖严密稳固。

（5）医院给水排水系统验收的条件和程序。

①医院给水排水系统验收应具备的条件如下：

a. 完成合同约定的全部工作量；

b. 设备、设施和材料符合设计要求，具备合格证，并有甲方和监理方签字记录；

c. 给水管道、排水管道、隐蔽管道有甲方和监理方签字记录；

d. 给水箱和给水管道完成清洗、消毒；

e. 管道标识符合标识要求；

f. 电气检测合规并得到政府相关部门的许可；

g. 管道井、积水坑和地漏水封无建渣；

h. 给水排水控制箱内张贴线路图，每个线路均有编号；

i. 具有完整的技术档案和施工管理资料。

②医院给水排水系统验收程序：甲方会同设计单位和监理单位进行初步验收；建筑工程项目质量检验部门验收，其中污水处理站须先经过环保部门验收。

3. 医院污水处理、中水系统建设

（1）医院污水处理站选址。

①处理站的选址、安全间距及防护隔离要求：

a. 处理站选址须符合医院项目总体规划；

b. 考虑地理气候因素，如地势、风向等，最好处于所在地区夏季风的下风向；

c. 污水处理站应与病房、居民区保持一定的距离，并设置封闭设施，其高度一般在 2.5m 以上；

d. 污水处理站应预留未来改扩建空间，同时方便后期施工、运营与维护；

e. 污水处理站应紧邻医院污物通道，并设置独立污水处理站所需通道。

②处理建（构）筑物的设计要求：

a. 处理建（构）筑物及主要设备应预留日常复荷的 50%，并分为两组运行；

b. 进行防腐、防渗漏处理；

c. 污水处理构筑物应设有排空设施，以回流处理后的水；

d. 寒冷地区应保证室内温度，设置防冻措施；

e. 高架处理构筑物应配置栏杆、防滑梯和避雷针等安全措施；

f. 污水排放一般应采用重力流排放，必要时可设置排水泵站。

③处理站的附属设施及相关要求：

污水处理站的设计应根据总体规划适当预留余地，配置计量、安全和报警装置，同时配备值班、控制室和联络电话等设施。必要时可在适当位置设置污泥和废渣堆放区。

（2）中水系统。

中水水源的选择，应优先选择水量未定、污染程度低的杂排水，如厨房排水、洗衣排水、空调循环冷却系统排污水、冷凝水、公共浴室排水等；中水供水系统必须独立设置，并按照《建筑给水排水设计标准》GB 50015—2019 的用水定额设置供水量。在材质选择上，应优先采用金属塑料复合管、塑料给水管；中水贮存箱的材质选用应注意耐腐蚀性和后期便于清洁；中水供水系统中应安装计量装置。

二、医院电气系统安装工程

（一）医院电气设计施工依据

（1）《综合医院建筑设计规范》GB 51039—2014；

（2）《建筑设计防火规范（2018 年版）》GB 50016—2014；

（3）《建筑照明设计标准》GB 50034—2013；

（4）《人民防空地下室设计规范》GB 50038—2005；

（5）《供配电系统设计规范》GB 50052—2009；

（6）《20kV 及以下变电所设计规范》GB 50053—2013；

（7）《低压配电设计规范》GB 50054—2011；

（8）《通用用电设备配电设计规范》GB 50055—2011；

（9）《建筑物防雷设计规范》GB 50057—2010；

（10）《爆炸危险环境电力装置设计规范》GB 50058—2014；

（11）《3～110kV 高压配电装置设计规范》GB 50060—2008；

（12）《电力装置的继电保护和自动装置设计规范》GB/T 50062—2008；

（13）《电力装置的电测量仪表装置设计规范》GB/T 50063—2017；

（14）《交流电气装置的过电压保护和绝缘配合设计规范》GB/T 50064—2014；

（15）《交流电气装置的接地设计规范》GB/T 50065—2011；

（16）《汽车库、修车库、停车场设计防火规范》GB 50067—2014；

（17）《数据中心设计规范》GB 50174—2017；

（18）《公共建筑节能设计标准》GB 50189—2015；

（19）《并联电容器装置设计规范》GB 50227—2017；

（20）《医院洁净手术部建筑技术规范》GB 50333—2013；

（21）《建筑物电子信息系统防雷技术规范》GB 50343—2012；

（22）《生物安全实验室建筑技术规范》GB 50346—2011；

（23）《民用建筑电气设计标准（共二册）》GB 51348—2019；

（24）《医疗建筑电气设计规范》JGJ 312—2013；

（25）《建筑物电气装置 第 7-703 部分：特殊装置或场所的要求 装有桑拿浴加热器的房间和小间》GB/T 16895.14—2010；

（26）《绿色建筑评价标准》GB/T 50378—2019；

（27）《绿色医院建筑评价标准》GB 51153—2015；

（28）《民用建筑绿色设计规范》JGJ/T 229—2010；

（29）《精神专科医院建筑设计规范》GB 51058—2014；

（30）《人民防空工程设计防火规范》GB 50098—2009；

（31）《电力工程电缆设计标准》GB 50217—2018；

（32）《传染病医院建筑设计规范》GB 50849—2014；

（33）《高压配电装置设计规范》DL/T 5352—2018。

（二）医院的负荷分级

《供配电系统设计规范》GB 50052—2009 规定，电力负荷应根据对供电可靠性的要求及中断供电在人身安全、经济损失上所造成的影响程度进行分级，分为一级负荷、二级负荷和三级负荷。

1. 一级负荷

（1）中断供电将造成人身伤亡者；

（2）中断供电将在人身安全、经济损失上造成重大影响者；

（3）中断供电将影响有重大政治、经济意义的用电单位的正常工作者。

2. 二级负荷

（1）中断供电将在政治、经济上造成较大损失者；

（2）中断供电将影响重要用电单位的正常工作者。

3. 三级负荷

其他为三级负荷。

4. 医院常用设备/科室的负荷分级（表 8-1）

医院常用设备/科室的负荷分级 **表 8-1**

序号	类别	一级负荷	一级负荷中特别重要的负荷	二级负荷	三级负荷
1	手术室	√	√		
2	术前准备室	√	√		
3	术后复苏室	√	√		
4	麻醉室	√	√		
5	抢救室	√	√		
6	急诊手术室	√	√		
7	重症监护室（ICU、NICU）	√	√		
8	血液透析室	√	√		
9	心血管造影检查室	√	√		
10	介入治疗用 CT 及 X 光室	√	√		
11	大型生化设备	√	√		
12	消防控制中心	√	√		
13	计算机中心	√	√		
14	主要业务和计算机系统用电	√	√		
15	急诊部（诊室、观察室、处置室）		√		
16	产房		√		
17	婴儿室		√		
18	眼科		√		
19	放射科		√		
20	CT		√		

续表

序号	类别	一级负荷	一级负荷中特别重要的负荷	二级负荷	三级负荷
21	MR		√		
22	吸引机		√		
23	物流机		√		
24	放射治疗室		√		
25	核医学室		√		
26	内镜检查室		√		
27	影像科的诊疗设备		√		
28	病理切片分析		√		
29	治疗室及配血室的电力照明		√		
30	培养箱、冰箱、恒温箱等重要的医用设备		√		
31	医梯		√		
32	消防用电设备		√		
33	安防系统电源		√		
34	应急照明		√		
35	走道照明		√		
36	排污泵		√		
37	生活水泵		√		
38	压缩空气机房		√		
39	机械停车库动力		√		
40	放射机组电源			√	
41	影像科的诊断用电设备			√	
42	诊断用 X 光机			√	
43	DR			√	
44	乳腺机			√	
45	数字肠胃			√	
46	高级病房、康复病房			√	
47	病房照明			√	
48	空气净化机组			√	
49	换热站电力			√	
50	空压站电力			√	
51	客梯		√	√	

续表

序号	类别	一级负荷	一级负荷中特别重要的负荷	二级负荷	三级负荷
52	不属于一、二级负荷的其他负荷				√

说明：医院负荷分级在设计前需与院方沟通确认。

（三）医院低压配电系统

医院用电除了一般的照明、动力和空调外，还包括各种医疗设备设施的配电。这些设施设备在容量、负荷和工作原理方面存在较大差异，需要根据其性质和要求进行配电，因此导致了医院配电系统的较高的复杂性。

在配电系统的基本原理和方式上，医院用配电系统与一般民用配电系统并无重要区别，均采用树干式与放射式的供电方式，重要设施设备采用放射式供配电，对于一些需要瞬时恢复供电（即恢复供电时间在15s以内的），应采用双路供电末端自投。但由于医院广泛存在的特殊医疗设备对配电的特殊要求，如CT机、X光机、MRI机、DSA机、ECT机，以及医院内部特殊医疗部门，如手术室、血透中心、烧伤病房等，应采用低压屏放射式供电。

为了保障医疗设施设备供电，医院内部照明系统、空调系统用电应与医疗负荷分开设置，以提高医疗设施设备的安全性和可靠性。

1. 大型医疗影像设备的配电

大型医疗影像设备包括X光机、CT机、心血管造影机DSA、ECT扫描机、磁共振机MRI、CR机、DR机，以及X刀、γ刀等设备，其用电机制因工作原理、设备用途的不同而有所差异，但基本为短时反复工作制。这些医疗影像设备对电源的要求较高，因此应采用专用变压器供电以确保供电质量和稳定性。

2. 医院敏感电子设备的配电

现代医院中敏感电子设备日益增多，也就是计算机较多，设计时要引起注意。

医院内有很多敏感电子设备，需要具有抗电磁干扰的性能，即电磁兼容EMC。《剩余电流动作保护装置安装和运行》GB/T 13955—2017中规定：医院中可能直接接触人体的医用电气设备安装RCD时，应选用额定动作电流为10mA、无延时的RCD。敏感电子设备的接地方式应该采用共用接地和等电位接地方式，对于敏感电子设备的过电压保护，应该采用电涌保护器。

3. 医院手术部、ICU等场所的配电

手术部和ICU是医院中供配电要求最高的场所之一。根据《供配电系统设计规范》GB 50052—2009 的规定，重要的、大型的或复杂的手术室为一级负荷中特别重要的负荷。根据 IEC 标准，两类场所在故障情况下断电自动恢复的时间应不大于 0.5s。为了满足这一要求，实际工程中一般采用 UPS 设备来保证电源的连续供电。

（四）医院的负荷

对昌大集团近年建成的医院的负荷情况进行调研后可知，医院的用电负荷比例仍然以空调、照明为主体，医疗设备用电所占比例较小，这与我国目前的医疗设备的水平有关。由于我国目前医疗设备用电总体占不到 20%。因此对医院设计的用电负荷总体上仍然是以空调、照明为主要负荷。其中，空调电制冷为 40%～50%；照明为 30%。动力包括医疗用电，占 20%～30%。昌大承建部分医院负荷实例见表 8-2。

昌大承建部分医院负荷实例 **表 8-2**

工程名称	建筑面积（m^2）	变压器容量（kV·A）	变压器单方容量（VA/m^2）	建筑层数	功能说明
潍坊眼科医院门诊病房综合楼	38524	5700	148.0	地下 1 层，地上 11 层	门诊、医技、病房综合，含大型生化设备
昌邑市人民医院门诊病房综合楼	79950	8000	100.1	地下 1 层，地上 17 层	门诊、医技、病房综合
潍坊市中医院门诊综合楼	90733	8800	97.0	地下 2 层，地上 22 层	门诊、医技、病房综合
潍坊市中医院东院区门、急诊医技综合楼	41051	3200	78.0	地下 1 层，地上 5 层	门诊、医技综合
潍坊市中医院东院区病房综合楼及行政后勤楼	56228	3200	56.9	地下 1 层，地上 13 层	住院及住院配套的部分医技
潍坊市第二人民医院门诊病房综合楼一期	43945	—	—	地下 2 层，地上 12 层	门诊、医技、病房综合

三、医用气体系统安装工程

医用气体种类繁多。其中，氧气、压缩空气是最常用的气体；其他气体如氮气、二氧化碳、氦气、氩气、一氧化氮等通常在手术室、介入治疗室等特殊场所使用。医用气体系统由气源设备、管道、阀门、分配器、终端设备及监控装置组成。

（一）施工依据

气体管道的安装符合《医用中心供氧系统通用技术条件》YY/T 0187—1994、《医用中心吸引系统通用技术条件》YY/T 0186—1994、《医院洁净手术部建筑技术规范》GB 50333—2013、《工业金属管道工程施工规范》GB 50235—2010、《现场设备、工业管道焊接工程施工规范》GB 50236—2011、《医用中心吸引系统通用技术条件》YY/T 0186—1994、《医用中心供氧系统通用技术条件》YY/T 0187—1994、《流体输送用不锈钢无缝钢管》GB/T 14976—2012 等要求。

（二）施工技术

各种医用气体分别由医院气体站通过各自独立的管路提供至本楼层。所有气体管道均通过阀门报警箱后进入各层病房或手术室及各功能辅房，且各病房或手术室内有气体报警装置。

凡进入洁净手术室的各种医用气体管道必须接地，接地电阻不大于 10Ω，高压汇流管、切换装置、减压出口、低压输送管路和二次再减压出口处都应做导静电接地，接地电阻不应大于 10Ω。

洁净手术部、ICU 医用气体管道安装应单独做支架，不允许与其他管道共架敷设。

气体汇流排主要用于供应氧气、氩气、氮气、二氧化碳等气体。氧气的备用气源也可采用汇流排的方式。

（三）医用气体的标识和颜色

医用气体管道、阀门、终端组件、软管组件和压力指示仪表等必须进行标识，以便于辨识和避免误操作。标识应该耐久、清晰、易识别，采用金属标记、模版印刷、印章和黏性标志等多种方法。

医用气体标识可以采用文字和颜色两种方式进行，具体的标识方法和颜色对应关系可以参考相关规范。由于医用气体标识需要具有较高的耐久性，因此必须进行耐久性试验。试验的方法是在环境温度下进行，分别用蒸馏水、酒精和异丙醇浸湿抹布后反复擦拭标识和颜色标记 15s，之后标记应该仍然清晰可识别（表 8-3）。

颜色标识分布表　　**表 8-3**

医用气体的名称	代号		颜色规定
	中文	英文	
医用空气	医疗空气	MedAir	黑色—白色
器械空气	器械空气	Air800	黑色—白色
牙科空气	牙科空气	DentAir	黑色—白色
医用合成空气	合成空气	SynAir	黑色—白色
医用真空	医用真空	Vac	黄色
牙科专用真空	牙科真空	DentVac	黄色
医用氧气	医用氧气	O_2	白色
医用氮气	氮气	N_2	黑色
医用二氧化碳	二氧化碳	CO_2	灰色
医用氧化亚氮	氧化亚氮	N_2O	蓝色
医用氧气 / 氧化亚氮混合气体	氧气 / 氧化亚氮	O_2/N_2O	白色—蓝色
医用氧气 / 二氧化碳混合气体	氧气 / 二氧化碳	O_2/CO_2	白色—灰色
医用氦气 / 氧气混合气体	氦气 / 氧气	He/O_2	棕色—白色
麻醉废气排放	麻醉废气	AGSS	朱紫色
呼吸废气排放	呼吸废气	AGSS	朱紫色

注：标准规定为两种颜色时，是在颜色标识区域内中线为分隔左右分布。

四、医院暖通系统安装工程

（一）医院通风、供暖、空调及热力系统执行标准

（1）《民用建筑供暖通风与空气调节设计规范 附条文说明［另册］》GB 50736—2012；

（2）《建筑设计防火规范（2018 年版）》GB 50016—2014；

（3）《公共建筑节能设计标准》GB 50189—2015；

（4）《民用建筑设计统一标准》GB 50352—2019；

（5）《综合医院建筑设计规范》GB 51039—2014；

（6）《医院洁净手术部建筑技术规范》GB 50333—2013；

（7）《车库建筑设计规范》JGJ 100—2015；

（8）《汽车库、修车库、停车场设计防火规范》GB 50067—2014；

（9）《饮食业油烟排放标准》GB 18483—2001；

（10）《建筑给水排水及采暖工程施工质量验收规范》GB 50242—2002；

（11）《通风与空调工程施工质量验收规范》GB 50243—2016；

（12）《通风与空调工程施工规范》GB 50738—2011；

（13）《建筑节能工程施工质量验收标准》GB 50411—2019；

（14）《供热计量技术规程》JGJ 173—2009；

（15）《辐射供暖供冷技术规程》JGJ 142—2012；

（16）《多联机空调系统工程技术规程》JGJ 174—2010；

（17）《绿色建筑评价标准》GB/T 50378—2019；

（18）《绿色医院建筑评价标准》GB/T 51153—2015；

（19）《绿色建筑设计标准》DB37/T 5043—2021；

（20）《建筑机电工程抗震设计规范》GB 50981—2014。

（二）医院空气环境要求

“通风不良、室内空气品质差”是医院建筑的普遍现象。通风气流组织混乱，交叉感染风险大，COVID-19、SARS、H1N1 等流行时，更突显我国很多医院建筑缺乏应对流感的基本通风能力。

对综合医院中无洁净要求的功能空间而言，应先进行通风设计，再进行空调供暖的温湿度调控设计。通风设计应为医院建筑全年提供健康安全的室内空气环境和通风季节热感觉良好的室内环境。通风应包括风量要求和室内外、室内各功能空间之间的压力梯度要求。通风方案设计应与建筑方案设计并行，相互在以下方面密切配合：

（1）不同清洁（压力）等级区域之间的压差控制；

（2）功能分区与系统划分；

（3）新风口、排风口位置的确定；

（4）主风机位置的确定。

医院内应按清洁区、半污染区、污染区分别设置机械送排风系统；医院门诊部、急诊部入口处的筛查区的通风系统应独立设置。

医院内各功能空间的气流组织应形成清洁区—半污染区—污染区的有序压力梯度。房间气流组织应防止送、排风短路。送、排风口的设置应保证清洁空气首先流过清洁区，然后流过污染源，最后经排风口排出。

综合医院建筑的空调回风应按房间的功能性质分别设置。

对含有有害微生物、有害气溶胶等污染物质的排风，当超过排放浓度上限值时应在排风出口设置过滤或净化处理措施。

（三）通风系统工程注意事项

医院通风系统涉及医院空气安全，因此通风系统的合理设计非常重要，需要注意以下问题：

第一，详细分析医疗工艺流程、建筑空间特点和功能要求，确定新风量和压差要求；

第二，应按保证压差要求，控制空气传染，仔细划分医院建筑通风系统，切忌通风系统跨压差分区；

第三，应严格按功能性质进行分区，设置独立的送、排风系统（如病房层的医护人员办公区与病房区宜分开设置独立的送排风系统），并做到送、排风系统所管辖区域相对应；

第四，对于内区应尽量考虑设置独立的送、排风系统，并考虑过渡季节运行问题，适当加大送、排风量；

第五，房间内送、排风口布置位置应考虑房间内的医疗工艺过程，控制交叉感染，提高通风效率；

第六，设备安装位置应方便设备检修和设备运输，减少噪声和振动；

第七，风管走向应考虑安装空间。

五、医院电梯与扶梯

医院电梯数量及类型的设置，应考虑诸多因素，如空间功能、人流量、运载物以及负荷等。为应对医院垂直交通中客流波动较大的情况，可以采用电梯群控系统，通过对电梯分组、合理调配电梯运行，提高电梯运行效率、缩短电梯等候时间，根据交通流量波动，动态实时调整电梯系统，提高输送效率的同时实现能源节约利用。

制定合理的工艺路线，制定工艺流程图之前应熟悉产品特点，复核土建尺寸，确认产品规格及数量，并结合用户、主管部门的要求，保证安装质量，合理控制工时。对 40m 以上的建筑物安装电梯时，可不局限于如图 8-1 所示的安装流程，可将厅门系统安装提前至机房部件安装之前，以降低风对安装精度的影响。

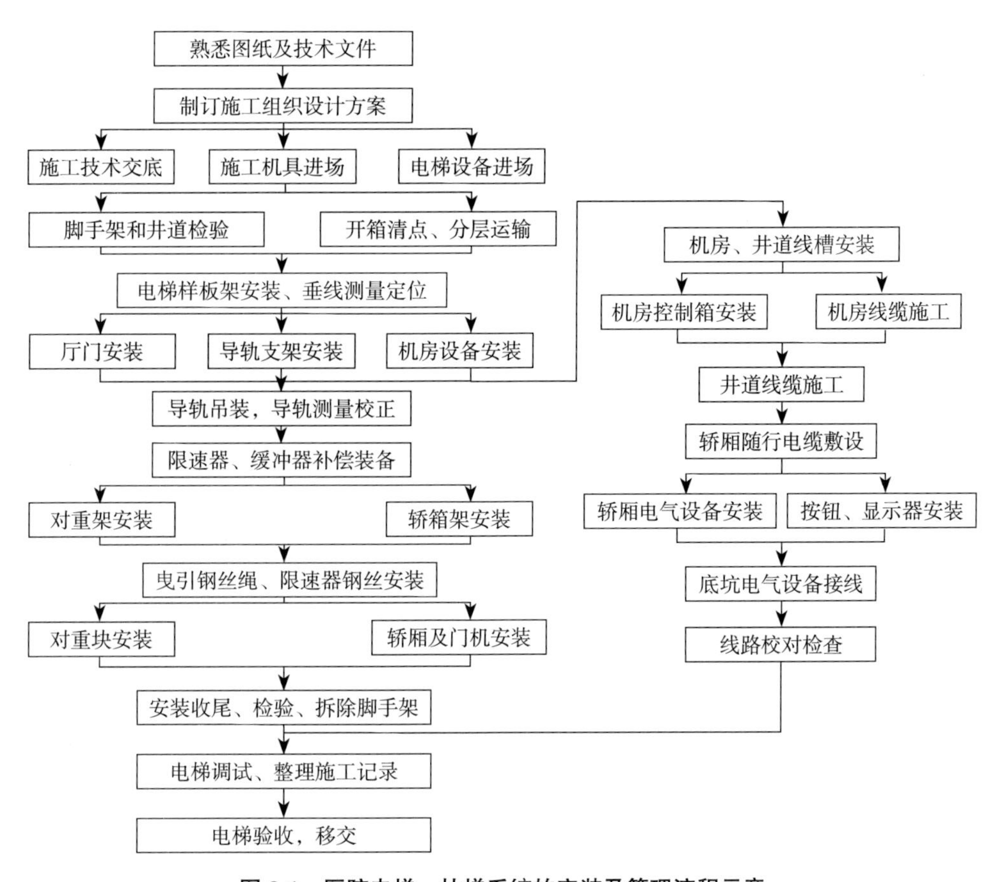

图 8-1　医院电梯、扶梯系统的安装及管理流程示意

案例 6　昌乐县人民医院（新院区）一期工程医院电梯设备选择

医院对电梯安全的重视程度越来越高。昌大建设集团在昌乐县人民医院（新院区）一期工程中，全部电梯都增加了智能控制功能，建设单位反映非常好。这次新冠疫情，智能控制系统在电梯中迅速应用，减少乘电梯时对按钮的接触，进而减少病菌接触（表 8-4、表 8-5）。

乘客电梯选择　　表 8-4

医用乘客电梯	DT03、06
载重	1000kg
速度	2m/s
提升高度	56.25m
层数 / 站数 / 开门数	13/13/13

续表

曳引机	永磁同步无齿轮曳引机
控制系统	控制柜，配能量可再生功能
集选操作控制方式	全集选控制
电梯群控数量	单台
开门形式	中分门
入口数量	单开门
前门楼层标记	-2、-1、1、2、3、4、5、6、7、8、9、10、11
轿厢规格（宽 × 深）	1600mm × 1400mm
轿厢高（轿厢地面到结构顶内高度）	2600mm
开门尺寸（宽 × 高）	900mm × 2100mm
门保护装置类型	光幕
轿门材质	发纹不锈钢
前围壁	发纹不锈钢
侧后围壁	发纹不锈钢
扶手布置	后置
轿顶装潢	装饰顶，带顶灯，材质：发纹不锈钢，提供三种样式供选择
地板类型	PVC 地板，提供三种样式供选择
额外装修重量	kg
操纵盘数量	1
残疾人操纵盘数量	1
操纵盘类型	主操纵盘，提供三种样式供选择
残疾人操纵盘类型	人机接口
操纵盘面板材质	发纹不锈钢
主操纵盘显示器类型	液晶显示器
操纵盘按钮类型	圆形盲文按钮
残疾人操纵盘按钮类型	圆形盲文按钮
厅门材料 / 数量	发纹不锈钢 /13
门套材料 / 数量	发纹不锈钢 /13
门套类型 / 数量	小门套 /13
厅外外呼装置类型 / 数量	液晶显示指示器 /13
门外呼面板材质 / 数量	不锈钢 /13
井道尺寸（宽 × 深）	2400mm × 2200mm

续表

顶层高（K）	4650mm
底坑深（S）	2000mm

标准功能　　表 8-5

门系统自动回路断路器	独立轿厢门和厅门定时	极限开关	主断路器
上行超速保护装置	轿厢位置指示器	限速器张紧开关	超载不启动
提前开门	轿厢信号灯	井道安全检测	限速器超速开关
轿厢警铃	关门按钮	大厅位置指示器	底坑急停开关
防捣乱操作	延时驱动保护	大厅呼梯登记	第二底坑急停开关
轿厢自动返回设备	快速开门	对讲（轿厢—紧急检修面板）	单相轿厢灯电源开关
再生能源	厅门旁路操作	对讲（轿厢—控制柜）	安全钳超速开关
地下室服务	数字编码器	对讲（底坑—控制柜）	轿顶检修开关
轿厢呼叫取消	门定时保护	对讲（轿顶—控制柜）	轿顶灯
轿厢去底部层站响应呼叫	门区指示灯	错相或缺相保护	轿顶插座
轿厢去顶部层站响应呼叫	轿厢紧急照明装置	井道灯	计数器
光幕	电流谐波滤波器	满载不停梯	再平层操作
可控轿厢照明	紧急电动操作（BS7255）	电动机过热保护（可自动复位）	轿厢意外移动保护
切除大厅呼叫开关	故障自诊断	手动救援操作	强迫关门

第三节　装饰装修工程

随着社会的不断进步与发展，人们对于健康生活的要求也在不断提高，对于医院场所的水准要求也不断发生着改变。注重人性化的设计，将医院从一个能使用的空间蜕变到一个充满人性关怀的空间。这种医院内外部环境的营造，很大程度上是由装饰装修工程来完成的。

一、内部装饰装修工程

（一）医院内部装饰装修应遵循的原则

医院内部装饰装修工程应遵循以下三个原则：

1. 以人为本

医院室内装饰设计应关注医院建设的本质内涵，即患者的体验，从人性化和亲情环境设置，增强患者的信任度，使医院摆脱就医的场所，成为病人赖以生存的绿色家园。以医疗安全为第一目标，要注重空间功能设施的人性化设计。例如，墙面无尖角、双层医用扶手、病房入口安装手消器、病房门灯等。考虑到不同患者群体的使用需求，落实无障碍设计，体现医院的人性化服务。

医护人员是医院建筑及装饰装修使用程度最高的人群。医护人员在日常工作中需要面对规模庞大、需求各异、特征多样的患者，工作对象和工作节奏易于激发医护人员的焦虑、烦躁情绪，进而导致不良工作态度、降低工作效率，长期来看不利于医护人员的身心健康。因此，医院内部装修装饰应适应医护人员的工作特征和身心需求，尽可能扩大自然景观环境，采用柔和色彩、新鲜空气、适度空间，使其减少焦躁和疲劳。

2. 节能环保

医院等公共基础设施是降低能耗、降低碳排放的主要场所。在医院内部装修装饰方面，低碳节能的原则包括根据设计力求简洁使用，减少无谓的材料使用和能源消耗，降低有害物质排放，最大限度地利用自然采光和通风，降低在照明、空调方面的能源消耗；最大限度地采用节能环保材料，降低有害物质排放。

3. 科学性与艺术性的结合

现代医院室内装饰设计注重科技与艺术的结合。在科技方面，应用科技成果以及设备设施来创造优质且适宜的声、光、热环境。在艺术方面，注重美学原则，营造具有表现力和感染力的室内空间和形象，创造具有视觉满足感和文化内涵的医疗环境。这使得患者和医生在心理和精神上得到平衡，实现高科技和高情感的平衡和综合。

（二）医院建设常用的室内设计风格

1. 现代风格

现代风格是医院比较常用的一种风格，注重空间的布局与使用功能的完美结合。设计新创造、实用主义、空间组织、强调传统的突破都是现代风格的设计理念。所以，医院现代风格具有简洁造型、无过多的装饰、推崇科学合理的构造工艺，重视发挥材料的性能的特点。注重展现结构的形式美，探究材料自身的质地和色彩搭配的效果，实现以功能布局为核心的不对称非传统的构图方法。

2. 新中式风格

新中式风格应注重传统文化元素与现代材料材质的有机结合，应在以下两个方面达到协调与平衡：一是中式风格不是对传统中国元素的简单、粗暴地堆砌，而应当实现中国传统文化与现代建筑理念的结合；二是在中国当代文化、社会背景下重新理解、采用当代设计和技术，用与时俱进的态度，以现代中国的审美需求，重新审视传统元素，让传统中式元素符合低碳环保、以人为本等当代社会需求。

3. 简欧风格

简欧风格是古典欧式主义风格的改良版，融合了欧洲文化丰富的艺术底蕴和创新的设计思想。它的整体和局部都非常精致，注重细节雕琢，给人留下一丝不苟、干净整洁的印象。简欧风格保留了传统欧式风格的材质和色彩，并摒弃了过于复杂的肌理和装饰，突出了线条的简洁，同时仍然具备浓厚的历史和文化底蕴。

（三）室内装饰装修设计的要点

1. 符合医院建筑环境

在医院建筑中合理把握医疗空间的尺度和比例，并调整虚实间隔，通过对大空间进行再分隔来解决空间衔接、过渡、对比、统一等问题。

2. 可供选用的装饰材料

医院室内装饰设计的材料选用应考虑的要点：耐久性及使用期限、耐燃及防火性能、无毒无害、必要的隔热保暖、隔声吸声，装饰及美观，同时考虑相应的经济要求。

地面装饰材料多选用花岗石、大理石、瓷砖、木地面、塑胶、地毯等，应根据不同的空间使用功能、人流量、材料特性进行选用。墙面装饰材料多选用大理石、花岗石、瓷砖、涂料、壁纸壁布、木质材料，应根据空间功能需求、触摸感、冷暖感、装饰效果进行选用。顶面材料有石膏板、矿棉板、金属板、木质饰面板等，考虑防火性能、美观性能，便于安装管线和维修。

3. 可行的施工工艺

（1）造型工艺。建筑界面塑造需要复杂的工艺和技术，是设计、材料和施工的结合。在施工阶段，施工人员须熟悉各种装修结构和制作安装工艺。例如，室内轻钢龙骨石膏板吊顶的安装需要提前安装和调试好管道和电器设施，然后通过吊件固定、龙骨架吊装、面板安装等步骤来完成。

（2）饰面工艺。根据设计要求，在建筑基层或装修物件上固定各种具有不同性能和色彩的装修材料，采用不同的施工方法。饰面材料可以起到美化环境、保护建筑结构或装修结构的作用，例如在墙面喷刷各种涂料、裱糊壁纸、涂饰面漆等。

（3）安装与结合工艺。装修连接是指建筑基体、装修构件和装修材料之间的连接方式和固定形式。其涉及造型工艺和饰面工艺两个方面。其中，对于造型工艺，装修连接处理的是建筑基体和装修构件之间的连接；对于饰面工艺，装修连接处理的是不同材料衔接处的结合方式。常见的装修连接包括门框、窗框与墙面的连接，吊顶面与墙面、灯位的连接，室内阴阳角交接处的连接等。

（4）清理与修补工艺。医院装饰工程的最后两个特殊施工工序是修补和清理。其中，修补是针对装修饰面因某种原因发生损坏的情况进行的，例如壁纸出现鼓泡可以注射胶液进行粘贴，或者使用专用壁纸刀划破鼓泡来消除空气并进行黏合；清理是指在竣工后对装修面、室内垃圾等杂物进行各种清洁和清理工作，确保质量标准达到要求。

4. 色彩设计的基本方法

医院室内装饰的色彩设计应满足两点基本要求：一是悦目性，二是情感性。悦目性就是可以给人美感，情感性则能引起具象或抽象联想，乃至具有象征性的作用。在进行医院色彩设计配置时，要细致考虑诸多因素对不同色彩环境的要求，着重利用色相对比法、明暗对比法、纯度对比法、冷暖对比法等色彩设计手法营造有助于缓解医者和患者疲劳，抑制医者和患者烦躁，调节患者情绪，改善患者机体功能，提高治疗过程中的效率和准确性，形成温馨和谐的治疗环境。

5. 采光与照明的艺术效果

光源的冷暖作用有时超过物体固有色对人的感染力。光源被使用在医疗空间中的方方面面，使人感受到其质朴纯净、明亮的透明性格。医院照明可分为整体照明、局部照明、整体与局部混合照明、成角照明。应特别注意控制眩光，这可以采用降低光源亮度、移动光源位置和隐蔽光源的办法。

（四）具体空间的室内装饰设计

1. 门诊大厅

门诊大厅作为医院多种流线的交叉点、人员最密集的公共场所，在平面布局中以功能为依据，综合考虑不同空间中人的行为因素，力求创造舒适、清新、高效的就医环境，大厅内设有总服务台及预约门诊、导医台、特需专家查询屏、自动寄存柜以及备用轮椅房、休息等候区等，为病人提供全方位、快捷、有效的服务。

在门诊大厅的环境设计上应该尽可能保持足够宽敞的空间，大厅的装饰宜以暖色调为主，地面通常采用石材材料，墙面惯用横向分割的处理手法，尽可能自然采光和自然通风，将自然的外环境引入室内，自然光线与人工采光结合，光影流动，给门诊大厅带来了一种祥和、安静的氛围并且丰富了空间层次，使得室内空间变得富有生机。

2. 急诊大厅

急诊大厅的空间布局应该是大空间敞开式的，预留医疗气体、水电等端口，必要时作为临时救治场地，提供紧急医疗救护。墙面材料符合场所使用需求，出于确保空间安全性、使用舒适度、视觉美观的考虑，墙面设计要综合考虑到装修材料、导视设计、照明设计、环境图形设计、人性化功能细节设计等方面。

3. 电梯厅空间

电梯厅要处理好门厅与交通核心空间的关系，在设计中要充分考虑电梯厅与入口大厅的便捷联系，让患者能够在最短的时间找到电梯厅的位置，减少线路迂回或避免患者迷惑。

电梯厅的空间设计应明亮宽敞。大面积的材料应选择高明亮、低彩度的调和色，统一协调形成基调。主要装饰面的材料应选择与大面积截然不同的材料，以打破电梯厅的传统和单调的设计，根据不同楼层和不同科室患者的不同心理，也采用不同的色彩丰富的候梯空间。

4. 等候大厅空间

等候大厅是患者预约挂号后等待的地方，患者在等候的过程中往往会产生焦虑不安的情绪。因此，设计师在设计等候大厅的环境时应该注重创造阳光、清新、舒缓、放松的环境，以缓解患者等候的焦虑情绪。

等候大厅的装修应以中性色为主，色彩要素雅、清新，既能平稳患者的情绪，又不会过于刺眼或暗淡。地面宜选用易于清洁的地板砖，最好是采用具有抑菌作用的合成材料，并采用热焊接方式处理，以减少材料拼缝。在选择地面颜色时，通常比墙面的色彩深一些效果更好。

5. 走廊空间

走廊属于医院的交通空间，是连接各科室的纽带。医院过道多为窄而长的，吊顶造型以简约为宜。常用集成式天花吊顶，不仅有较好的装饰效果，而且安装简单并可反复拆卸，便于后期检修。尤其在大型综合性医疗项目中，因后期科室调整重新安装管网，集成式吊顶就能发挥减少工作量、降低成本支出的作用。

医院过道人员流动密集，墙面装修材料应具有耐磨抗损、耐腐蚀、防火、环保、易清洁等特点（常用的有医疗板、墙胶、瓷砖、石材），一则可以提高医疗空间安全性，二则可以减轻医院日常管理压力。墙面照明除了功能性的壁灯、应急照明，还包括装饰性的点光源，柔和的亮度营造环境氛围。应急类照明的安装位置需醒目、合理。

非病房区域如门诊、检查、治疗的过道，除了通行还兼任等候功能。为了丰富这一空间的体验，墙面可做医院文化建设、科室宣传、健康宣教、叫号系统展现等实用性装饰设计。

地面材质的分区适用，是医院过道地面装饰设计的主要方面。医院过道的地面材质以满足实用需求为第一标准，常见的有地胶、瓷砖、天然石材和树脂类等。病房过道的地板要具备绿色环保、吸声性强、便于消毒、脚感舒适等条件，非病房区域的过道可采用石材、瓷砖等。

6. 病房空间

病房是为提供医疗护理服务而设计的医疗空间，是患者在治疗过程中居住的地方。因此，在当代的设计中，通常会考虑到病人的舒适感，主要有宾馆化、家庭化、艺术化等多种倾向。

宾馆化的设计风格注重营造舒适、温馨、安静的住宿环境，使病人能够快速恢复健康；家庭化的设计则强调家庭的温馨、亲切和舒适感，让病人感受到家一般的温馨氛围，提高心理的安慰度；艺术化的设计则追求美学与实用性的结合，尽可能地将病房打造成一个兼具实用性与观赏性的空间。

（1）标准病房。标准病房的装饰设计应充分体现以人为本的设计理念，为病人提供明确的个人领域空间，满足病人对私密性的要求，同时提供病人之间公共交流空间的创造。

标准病房平面布置中的床位排列应平行于采光窗墙面。单排不宜超过 3 床，双排不宜超过 6 床，平行的两床净距不应小于 0.8m，靠墙病床床沿与墙面的净距不应小于 0.6m；单排病床通道净宽不应小于 1.1m，双排病床床端通道净宽不应小于 1.4m。储藏柜的处理上应引入宾馆式的设计，充分考虑烧水喝茶等功能的需求。病房卫生间的大小不小于 1.1m × 1.4m 且厕所门朝外开。室内常运用色调柔和的米白色格调将病房打造成更具有清爽、柔和的人性空间。

（2）VIP 病房。功能布局设置治疗、接待会客、阅读区域、厨房、卫生间等功能区域，并根据每个空间使用功能的不同，进行造型、饰面设计。

吊顶通常采用石膏板吊顶造型，灯具的选用及位置应避免炫光光源。墙面通常选用乳胶漆、壁纸、壁布或木饰面，颜色可以根据整体气氛确定。卫生间的瓷砖选用防滑系列，花色不宜杂乱。地面材料比较简单，最常见的为浅暖色调的塑胶地板，质地细腻，硬度低，给人亲切感，经济耐用且美观。

7. 报告厅及会议室空间

医院的实力、专业、规模体现在报告厅及会议室，其整体的印象除了冲击感外，保留一种完整的设计风格是设计的一种趋势。较少选择大的色差，造型上比较保守，方方正正，朴实但不普通，稳重凝练。

空间布局中应留有一定的活动空间，使使用人员心理舒缓，提高会议效果。主席台多采用石材抬高地面，在视觉范围和尊重感上都得到很好的体现。会议桌的采用，针对不同的空间，不同的功能选用不同的会议桌形式，但应注意避免谈判的对峙形式。报告厅及会议空间的色调协调上，应以浅色为主，以深色协调轻重，营造明朗的气氛。室内有两种光源，自然光和人工光源。使用人造光源时应选择冷光源且避免光线直接照在投影屏幕上。材料选用上宜选用地毯、木挂板等吸声材料，避免噪声污染。

除此之外，系统功能上结合投影屏、录音卡座、大屏幕图形处理器等多媒体设备，满足各种级别的会议、新闻发布会、学术论坛、报告会等的活动需求。

8. 诊室空间

诊室是病人直接与医生接触、交流沟通的空间。在该空间中，患者向医生诉说自己的情况，医生根据患者的症状作出初步的判断，对患者进行诊治。在平面布置中，通常更加注重对患者的隐私保护，采取人性化设计，一个诊室一名医生一个患者，保护病人的隐私不受侵害。诊室外设置通道供患者等待会诊，充分利用了医疗的资源优势，更好地为患者服务，同时改善了医生的工作环境。

9. 医生办公空间

医生办公空间主要包括办公工作场所和相关配套空间，其基本设计理念是提高医生的工作效率。同时，医生办公空间也必须具有较高的安全系数。设计中对各功能的使用空间在平面上作合理分配，吊顶应简洁、大方，一般不允许用易燃材料，常用金属龙骨安装石膏板或防潮矿棉板；墙面装饰喷涂乳胶漆或壁纸织物进行装饰。使用优雅的中性色作主调，构成整体的环境气氛。

10. 其他辅助空间

其他辅助空间包括医生治疗室、处置室、盥洗室、配餐餐室、日光室、文娱室、库房等。其设计以安全性、适用性、经济性为原则。布置位置与方式随着护理单元形式的不同而有别。

（五）内装装饰装修实施管理

第一，充分理解设计理念和风格，结合医院不同区域功能要求，做足实施准备工作。

实施之前首先通过阅读设计图纸读懂设计师的设计意图，找出不同空间区域的共性、领会空间功能的特性、把握设计亮点、统筹实施重点。针对不同设计空间划分墙、顶、地三个层面，分门别类地对墙面、吊顶、地面等造型设计特点进行归纳，理顺设计思路的同时，对医院各区域功能特点及要求进行核查，及时与设计院沟通，积极提报建设性设计意见。

第二，加强对重点设计区域的空间内容实施整体把控。

特别是门诊大厅、急诊大厅、医疗街、候诊大厅等易传达设计重点思想的区域，在实施之前对墙顶地面造型进行规划排版，根据设计图纸及时报送材料小样，样板先行以明确材料颜色及规格，为大面积展开施工创造条件。当我们承接一个医院项目的内装实施任务时，想到的第一件事情是如何顺利履约。如果能在项目开工前，通过分析设计图纸的规律，找准装饰施工的方法，就能把一个看似复杂的项目简单化，顺利履约就不再是难事。

第三，医院内装装饰实施要遵循“三个统一管理”，即“统一测量放线、统一深化设计、统一排版下单”，结合“标准化、集成化、模数化”的思维，去推行基层材料的“后场集中加工、现场装配施工”。

例如，重点设计区域门诊大厅、急诊大厅、医疗街及病房楼公共电梯厅常用的石材、钢板、铝板、艺术玻璃、不锈钢等成品定制材料，对其深化设计排版是第一步，也是最重要的一步。在考虑单一平面排版的同时，兼顾墙顶地面对缝或规律性对中。通过计算机排版结合现场实际测量放线，从完成面内退计算，确定面层下料尺寸，直接下料至工厂排产加工。与此同时，现场进行基层制作等准备性工序，加工好后运至现场进行装配式面层施工。

第四，基层制作尺寸要准确，各平面先后关系理顺清楚后再行施工。

例如，门诊大厅和医疗街需要搭设满堂脚手架体，先进行吊顶和墙面施工，完成后再进行地面石材或者瓷砖铺贴工序。

二、外部装饰

建筑幕墙是融建筑技术、建筑功能、建筑艺术、建筑美学为一体的建筑外围护结构，是现阶段建筑的高级外装修形式。幕墙设计的主要目标是创造出一个通过装饰艺术来实现建筑理念、阐释建筑符号、传达时代信息和特征，同时兼备一定的功能性、安全性的建筑外衣。潍坊昌大建设集团装饰幕墙工程公司经过多年的技术攻关和工程实践，在装饰幕墙设计、施工方面积累了丰富的经验。

（一）幕墙设计理念及原则

1. 安全可靠

在满足国家规范、行业标准、规范、规程要求的前提下充分考虑风荷载、雪荷载、地震作用、温度变形以及施工荷载对幕墙的影响，设计安全系数完全满足工程的需求，因此，在幕墙设计阶段应对各项参数指标进行精确测算，如风荷载、面板的强度和挠度、横梁的强度和挠度、立柱的强度和挠度、结构胶和连接件、热工性能等。

2. 造型美观

医院作为大型公共建筑，外立面的优雅、和谐、流畅是公众和城市的必然要求，幕墙的可观赏性正是实现上述要求的最佳载体。在效果设计上，根据提供的建筑施工图和效果图进行了认真的分析，力求采用最合理可行的结构来完成建筑设计师的创意及构思。

3. 环保节能

现代幕墙已不再仅是一种装饰、一种简单的外围护结构，而是越来越深入地成为整个工程的一个有机组成部分，参与整个工程的功能建设。幕墙的环保节能程度也已成为人们衡量幕墙品质的一个重要指标。从选材、确定幕墙形式、确定幕墙结构、保温防火设计、断热节能设计等多方面进行了详细、周密的研究和设计，确保交付一个环保与节能的幕墙。

4. 可拆卸更换

当幕墙的某个局部受损、更新时，幕墙板块能否灵活方便地进行拆卸更换，直接关系到幕墙的功能能否得到保持、结构能否受到影响等因素。为此采用的幕墙系统需均具有很好的可更换性，如更换玻璃时不会伤及窗框，大面玻璃幕墙的玻璃可在外面更换，铝合金窗（如有）的玻璃可在室内进行更换。

5. 性价比最优

充分考虑幕墙的经济性、效益性。保证资金投向合理，以最少的费用实现所需功能。

（二）幕墙类型

建筑外立面幕墙根据使用材料分类，可分为玻璃幕墙、石材幕墙、金属幕墙、人造板材幕墙等几种。

1. 玻璃幕墙

玻璃幕墙又可分为明框玻璃幕墙（图 8-2）、隐框玻璃幕墙（图 8-3）、半隐框玻璃幕墙（图 8-4）、全玻璃幕墙（图 8-5）、点式幕墙（图 8-6）等。医院门诊、急诊楼和病房楼不得在二层及以上采用玻璃幕墙。

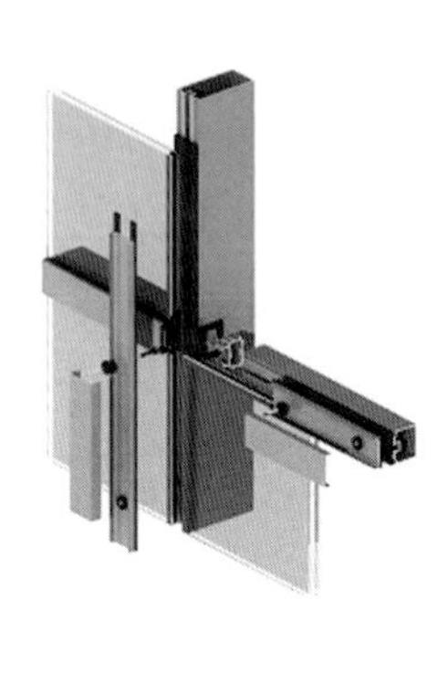

图 8-2 明框玻璃幕墙

图 8-3 隐框玻璃幕墙（因存在安全隐患，已被禁用）

图 8-4　半隐框玻璃幕墙

图 8-5　全玻璃幕墙

图 8-6　点式幕墙

2. 石材幕墙

按照石材表面处理方式，石材幕墙又可分为火烧面、荔枝面和光面幕墙（图 8-7～图 8-9）。

图 8-7　火烧面

图 8-8　荔枝面

图 8-9　光面

3. 金属幕墙

金属幕墙又可分为铝板幕墙、蜂窝板幕墙、不锈钢幕墙和钛合金板幕墙等（图 8-10～图 8-14）。

图 8-10　铝板幕墙

图 8-11　蜂窝板幕墙

图 8-12　不锈钢幕墙（一）

图 8-13　不锈钢幕墙（二）

图 8-14　钛合金板幕墙

4. 人造板材幕墙

人造板材幕墙又可分为瓷板幕墙、陶板幕墙（图 8-15）、微晶玻璃板幕墙、GRC 幕墙（图 8-16）、纤维水泥板幕墙等。

图 8-15　陶板幕墙

图 8-16　GRC 幕墙

（三）幕墙主要材料

1. 铝单板

以昌大建设集团承建的工程为例，本工程幕墙系统外层装饰铝板，板材厚度为 3mm，牌号为 3003，状态为 H24。所有铝合金板材均符合现行国家标准《变形铝及铝合金牌号表示方法》GB/T 16474—2011、《变形铝及铝合金状态代号》GB/T 16475—2008 及《一般工业用铝及铝合金板、带材 第 1 部分：一般要求》GB/T 3880—2012 的规定。

2. 钢材

工程所有钢材采用 Q235-B 牌号钢材，其质量应符合现行国家标准《耐候结构钢》GB/T 4171—2008 的规定热镀锌膜表面厚度应符合现行国家标准《金属覆盖层 钢铁制件热浸镀锌层 技术要求及试验方法》GB/T 13912—2020 的规定。外露钢结构型材表面进行常温氟碳处理，质量要求符合现行相关标准要求。

3. 铝合金型材

铝合金型材、铝合金牌号及供应状态：6063-T5、6063-T6；型材尺寸允许偏差为高精级或超高精级；铝合金外露型材的处理方式：室内可进行阳极氧化处理，室外可进行氟碳喷涂处理，喷涂颜色由业主和建筑师确定。

4. 玻璃

幕墙的玻璃根据建筑物使用功能、建筑外观要求、节能要求、使用位置等选用玻璃种类、规格及配置，一般采用 6Low-E+12A+6Low-E 中空钢化玻璃，传热系数小于 1.8W/m^2·K（需计算），玻璃透光率大于 0.6，可见光反射比不大于 0.30，原片采用普通透明浮法玻璃。

所有玻璃外观质量和技术指标应符合现行标准《平板玻璃》GB 11614—2022、《建筑用安全玻璃 第 2 部分：钢化玻璃》GB 15763.2—2005、《半钢化玻璃》GB/T 17841—2008、《建筑用安全玻璃 第 3 部分：夹层玻璃》GB 15763.3—2009、《建筑用安全玻璃 第 1 部分：防火玻璃》GB 15763.1—2009、《玻璃幕墙光热性能》GB/T 18091—2015、《中空玻璃》GB/T 11944—2012、《镀膜玻璃 第 1 部分：阳光控制镀膜玻璃》GB/T 18915.1—2013、《镀膜玻璃 第 2 部分：低辐射镀膜玻璃》GB/T 18915.2—2013、《玻璃幕墙工程技术规范》JGJ 102—2003 中的有关规定。根据易于发生碰撞的建筑玻璃所处的具体部位，可采取在视线高度设醒目标志或设置护栏等防碰撞措施。碰撞后可能发生高处人体或玻璃坠落的，应采用可靠措施。

5. 石材

板材质量应保证坚固、耐用，无损伤强度和明显外观缺陷。板材的色彩和花纹应调和统一，正面外观不得有坑、棱、角、裂纹、色斑、色线等缺陷。

由于石材属多孔性材料，吸水率较高，易被环境及人为污染。因此为保证石材色彩、光泽、耐久性等特性，防止被污染，有必要对某些石材进行维护。所有石材应采用六面防护处理，尤其内侧防止冷凝水污染石材。石材上墙前应在工地进行排版挑选，以保证所有石材纹理及方向过渡自然，无色差存在。

6. 密封胶

（1）硅酮结构密封胶。同一幕墙工程应采用同一品牌的单组分或双组分的硅酮结构密封胶，并应有质保年限的质量证书。同一幕墙工程应采用同一品牌的配套密封胶，不应在现场打注硅酮结构密封胶，但全玻幕墙是例外。

（2）硅酮建筑密封胶。玻璃幕墙用的硅酮耐候密封胶应采用硅酮建筑密封胶，其外观及理化性能应符合《硅酮和改性硅酮建筑密封胶》GB/T 14683—2017 的有关规定。

（3）聚硫密封胶。聚硫密封胶主要用于明框幕墙中空玻璃的第二道密封（也可用硅酮结构密封胶），隐框、半隐框玻璃幕墙中空玻璃第二道密封应采用硅酮结构密封胶。聚硫胶耐紫外线差，在紫外线照射下容易老化。

7. 五金配件

幕墙开启窗采用不锈钢铰链，多点锁。开启附件性能须满足以下要求：

（1）能有效地辅助幕墙大开启扇的密封性和水密性。

（2）安装和操作简单。

（3）美观、耐用。

（4）幕墙开启窗多点锁必须根据门扇的尺寸计算锁点数量，铰链必须根据门扇的尺寸及重量，按照厂家的技术参数选定。

（5）除膨胀螺栓以及说明外，其他螺栓及螺丝均为不锈钢，尽可能避免外露螺丝，主梁与横梁连接处要采用不锈钢螺钉，主梁与主体结构连接采用不锈钢螺栓。

（6）不锈钢采用奥氏体不锈钢，其含镍量不小于 8%，符合相应的国家标准及行业标准。

（7）后补埋件采用化学锚栓和膨胀螺栓。

（8）各类紧固件、螺栓及挂件一律采用国产优质不锈钢件，当材质为非不锈钢时，一律进行热镀锌处理。

（9）与铝合金接触的紧固件、金属配件等，应采用不锈钢制品；紧固件未采用弹簧垫圈时，应有防松脱措施。主要受力构件不应采用自攻螺钉连接，严禁采用镀锌自攻螺钉。

（10）地弹簧玻璃门采用优质地弹簧。地弹簧的规格、型号必须根据门扇的尺寸及重量，按照厂家的技术参数选定。

（11）自动门采用优质电动机等配件。电动机的规格、型号必须根据门扇的尺寸及重量，按照厂家的技术参数选定。

8. 其他材料

（1）焊条：Q235 钢采用《非合金钢及细晶粒钢焊条》GB/T 5117—2012 中的 E43-×× 系列焊条。

（2）聚乙烯发泡材料：密度不大于 0.037g/cm^3，与密封胶相容。

（3）隔热保温材料：本工程的隔热保温材料采用优质品牌产品、密度不低于 80kg/m^3 的憎水性岩棉，外露面贴铝箔；该材料应充分粘连，能够在不损失材料、不影响材料性能的条件下进行拆除或更换。材料在安装过程中、设计使用年限内和拆除或更换时，不对人体健康造成损坏。防水要求：其吸水率不大于 5%，憎水率不小于 98%。

（4）防火材料。

①选用优质防火岩棉，或类似于同等级别的产品。厚度不小于 100mm，密度不低于 160kg/m^3；

②防火隔离体连续安装于室外挂板与楼层分界边缘处，在层间外墙与主体结构间沿着楼板或梁底线提供一个无间断和完全阻隔的密封系统将层与层之间隔绝，此种隔离没有任何断开、不连续或缺口；

③防火隔离体是由 1.5mm 厚的镀锌钢板在外墙系统的侧壁处布置垂直的隔离体，以保证外墙部分与结构主体内部之间完全隔离；

④防火隔离体有一层铝箔面层，安装时该面层向上；

⑤防火隔离体在失火情况下能够保证在任何建筑位移时仍有效；

⑥防火材料与烟封材料一同安装；

⑦防水要求，其质量吸水率不大于 5%，憎水率不小于 98%；

⑧防火板及其支撑系统耐火时限最小 1h。

（四）建筑外墙装饰施工中的常见问题

建筑外墙装饰在建筑工程中有着越来越重要的地位，从建筑外墙的设计施工能在一定程度上判断出整个建筑工程质量的好坏。但是，现代的建筑外墙施工过程中的选材及施工质量把控还存在着不足之处，如果这些问题没有得到及时解决，不仅对建筑工程产生很大的影响，而且企业的社会效益和经济效益都将会降低，更重要的是将会出现安全问题，严重的将对人的生命及财产安全造成损失。

1. 建筑外墙防火

例如，2009 年 2 月 9 日晚（元宵夜），中央电视台的大楼配楼因业主燃放烟花引燃外墙保温材料 XPS 酿成火灾，因此加强建筑外墙装饰装修的消防管理刻不容缓。

2. 建筑外墙防水

住宅工程外墙渗水是常见问题，尤其在中国南方沿海地区暴雨或降雨天气后更为突出。渗水会导致外墙面出现湿印水迹和挂淋水线，引起外墙装饰面变色、脱落和聚积灰尘污垢等问题，甚至还可能导致室内墙体层霉变和损坏。这些问题直接影响住宅的使用功能和外墙的整洁观感。

3. 建筑外墙施工

吊篮施工在建筑外墙装饰、清洗和维修作业中广泛应用，具有快速安装、使用方便、占地面积小、适应性强、作业效率高等优点。然而，吊篮施工也存在安全隐患，可能导致安全事故的发生。这些隐患包括安全风险大和防护措施不到位等问题。

（五）建筑外墙装饰施工中常见问题及防范对策

建筑外墙设计施工中常见的问题包括幕墙防火、防水、选材、施工质量把控、高空作业机械管理等。结合潍坊昌大建设集团在医院建筑施工中的经验，本文就幕墙施工中的常见问题及防范对策作一个总结。

1. 建筑外墙防火防范及对策

提高建筑外墙装饰材料的燃烧性能，加强对建筑外墙装饰防火安全管理是工程中的重要任务。在我国常用的墙体保温材料有挤塑聚苯板、模塑聚苯板、硬泡聚氨酯板等有机质绝热材料。这些材料易燃，一旦遇到火源就会快速发生立体燃烧，引起大面积火灾蔓延，导致重大火灾事故。

为有效遏止外墙装饰装修材料火灾事故，应当重点做好以下六个方面的安全防范工作。

（1）强化工程初期管控。建设、消防等行政主管部门和设计、施工、图审、检验等各职能单位应共同负责做好涉及外墙装饰装修工程的相关防火工作。建设、设计单位应按照国家工程建设消防技术标准严格设计，明确建筑外墙装饰装修材料的燃烧性能及相关要求。未经许可，建设中不得要求降低外墙装饰材料的燃烧性能等级，施工单位不得施工。如果需要修改，必须征得设计、建设、监理单位同意，并报原消防设计审查机构认可。

（2）提高材料燃烧性能等级。提高装饰装修材料的燃烧性能是预防火灾的重要方法，应优先选择A级不燃保温隔热材料，如岩棉、玻璃棉等无机材料。对于B1、B2级保温材料的选择，应使用低烟、无毒的装修材料，并采取防火保护措施，如设置防火保护层、防火隔离带等将有机保温板完全包覆在抹灰层、防火隔离带和基层墙体内，全面隔绝氧气，预防火势蔓延形成立体燃烧。

（3）设置防火隔离带。B1、B2级保温材料的外墙外保温系统应设置水平防火隔离带，在每层楼板位置使用燃烧性能为A级的材料。防火隔离带的高度不小于300mm，通常为水平方向设置。采用板材时，需用粘结砂浆满粘，遇有窗、洞口时，沿边缘设置，并保持连续性，不应留有空腔。

（4）防止空腔产生。建筑外墙的非闭合空腔容易导致容易燃烧的材料持续燃烧，因此在建筑外保温系统和装饰过程中，应防止保温层与基层墙体或面板之间形成非闭合的空腔。无法封闭的空腔应采用不燃材料进行有效封堵，特别是幕墙类建筑更应采用不燃材料封堵空腔，以预防火势蔓延。

（5）强化施工现场火源管控。总承包和分包单位共同负责施工现场的防火安全。在施工前要编制施工方案，制定并落实防火安全技术措施；施工现场应全面禁火，远离火源，严禁吸烟；必须配备足够的消防器材并由专人负责管理；执行严格的动火审批制度，10m范围内有易燃可燃材料时不得动火施工，遇到4级以上风力时应停止动火作业；加强电气设备和电气线路的防火安全管理，与可燃保温材料之间应保持足够的安全距离。

（6）加强日常监督管理。组织人员对《建筑设计防火规范（2018年版）》GB 50016—2014实施之前修建的外墙采用可燃易燃保温材料的建筑进行检查，重点检查保温材料的覆盖和封堵情况。如发现材料脱落、开裂或者裸露等情况，应及时采用不燃材料进行封堵、覆盖，并加强防火管理。督促社区和物业管理人员严格履行消防安全制度，建设微型消防站，组织人员开展日常的防火检查巡查，确保安全。

2. 建筑外墙防水防范及对策

建筑外墙渗水主要包括门窗渗水、外墙面裂缝渗水、外墙装饰抹灰渗漏圈梁构造柱、雨篷、阳台、天沟、挑檐等墙面渗水、砖砌女儿墙渗漏、穿墙管道、水落管、避雷引下线、电线横担等外墙面渗水。可以采取以下措施予以防范：

（1）严格实施预控、预防，对立体结构的自身质量和细部节点严格实施实物质量密实性预控，以确保雨水无孔可钻，达到“自防”要求；

（2）施工前应先编制好施工方案和操作要点，进行技术交底，确认施工要点和重点。施工时应先做样板段，并经过检查核验后才全面施工。

（3）施工中严格采取防止外墙渗水的措施，如砖块砌块在砌筑前必隔夜浇水，严格按比例配比抹灰砂浆，采用塑料、铝合金或不锈钢条子作为永久性外墙装饰面层分格条，严格控制门窗洞口预留尺寸的大小等。

（4）严格实施模拟试验、自查自纠。

3. 建筑外墙施工质量把控

（1）关于建筑外墙施工质量的解决方式。建筑施工时要注意节点安装的质量，合理设置预埋件并确保其质量。对幕墙施工时要加强各方的配合和沟通，避免设计和施工存在矛盾，从而确保预埋件的埋设质量和位置符合要求。要加强预埋件的焊接质量检查，并以此为基础不断提高板材施工质量。同时，要保证立柱安装的质量，确保立柱的垂直度达到标准。

施工过程中要有专业人员对幕墙的每个步骤进行严格的质量监控和指导，及时找到施工方解决问题，并想出解决问题的对策，直到解决为止才能进行下一环节的工作。

（2）关于施工人员的解决方案。建筑外墙装饰施工的成败与施工员的专业水平密切相关。为了提高施工质量，需要对施工人员进行专业的培训，提升他们的职业技能水平。

4. 建筑外墙施工中高空作业管理

安全管理对策措施包括：

（1）把好出厂检验关，施工吊篮是一种重要的生产设施，关系到高处作业人员的生命安全。为保证其安全性，制造厂家在出厂前确保吊篮符合国家规范要求，并进行逐台检验，包括吊篮的设计标准、部件符合图纸要求、钢丝绳等有合格证书、焊接工艺满足要求、安全装置合格可靠等。同时，在现场安装完成后，需要进行整机检测和验收，由技术、安全、质量等技术人员或部门及有关监理单位组织有关人员进行验收。验收内容应表格化、量化、便于操作，主要关注吊篮结构的完善可靠性、安装稳定性、电气控制是否合规、安全装置是否完善以及安全警示标识是否齐全等方面的安全性能。

（2）在作业前，应对施工吊篮的操作系统、制动系统和安全防坠落装置等功能进行检查，确保正常运转。同时还需要检查吊篮的钢丝绳是否有磨损、断丝或打结等情况，悬挂装置是否可靠，行程内是否有障碍物，以及平台上是否有雪、冰或其他杂物。此外，还需要检查吊篮的配重是否牢靠、有无变化等情况。

（3）高处作业吊篮施工必须编制专项施工方案，并获得授权人批准后方可施工使用。在使用前，还需对作业人员进行书面的安全交底，并留存记录。

案例7　昌大建设集团医院建设实践：多系统交叉、多专业配合，总包优势、统筹把握，加快施工进度，提高工程质量

医院项目涉及专业多，工序复杂，以给水排水系统为例，包括给水设施、储水设施、水泵、供水管道、排水管道、污水处理、污水排放等；医院建筑还应考虑一些特殊的要求，如热水、高压水、蒸馏水、直饮水和医用净化水供应等。在暖通系统方面，因医院空间的空气质量要求高于普通公共建筑，通风系统的选择标准相应较高。有特殊洁净度要求的空间，如手术室、ICU病房、血液科、产房、无菌库等需要安装单独的医疗洁净空调系统；有空气污染源的区域，如传染病房等，也需要单独的空调处理系统；医院建设项目有独特的医用气体供应系统，包括氧气、麻醉气体、压缩空气、真空吸引等系统。交通系统也是医院建设项目区别于其他公共建筑的特色之一，包括室外车行道路、停车场、室外人行道路、室内水平道路（走廊、交通厅）、室内垂直通道（楼梯）、室内垂直快速交通设施（电梯、自动扶梯）等，交通系统的效率对整个医院的运行效率有着重要的影响。如此众多系统、众多专业同时施工，相互配合非常关键。昌大建设集团作为总包单位，多年来工程实践经验凝结为“多系统交叉、多专业配合，总包优势、统筹把握”，充分发挥把控大局能力强、协调各专业能力强的竞争优势，在保证质量的前提下，加快工程的施工进度，为医院赢得宝贵发展空间。

首先，在施工前实行严格的图纸会审制度。医院建筑是高度复杂的综合性系统工程，加之工期紧，任务重，任何医院的设计都可能存在一些疏忽。严格的图纸会审制度能及时发现设计存在的问题，避免不必要的返工浪费。

其次，选好专业施工队伍。再好的规划设计也是由技术精湛、实力雄厚的专业施工队来实现的。我公司经过多年的医院工程建设，已经锻炼和培养了一批医院工程建设经验丰富的专业施工队伍，可充分满足医院建设的需要。

组建强有力的组织机构。工程的实现是由人、机、物来完成的，如何管理好人、机、物，必须组建一个强有力的管理组织机构来统一组织、管理、协调。组织机构应配备经验丰富的专业管理人员，积极做好各方面的协调工作，为各方营造一种良好的合作氛围，让大家凝心聚力、目标一致投入到工程建设中。

施工总承包管理模式的优点是各阶段的施工及管理协调均由施工总承包单位完成，各分包施工合同均由施工总承包单位签署，这样不仅可以大大减轻建设单位招标投标、发包、签订合同、协调管理等的工作量，而且也有利于总承包单位将各专业分包单位纳入统一管理体系，进行统一调度，统一协调，保证各专业施工步调一致，穿插合理、推进高效，最大程度保证工程整体质量。

建立强有力的协调工作机制。医院建筑所涉及专业众多、参建单位也较多。各专业相互穿插交错施工，协调配合工作效率的高低，将直接影响着整个工程目标能否顺利实现。通过健全沟通协调机制，确保施工中各项信息及时上情下达，布置安排任务，解决各类问题；使各单位能够直接沟通，缩短信息来源过程，减少矛盾纠纷；使参建单位齐心协力、按程序规范运行，确保工程目标的实现。

关于二次设计。二次设计为主体建筑未包括在内的建筑设计相关内容，大约可分为以下项目：室内精装修；弱电设计；幕墙设计；医用洁净工程（手术室、ICU病房、中心供应室、实验室、配置中心）；医用气体工程；物流传输系统工程；室外景观设计；污水处理设计；医用防护设计；中央医用纯水系统工程；医院指示标识设计等。建设单位要提前谋划、提前组织招标、提前确定施工方案；医院众多医疗设备也要提前确定型号和设备基础，否则将会严重影响工期。

运用BIM技术。通过对各专业模型的建立、检查、分析，找出各个专业的碰撞点，根据碰撞点提前解决，减少后期返工和破坏的风险，例如吊顶内管线利用BIM技术进行综合排布、优化、定位、指导安装和管理，有效解决绝大部分管线碰撞问题，保证走廊净高，提高决策效率，保证了安装进度、安装质量和成本控制，而且基本排除安装工程对装饰施工的影响，保证了工期按时完成。

施工中样板先行。通过施工样板，可将大面积施工可能遇到的主要质量问题预先暴露出来，提前找到解决办法；及早发现技术难点和技术瓶颈，有充足的时间跟设计以及厂家沟通，免得施工过程中匆忙上手或有病乱投医，影响到工程质量、工期及造价。

第九章　医院建设工程项目设施设备运营维护管理

根据医院设施设备的配置情况，通过一系列技术、经济和组织措施，对设施设备本体和价值运行进行全过程科学管理。其中，设施管理包括建筑物本体、供配电系统、给水排水系统、暖通系统、电梯系统、消防系统、安全监控系统、通信与音响系统、其他公用设施等的管理；医疗设备管理主要从设备的价值、运行效率、安全性、可维修性等角度，对设备进行的分类管理。

本章分别对医院设施和医疗设备管理进行论述。在医院设施管理方面，介绍设施运营维护组织结构、工作职责内容；在医疗设备管理方面，主要介绍设备运行期的维修维护管理、风险防范管理、寿命周期管理。

第一节　医院设施运营维护管理

医院设施管理是对医院建筑空间、设施设备、隐蔽工程、突发应急事件等的运行、维护处置与管理，保障医院建筑及设施设备的系统化运作，保证建筑、设施设备、日常运营活动的安全性、可靠性和稳定性。医院运营维护管理的重点是满足医院日常运营活动的正常有序开展。随着医院建设水平的提高、技术装备迭代，医院设施设备后期运营维护管理在医院管理中的重要性日益凸显，在信息技术和医院现代管理理念的双重作用下，医院管理者需及时采用科学管理手段和现代化信息技术工具，实现设备设施的安全、低碳、高效运营。

一、医院设施管理的内容

医院设施管理既包括硬件设施管理，也包括医院软环境的管理。硬件设施管理主要依托工程技术和信息技术，对建筑物维护、通风与空调系统、防火系统、电力系统、机电设备、楼宇管理系统等进行维护与运营，也包括 IT 运营维护系统的设计与更新。软环境管理主要包括总体支持服务系统、保安、清洁、行政管理系统、仓库管理、采购与供应系统、院内输送系统等。

具体来说，医院的设施管理包括如下部分：

（1）医院空间规划：基础设施规划、水电系统规划、卫生排污、道路规划等。

（2）医院建筑运营维护：包括门诊、急诊、非急诊中心、手术中心、诊断及影像中心、实验室、学术研究部门、住院部、护理部门等医院建筑及附着物的运营维护；也包括科室空间布局及相互联系、内部设施标牌指示等。

（3）药房管理系统：包括药品计量分发规则、自动分拣系统、药检系统等。

（4）医院安全系统：医院安全系统主要包括医疗废弃物处理、感染控制系统、生化袭击或大规模伤亡事件应急措施等。

（5）医院日常运作：包括病房护理管理、病例管理、实验室运作与管理、急救服务与紧急护理措施、医用物料（包括医疗器械、药品、血液、气体等）管理、其他辅助设施理疗、康复等功能的运作管理。

为保障医院设施设备管理活动的正常进行，医院管理者应制定相应的管理规划和各项活动的运行计划，如医院长期 / 短期设施发展规划、空间 / 用地规划及管理、资产管理流程和规划、设施设备融投资和财务计划、设施采购、使用和处置规划、设施设备日常维护计划、设施设备使用规程、能源规划及管理、技术支持服务等。

二、医院设施管理的方式

医院设施涵盖变配电、给水、污水、暖通空调、锅炉、电梯、医用气体等多种专业，设备种类多、数量多、位置分散，管理难度较大。目前，医院设施管理分为医院自管和外包两种形式。医院自管由医院内部的后勤或资产管理部门承担设施管理责任。随着医院规模扩大和设施种类增加，内部自我管理面临挑战，基于评估设施管理业务的重要性、管理成本及管理风险等因素，越来越多医院选择对非核心业务进行外包。

1. 医院设施管理的核心业务

医院设施管理的核心业务是在医院设施设备管理中价值创造能力强、技术复杂性高、管理难度大的业务。设施管理的核心业务的执行状况直接关系医院运营目标的实现，影响医院的经济效益和长期发展，是医院持续竞争力的来源之一。

医院设施管理的核心业务属于医院战略层面的决策内容，包括设施战略规划、物业规划、财务管理等。

（1）设施战略规划是指医院对建筑与建设规划，是宏观层面医院的未来发展方向；

（2）物业规划是指医院建筑及附着物的运营维护；

（3）财务管理是对医院资金业务进行计划、组织、控制、协调的工作，衡量各部门运营成本，支持各部门的资金需求，评估各项业务收入，反映医院的经营状况，并直接关系到医院的运行效率。

此内容都是从宏观上对医院进行战略规划，涉及医院核心领域，不宜采用外包的管理模式。

2. 医院设施管理的辅助性业务

医院设施管理的辅助性业务包括空间管理、资产管理、为临床诊疗提供技术支持的专业以及各种医疗设备和医疗器械的使用和管理等，这类业务对于医院宏观决策影响较小，主要发挥设备提供和技术支持作用。辅助性业务与设施管理核心业务密切相关，需要用专门的技术和设备进行辅助管理。在设施管理外包决策过程中，需要根据医院总体战略和控制程度的强弱适当保留，并需谨慎选择外包方式。

3. 医院设施管理的外围性业务

医院设施管理的外围性业务主要是支持性组织活动，包括医院应急预案管理、室内空气品质管理、设备设施维修管理以及护理管理等。

（1）医院应急预案管理是为了保障人身和财产的安全而进行的管理。针对医院可能遭遇的未知危险，必须做好充分准备。此类业务需要考察市场后决定是否采取外包的管理模式。

（2）室内空气品质管理，医院作为救死扶伤的场所，对空气质量的要求较严格。室内空气品质管理需要定期进行检测和有毒物质的排查，这是一个很重要的外围性业务。技术水平对于此项业务有很高的要求，可以考虑是否外包。

（3）设备设施维修管理，即医院拥有大量各种类型的设施设备和医疗器械，占据医院总资产的50%～70%。设备种类繁多、构成复杂且更新换代快，给设施设备的维护和维修增加了难度。医院设备维修外包服务市场相对成熟，可以根据实际情况考虑是否采取外包管理模式。

（4）护理管理，护理部门是医院的一个独立构成部分，护理工作人员分布在各科室，几乎涵盖了医院的全部活动。护理管理覆盖面广，技术性要求高，外包前需要对市场进行调查和研究。

外围性业务虽属支持性组织活动，但对技术水平有较高要求，需要考虑运作效率、服务质量和服务提供商状况等因素，从而判断是否外包管理。

4. 医院设施管理的市场化业务

医院设施管理的市场化业务是指医院里具有一般价值或一次性的业务。设施管理的市场化业务包括安全管理、清洁管理、能源管理、餐饮管理与核心业务并无紧密关联的边缘业务。

案例 8　昌大建设集团医院运营维护管理优势

项目建成后，后期设施运营维护管理非常关键，优秀的后期运营维护可以帮助医院顺畅运行，并节省医院运营维护成本。

潍坊昌大建设集团公共建筑物业管理有限公司成立于 2009 年，公司注册资本 500 万元，是中国物业管理协会会员单位、山东省物业管理协会常务理事单位、潍坊市物业管理协会会长单位、物业管理 AAA 级信用企业。

公司现服务管理总面积 600 万 m^2，服务项目有潍坊市文化艺术中心、潍坊鲁台会展中心、峡山创新创业园区、潍坊国家农综区食品谷总部基地、潍坊市纪委机关大楼、安丘市党政机关办公大楼、坊子区党政机关办公楼等党政机关项目；青州南阳河景区、峡山水库等经典旅游景区；潍坊第四中学、北京大学现代农业研究院、潍坊工程职业学院卧龙校区等学校项目；潍坊市中医院总院区和东院区设施设备运营及维修服务的医院项目；中国农业银行奎文支行等银行项目；潍坊市鸢飞路综合管廊、潍坊市调蓄池及污水泵站等市政设施设备运营维护项目。

潍坊昌大建设集团公共建筑物业管理有限公司专门针对医院物业管理的专业团队，可以从以下七个方面保证医院顺畅运转：

（1）保安：二十四小时保安执勤及巡更任务。

（2）卫生清洁：院区内环境清洁、保洁，公共部分清洁、保洁及垃圾收集、清运。

（3）绿化维护：院区内花草树木的生长维护、杂草清理等。

（4）公共设施维护：院区内景观、休闲、运动、娱乐设施保养、维修、维护。

（5）房屋及配套设施维修、维护。

（6）公共设施的管理、维修、维护等。

（7）建立物业档案，随时掌握变动情况，维护物业的完整和统一管理等。

除了以上一般性医院物业管理业务以外，该公司充分发挥昌大建设集团在医院建设领域的专业优势，医院物业管理团队大多来自施工一线的工人，施工经验丰富，熟练地运用BIM模型技术，将BIM技术融入医院设施运维管理中，不仅加快了找出问题的解决方案，大大缩短了检修时间，而且提升了医院后期管理的信息化、智能化水平。

该公司利用BIM技术，将医院设施信息内容数据库、医院建筑控制系统、医院物业管理系统等组件融合在一起，根据BIM三维模型桌面显示和应用，在医院空间管理、设备维护、监控系统、能耗管理等方面突显优势。

一、空间管理

通过形象化的三维诊治建筑空间透视图和办公室站合理布局展现，使医院门诊可以全面把握医院建筑室内空间的应用，有效分派诊疗作用室内空间，清除室内空间消耗，保证室内空间自然资源的最高使用率，达到各诊疗单位的室内空间的调节和扩大。

二、设备维护

BIM建模中房屋建筑的水、电、供暖设备的具体位置和隐蔽管路一目了然，电梯轿厢系统软件、消防设施和安防监控系统还可以动态展示。维修人员对机器设备部位十分清楚，机器设备精准定位且迅速、精确，可以在系统软件中建立维护保养方案。系统软件会自动提示运营设备维护管理全过程，还可以作出常见故障预测分析，降低机器设备突发性常见故障频次，进一步提高保护高效率，减少维护保养成本费。

三、工程建筑视频监控系统

工程建筑内的机器设备根据系统实现全方位监管，包含工程建筑控制系统（BAS）、消防设施、安防监控系统（CCTV）、地下停车系统、智能门禁系统等分系统，完成工程建筑中央空调、给水排水、配电、防火安全等专用设备运作情况的远程监控和预警信息。安全管理系统可以运用BIM三维空间仿真模拟和调节监控摄像头的监管地区，布局调整，避免监管盲区。

四、能耗管理方法

医院建筑是一个较大的能耗单位。根据各类感应器，从智能化仪器设备中整理的耗能统计数据可以接入到BIM实体模型，以完成动态性动能检测，数据可以作为调节和提升出现异常耗能的基础和依据。

五、投资管理

在BIM模型中，医院建筑中的诊治和医治机器设备、办公室家具等固定资产可以开展可视化管理，资产使用期限、生产商和更多信息还可以瞬时浏览，据此标识鉴别财产情况，达到实时、全自动管理。

第二节　医疗设备运营维护管理

现阶段，随着我国医疗技术的快速发展，医院医疗设备在医疗过程中变得越来越重要。同时，医院对医疗设备的依赖性也越来越高，医院对各种医疗仪器设备、耗材、器械、医学信息系统设备等医疗设备的管理、保养和维修的需求越来越多。要更好地保障医疗设备的质量安全、高效运行以及各方面故障的维修与预防性维护等，就需要结合先进的管理理念与信息化方式，转变医院医疗设备的运维管理模式，以此提升医疗设备的使用效率。

一、医疗设备运维管理的复杂性

在医院医疗设备科学运营维护管理过程中，医疗设备所使用的系统多来源于不同的独立厂商，设备与设备之间、系统与系统之间各自独立，但在使用过程中，系统间存在纵向或横向关系，医院医疗系统的多样性，导致医院医疗设备运维的复杂性。

现代医院的医疗设备都离不开基础网络、数据服务器以及终端等方面的应用，因此医疗设备的运维管理，不仅包括诊断设备、治疗设备、胸透设备以及计算机终端等设备方面的运维管理，还包括对医院设备管理平台的运维管理。如果缺乏对医疗设备及运维管理平台的统筹规划与有效的整体运维管理，往往会导致设备运维的重大失误，特别是针对某些存在逻辑关系的系统问题，一个问题处理不当可能引发其他问题发生，甚至造成系统瘫痪，进而造成医院医疗设备的运维管理成本大大增加、核心数据外泄等状况发生。

在医疗设备寿命周期的不同阶段，设备运维管理的重点也不同。设备初期的运维，其目的主要是以系统的排错性和耦合性两个方面的维护为主，运维过程中需要针对排错性和耦合性等维护的结果进行总结与分析，借此提升设备维护效率；而后期运维管理主要是针对医疗设备的性能的完善和故障的预防，保障医院医疗设备的稳定、安全、高效地运行，实现医院整体信息化系统稳定地运行。

医疗设备运维管理的复杂性还体现在管理目标的多重性。随着医疗技术的快速发展，医疗活动对医疗设备的依赖程度越来越高，通过医疗设备来进行疾病诊断和治疗、提高患者护理水准的趋势愈发明显，因此保证医疗设备处于良好运行状态已经成为医院日常运行管理中的一项重要内容。同时，在现代医疗体系中，医院提供医疗服务的同时也需要考虑成本因素，因此医疗设备的采购、安装、日常检修、定期保养医疗设备时需要采取适当的成本控制措施。为实现效率和成本目标，需要加强对医疗设备的采购评估、安装验收、运维管理以及报废处置等全生命周期管理，提供安全、有效和经济的医疗设备运维管理服务。

鉴于医院医疗设备运维管理的复杂性，医疗设备运维的目标主要是在合理的信息系统平台设计下，按照既定的规范与标准，有计划、有流程地开展医疗设备采购、验收、安装、运行、维护保养、报废等全生命周期管理，提升设备使用效率、降低运营成本，提升系统的排错性、耦合性和完善性。

二、医院设备设施管理平台

随着医院运营管理的信息化、数字化程度不断提升，医疗技术的持续进步和现代管理理念的普及，医院设备设施管理平台建设在医院运营管理发挥的作用越来越大。信息时代医院设备设施的管理，应以设备设施管理平台为基础，线上与线下相结合，根据医院实际需求，定制设备全生命周期管理方案，打造全方位管理模式。现代医院的设备设施管理，应具备安全性、主动性、预防性、全面性、高效性等特征，是与医院运营管理要求深度融合，功能模块可定制的、开放性的平台。

医院设备设施管理平台需以设备为中心，采用数据化、可视化手段，进行设施设备管理和业务流程再造，在空间管理、人员管理、时间管理、设备管理、费用管理等方面提高运维效能，提升管理效率。医院设施设备管理平台运维的基础是信息化和自动化，实现多种专业设备在同一平台上管理；在此基础上通过数字化、智能化工具，提升平台兼容性和数据—设备对接能力，并实时获取设备设施的状态信息，以及日常运维活动数据。这个过程中的难点是“数据孤岛”问题，即各子系统各自为政、数据标准不统一、信息孤立存在。因此，采用开放性平台实现多专业设备的统一管理，提升兼容性，支持各类系统的对接，是提升医院运维平台管理效率的重点所在。

医院设备设施管理平台的优点在于主动性、前瞻性和实时性。可以主动进行设备维护，与“故障维修”为重点的传统前后资产管理模式相比，运维平台能够依托设备监控数据，提前预测故障环节、实时挖掘运行问题，及时派出维修工单。通过收集、挖掘、分析平台信息，制订并适时更新维护保养计划，采用大数据分析技术实现对医院设备状态的实时检测，进行预防性维护操作，从而大幅度降低设备故障率。提高设备管理效率，确保设备安全高效运行。

设备设施管理平台对医院的设备全生命周期进行管理，包括从安装、运行、维护、保养到报废的所有信息跟踪。通过记录设备的基本信息、运行情况和遵循的标准等，该平台帮助医院实现对设备的全面管理。同时，通过集中管理、分析设备的运维信息，该平台为设备运行提供可靠的数据支持，指导设备运维方向。

如图 9-1 所示为医疗设备管理系统模块示意。

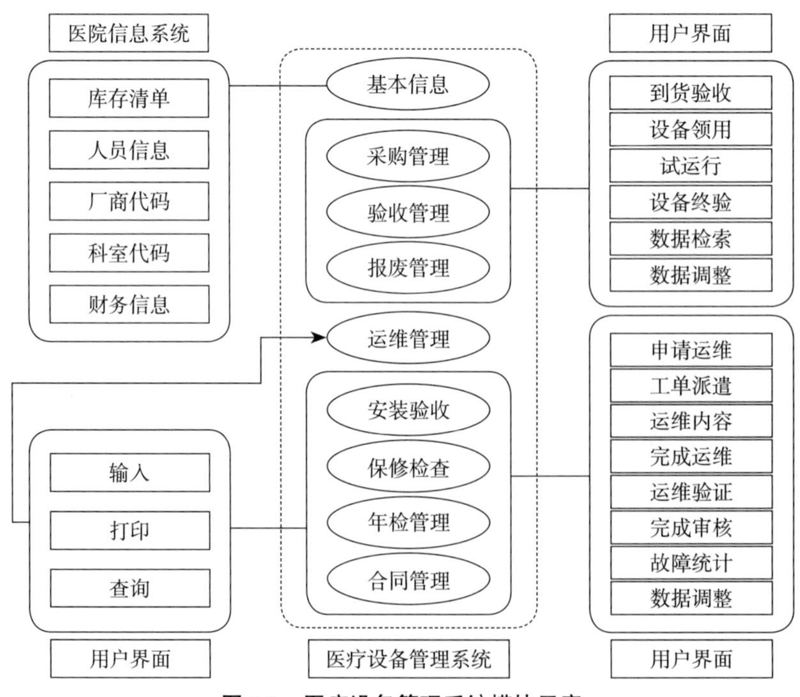

图 9-1　医疗设备管理系统模块示意

为进一步提升设备管理平台使用效率，移动端App是一个可行选择。通过安装使用移动端App，实现运行保养的及时提醒、故障追溯记录、知识库传承等功能，医院设施设备管理人员可以实时检测设备运行、线上报修设备、及时开展维护管理，从传统的设施设备被动维修，到实时检测主动维护，提升设备全生命周期的运行维护管理效果。

案例9　北京协和医院设备设施管理平台的应用

北京协和医院凭借多年的管理经验，结合业界企业对设备设施管理信息化的关键应用需求进行了实践与探索，成功投入使用了设备设施管理平台。

设备设施管理平台以设备台账为基础，旨在提高维修效率、降低总体维护成本。该平台提供缺陷故障、预防性维护、设备保养等多种模式，实现对设备全生命周期的管理，支持设备管理的持续优化。同时，该平台全面打通设备相关的业务管理流程，实现设备生命周期的立体化管控、设备设施全基础信息统一管理、大数据分析及管理优化等功能。

通过这些特色功能，设备设施管理平台可以全面、精准地管理医院的设备设施，实现设备管理的数字化、信息化和智能化，为医院的设备运行保驾护航，同时也满足医院不断提高设备管理水平的需求。平台架构如图9-2所示。

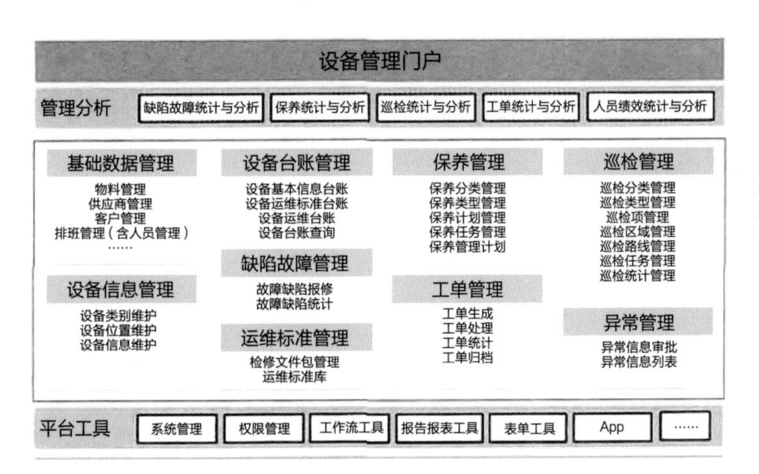

图9-2　平台架构

设备设施管理平台主要包括门户、报修工单管理、巡检管理、保养管理、排班管理、设备台账管理和运维标准库等模块。该平台涵盖了全院机电设备的日常检修、巡检、保养和后勤人员日常运维等业务范围，作为一体化的管理系统，旨在提高医院设备设施管理的信息化水平。

后勤运维管理门户是平台的核心入口，为用户提供便捷服务，方便管理设备。报修工单管理、巡检管理、保养管理等模块则是平台的重点功能，为设备管理提供完整的流程管理和维护支持，实现从设备运行的全生命周期进行管控。此外，排班管理模块可以根据不同人员和设备的情况进行智能排班，提高整体维修效率和运维质量。设备台账管理模块则支持对设备信息进行统一管理，提供实时的设备状态监控和故障分析功能。最后，运维标准库模块通过对设备运维标准的建立和管理，可帮助用户规范运维流程，提高运维效率，并支持大数据分析和管理优化。

通过以上模块的完善，设备设施管理平台可以为医院提供全面、便捷、高效的设备管理服务，实现设备管理的数字化、信息化和智能化，提高医院的设备运行效率和质量。

如图 9-3 所示为整体设备信息化管理的业务逻辑图。

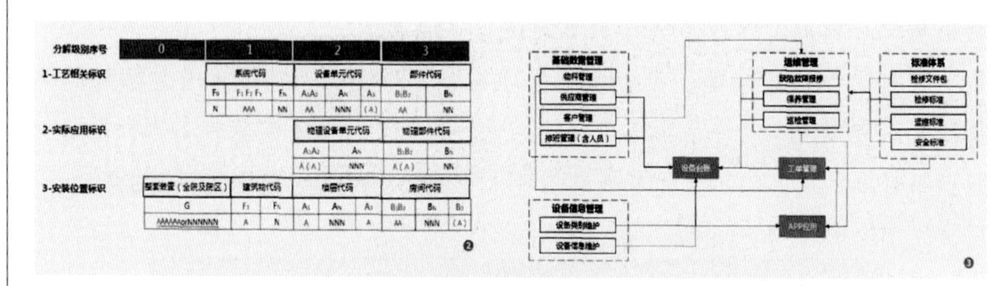

图 9-3　整体设备信息化管理的业务逻辑图

1. 设备门户

设备设施管理平台为不同角色提供了定制化的门户页面，以展示各自所需的内容和功能。管理层门户主要面向院方领导、后勤部主任等角色，包括待办事项、工单总览、考核排名、巡检保养总览等几大板块。

业务层门户则面向报修人员、检修人员、巡检人员等业务层用户展示的内容包括待办事项、通知公告、考核排名、业务查询总览等。这些信息和功能能够帮助业务层用户及时了解任务情况，掌握工作进度，提高工作效率和质量。

2. 基础数据管理

基础数据管理包括供应商管理、客户管理、物料管理、排班管理等方面的运维管理。

3. 设备信息管理

设备信息管理包括设备类别、设备位置、设备信息等基础数据，自动建立并实时更新设备信息，建立设备档案。

4. 运维标准管理

建立设施设备运维的知识库，在工艺工序、运行计划、安全准则等方面建立工艺标准和作业指导。

5. 报修工单管理

报修工单管理包括故障报修、派单派工、执行反馈、工单验收等维修的全流程闭环管理。

6. 保养管理

系统平台会根据设备类型自动形成保养分类，展示保养类型，制定保养计划，自动生成保养任务，通过平台及移动端 App 实时启动派单。

7. 巡检管理

该模块可以按照设备状况，定期开展设备设施巡检，对每台设备的巡检类型、巡检项目、巡检区域、巡检路线进行标准化管理。

8. 异常管理

在设备巡检过程中进行设备异常信息的集中收集和分析，发现问题实时启动工单管理。

9. 设备台账

通过建立和完善设备基础信息，并在日常检修、巡检及维护等工作中关联设备信息，形成设备的动态台账。

10. 统计分析

沉淀、收集、分析平台信息，对设备、人员、工单、故障缺陷、保养维修等数据进行统计分析。

通过设施设备管理平台的运用，北京协和医院进一步优化设备管理的组织结构，重构了运维业务流程，提升了医院后期运维管理水平，提高了医院资产和设施设备使用效率。

[资料来源：徐阳，雷贤忠，徐阳旦．医院设备设施管理平台的应用与分析——以北京协和医院为例 [J]. 中国医院建筑与装备，2018，19(5)：36-39.]

第十章　装备与产品

本部分内容包括采购指引和产品技术介绍。装备产品主要包括医用气体系统、医用水系统、医疗洁净工程、实验室工程、物流传输系统、智能化工程装备。通过采购管理与产品技术展示，从专业角度，为医院提供各类产品采购指引与产品技术支持。

第一节　医院通风及空调产品

一、通风设备

（一）通风设备的选择

通风设备归纳起来可分为三类：通风机、新风机组和热回收机组。

1. 通风机

通风机的功能是在室外抽取新鲜的空气，将其送到室内。其不带除湿（或加湿）、降温（或升温）等功能段。适用于温和地区，或室内热环境需求不严格的环境。

2. 新风机组

新风机组的功能是在室外抽取新鲜的空气经过除尘、除湿（或加湿）、降温（或升温）等处理后通过风机送到室内。与通风机的主要区别是增加了除湿（或加湿）、降温（或升温）等功能段。

适用于室外全年气温变化大，如严寒地区、寒冷地区、夏热冬冷地区等，或室内热环境需求严格，室外气温不经冷热处理直接送入室内会造成人体不舒适，或影响室内热环境的稳定时，需要用新风机组向室内输送新鲜空气。

3. 热回收机组

热回收机组并非任何情况下都采用，经技术经济分析，采用热回收机组的节能效果明显时方可采用。热回收机组种类很多，有板式全热回收、转轮式全热回收、溶液循环式显热回收等。全热回收机组热回收效率高，但容易出现送排风空气交叉污染；溶液循环式间接热回收新风机、排风机分别是单独的设备，通过热交换介质连接新风机、排风机组，回收排风中的热量不会出现交叉感染，但热回收效率相对较低。

医院建筑要根据室内污染物的产生情况、对室内环境品质的要求等视情况选择何种形式的热回收机组。

医院通风系统比较复杂，需要独立排风的房间较多，需要在建设的过程中设置较多的管井，这就要求暖通专业在确定建筑方案时尽早介入，划分系统，寻找合适的管井位置。

（二）通风设备供应商

1. 重庆海润节能技术股份有限公司

海润节能创立于1999年，是专注于绿色健康建筑和可再生能源利用的国家重点高新技术企业、国家级节能服务公司，也是医院专业新风系统、THO衡温衡湿衡氧环境系统的发明者和行业引领者，同时是国家《绿色医院建筑评价标准》GB/T 51153—2015等规范标准的起草编制者。作为一家集产、学、研、用于一体的集团化企业，海润节能下设包括国家级企业研发中心、博士后工作站、室内环境工程技术研究中心和自办的海润节能研究院四个研发支撑平台，目前拥有11家分子公司和两个产品生产基地，获得180项国家专利等自主知识产权，起草编制12项国家及行业规范标准。

海润节能已形成五大核心业务，分别为绿色医院全过程技术与认证咨询、THO衡温衡湿衡氧绿色室内环境系统、ESV专业化智能新风系统、新能源冷暖能源站、绿色建筑运维管理，为医院、康养、地产、学校等建筑提供绿色建筑与室内环境设计、投资、建设、运维的EPC+EMC一站式服务。在绿色医院全过程技术与认证咨询方面，海润节能致力为绿色医院建筑提供专业化的咨询。目前，公司已为100余家医院提供前期设计、施工管理、运营管理或标识申报服务，为解放军301医院、解放军302医院、北京大学国际医院、北京天坛医院、复旦大学附属华山医院、空军军医大学唐都医院、陆军军医大学、海军军医大学、毓璜顶医院、息烽人民医院、西南医院、北京大学第三医院、博兴人民医院、金锣国际医院、人民日报社、新华社、深圳地铁、广州地铁、建设银行、保利地产、希尔顿酒店等200余家医院和600余家商业建筑提供了优质服务。在THO衡温衡湿衡氧绿色室内环境系统的打造上，海润节能采用人工仿生技术+高效清洁能源+多元化舒适末端+智能洁净新风系统+智能管理系统+物联网技术，匹配公司“投资+专业设计+施工建设+运行管理（EPC+EMC）”的一站式服务模式，全心全意为人们打造更健康、更舒适、更智能的绿色建筑，力求让建筑能够像人体一样，有机调节温度、湿度。

海润节能ESV智能新风系统是由专门针对中国建筑特征和需求自主研发而成，该系统主要由专业管理软件和传感控制、数字化新风机组、智能风量调节模块等智能硬件组成。第三代产品采用了建筑智慧呼吸系统，该系统基于大数据和物联网+专业通风系统应用技术+成套数字化新风系统打造，可根据室内外空气品质和需求自动运行，实时监测室内空气品质，在线设备的运营维护管理和远程系统管理。目前，ESV智能新风系统已形成医用、商业、家庭系列，拥有2200余项产品，应用于180余家医院及500余家商业项目，获得70项国家专利和多项软件著作权。

2. 北京赛诺高科净化设备有限公司

北京赛诺高科净化设备有限公司是一家全行业净化空气专业解决方案制造商，是集研发、生产、销售各种初、中、高效空气过滤器于一体的一站式服务公司。公司成立于2009年，注册资本1000万元，目前已在北京、天津、石家庄、武汉、西安、苏州、沈阳、广州建立了8个销售办事处。为满足市场需求，扩大生产规模，公司在河北献县经济技术开发区购地1.067hm^2，新建厂房12500m^2，年产量初、中、高效过滤器120万台，将打造成为长江以北最大的空气过滤器生产基地。赛诺净化以其雄厚的技术力量，先进的生产设备，科学的管理方法，已顺利通过ISO 9001国际质量管理体系认证、ISO 14001国际环境管理体系认证、ISO 45001国际职业健康安全管理体系认证，成功获得国家空调质检中心出示的检验证书。公司坚持严格规范的生产流程以及完善的售后服务保障，始终致力于成为全球新型空气净化产品供应商。

3. 靖江市九洲空调设备有限公司

靖江市九洲空调设备有限公司从事各类用于工业制造和工程建设，商用及家用中央空调末端、通风消防设备设计、研制、生产和营销的中央空调高新技术企业。推出的节能环保型设备如通风机、离心风机、风机盘管、新风机组及消防防火阀、排烟阀、调节阀、铝合金散流器、风口等产品及其他专用通风设备（配件）等，产品广泛应用于民用地产建筑、工业厂房、航空及汽车制造业装备、地铁、公路、隧道及机械、暖通、制冷、电力、电子、钢铁、石油、天然气、橡胶、化工、医药、烟草、物流等领域及行业。数年时间，该公司凭借技术领先、装备先进、管理高效而获得公众赞誉，获得客户认可。该公司切实推行ISO 9001国际质量管理体系和ISO 14001国际环境管理体系认证，不断强化技术及产业升级，现已具备各类空调制冷设备，风冷、水冷机组及各类风机及消防产品的能力。

二、空调系统的选择

与其他类型的建筑相比，医院建筑内部不同功能空间对温度和湿度的要求存在较大差异，因此对空调系统的选择至关重要。

（一）供暖空调系统形式的选择

供暖空调系统一般有以下三种选择：

1. 供暖系统、空调系统与通风系统的配合

医院建筑室内空气与热湿环境的保障，应秉持“通风优先，匹配热湿”的原则。根据这一原则，在通风系统确定的条件下，分析各功能空间的热湿负荷全年变化规律，选择与通风系统相匹配的供暖空调系统，同时也分析供暖空调的特殊要求和节能等需要，进一步优化通风系统。

2. 中央空调系统

中央空调系统将整个建筑内的供冷、供热用的冷、热介质通过管道输送到空气处理设备中，实现集中供暖或降温的一种系统。中央空调系统具有许多优点，如较高的冷热源能效、便于集中管理和能源系统的优化运行、制冷与供热的能源形式多样化，以及运行管理更为方便快捷等。但中央空调系统也存在一些缺点，其中输配系统管路太长是比较常见的问题。在这种情况下，输配能耗所占比例较大，因此需要对冷热源装置的效率和输送能效进行综合评估，以达到更加高效、经济的运行。此外，中央空调系统在设计、施工、使用及运维上都需要花费一定的成本和精力，需要细心谨慎地管理和维护，才能保证其可靠性和安全性。

3. 分散式空调系统

分散式系统与中央空调系统不同，其设备分布较为分散。例如，每个房间都设置有分体式空调器。分散式系统可以更加精确地根据实际需求进行冷热量调控，具有一定的优越性。

选择中央空调还是分散式空调，需要综合考虑建筑冷热负荷特点、使用模式

等多种因素。

（二）空调设备供应商

1. 浙江国祥股份有限公司

浙江国祥股份有限公司（以下简称“国祥”）是一家专注于为精密工业、新能源、新材料、尖端医疗、地铁、核电等高精尖领域及公共建筑室内环境提供人工环境系统解决方案的设备供应商，其主营业务是商用空调、中央空调、冷冻冷藏设备、热泵热水机组、轨道车辆空调、特种空调及其他空调产品的研发、生产、销售及服务；空气源热泵、低环境温度空气源热泵机组研发、设计、生产、销售及服务；空气净化、水处理新型节能环保设备的研发、制造、销售及服务；压力容器的设计、制造、检测、销售及服务；空调控制系统的开发、生产及销售；进出口业务（国家法律法规禁止项目除外，限制项目凭许可经营）；技术咨询、技术转让、技术研发；企业管理咨询；产品维修保养服务；计算机软件开发、销售及技术咨询服务。

国祥拥有浙江、四川、河北、广东 4 大生产基地，60 多个销售和服务网点；拥有国内制冷空调行业强大的研发队伍和国内先进的中央空调综合性能实验室，并研制出了一系列高能效、低噪声的环保节能产品，先后获得 100 多项发明和实用新型专利，取得了众多的奖项。

2. 德州亚太集团

德州亚太集团是国内大型中央空调、洁净技术系统集成供应商，其主营业务是医院中央空调系统及配件产品，医院洁净空调系统及配件产品和机电工程施工总承包。国内以中央电视台新址、酒泉卫星发射中心、火神山医院、雷神山医院、三峡工程及近二十个北京奥运场馆等为代表，国外以巴基斯坦乌奇电厂、柬埔寨金边市大都会广场、印度帕帕多拉工程等为代表的重点项目，采用了亚太中央空调设备，长期稳定，节能环保，获得了广泛的赞誉。公司通过 ISO 9001、ISO 14001、3C、UL、CE、CRAA 等一系列认证；主机列入节能产品政府采购清单、数十项国家专利、国家级高新技术企业；与荷兰阿波罗合资，以欧洲标准制造的洁净设备全部返销发达国家，中央空调设备相继进入十几个国家和地区。

3. 皇家空调设备工程（广东）有限公司

皇家空调于 1975 年在美国洛杉矶成立，其主营业务是医疗智能新排风系统，净化工程空调系统，空调风口、风阀、防火阀、控制器等系列产品。1995 年，皇家空调进入中国市场，独资成立了皇家空调设备工程（广东）有限公司。在暖通空调、制冷和楼宇自控领域，提供包括系统设计、产品生产销售、施工安装、调试运行和维护维保的“一条龙”服务。凭借其世界领先的工程设计水平、工程管理体系和优质的产品，在中国大陆市场迅速发展，相继在广州、北京、上海、厦门、深圳、武汉、成都、天津等主要城市设立分公司与办事处，项目承接与产品销售范围遍布全中国。

三、医院冷热源及热力系统

（一）医院热力系统选择

医院冷热源形式有以下五种：

1. 溴化锂吸收式冷（热）水机组

相对于传统的压缩式机组，吸收式冷（热）水机组利用工业余热废热作为能源，可以大大节省能源消耗，对冷却水温度的要求较为宽松，设备运行较稳定，不会受到室外气候的影响。其缺点是运行过程中冷却水消耗量大，所需冷却水系统容量较大，冷却水质量的要求较高，热量排放较高，设备使用寿命较短。

2. 土壤源热泵

土壤源热泵利用土壤温度全年保持稳定的特点，是可再生能源，绿色环保，使用成本较低，但埋管时施工量较大，造价较高。

3. 空气源热泵

空气源热泵安装方便，无须另建造锅炉房，不需要冷却塔、冷却水泵和冷却水系统，节省了土建和建筑空间；缺点是冬季结霜影响供暖效果。

4. 水源热泵

水源热泵利用可再生能源，无须燃料燃烧，有效避免了排烟污染；无须冷却塔，运行稳定可靠；缺点是系统水源须满足温度、水量和洁净度要求，对地质结构和土壤条件也有一定要求。

5. 电动压缩式冷水机组

活塞式冷水机组造价低、运行管理经验成熟、设备运行安全可靠，是民用建筑空调制冷中使用时间最长、应用最广泛的一种机组，但运行时噪声较大、部分负荷下的调节特性较差、COP 相对较低。

（二）热力系统供应商

1. 山东格瑞德集团有限公司

山东格瑞德集团有限公司（以下简称“格瑞德”）1993 年建立于山东德州，

目前是一家围绕人工环境，横跨新能源、新材料、装备制造、节能环保、信息技术五大战略新兴产业的企业集团。其生产的产品主要是螺杆式冷水机组、离心式冷水机组、空气源热泵机组、洁净空调机组、单元式空调机组、风机盘管、组合式空调机组、离子液机组等。

格瑞德进行全球化业务运作，产品和服务遍布全国的每一个省市和全球五大洲的100多个国家和地区，广泛应用于基建工程、商业地产、工业制造、农业开发、电子信息、车辆工程、环保处理、医药净化、海洋工程、轨道交通等领域。

格瑞德通过打造空调工程、通风人防、复合材料、环保工程领域的全过程解决方案来满足客户需求，构建了包括品牌规划、系统设计、技术开发、产品制造、整体施工、维护服务、检测认证、人才交流、产业集群的全生命周期产业链和产业生态。

2. 甘肃一德新能源设备有限公司

甘肃一德新能源设备有限公司2013年成立于白银市白银区高新技术产业孵化基地，是西北五省唯一一家节能环保设备集研发、生产、销售及售后服务于一体的高新技术企业；该公司目前生产的CO_2空气源热泵是用少量的电能吸收空气中的热量给建筑物供暖的高效节能产品。产品最大的特点是在环境温度为−30℃时能产生80℃高温热水，可进行各燃煤锅炉的替换，是目前世界上最节能的供热产品。目前公司建成了国内空气源热泵行业唯一一座国家级可模拟环境温度为−30℃、150kW的焓差实验室。

3. 北京东方隆博机电设备有限公司

北京东方隆博机电设备有限公司是一家整合机电设备销售、设计、安装、售后于一体的专业公司。其主营业务是销售制冷空调设备、机电设备、供热设备（燃气锅炉、真空锅炉和蒸汽锅炉）、医院生活热水商用燃气热水器、医院采暖系统燃气锅炉、医院生活热水系统解决方案、医院采暖系统解决方案、医院水处理系统整体解决方案等。

4. 江苏科大环保装备制造有限公司

江苏科大环保装备制造有限公司是集新能源技术研发、产品生产、工程设计、项目安装、技术服务为一体的创新科技型企业，涉及太阳能、空气源热泵、燃气锅炉、电锅炉等多能源、多领域热能集成工程设计、施工与服务，涵盖医院、学校、酒店、游泳馆等公共建筑领域生活热水、污水处理、光伏电站、医院中央纯水等整体综合解决方案。医院类部分太阳能经典案例有南京鼓楼医院、南京医科大学第二附属医院、南京市第一医院、南京浦口新城医疗服务中心、南京市口腔医院、蚌埠医学院附属第三医院、皖北煤电集团刘桥医院、砀山县人民医院、砀山县中医医院、砀山县残疾人联合会康复医院、南昌大学第一附属医院赣江新区医院等太阳能热水工程。

第二节　医用气体系统

医用气体作为病患者的生命支持系统，被广泛应用于吸氧、机械通气、麻醉、腔镜治疗、吸引和器械驱动等，随着科技的进步和经济水平的提高，集中供气模式以其安全方便、用气无噪声、病区环境整洁干净等显著优点被医院广泛应用，医用气体供应系统的建设已经成为现代医院建设的一个重要内容和分支。

一、医用气体的基本概况

医用气体包括氧气、压缩空气、真空、笑气、氩气、氦气、二氧化碳、氮气和器械驱动用高压空气等。其中，氧气、压缩空气和真空几乎是所有医疗单元都需要使用的，医用气体的集中供应主要是以这三种气体为主。其他的医用气体只在手术室、介入治疗室、专科监察室等场所使用，用气量相对较少且用气设备比较集中，通常采用汇流排的方式就近供应。医用气体系统由气源设备、管道、阀门、分配器、终端设备及监控装置等组成。

二、医用气体的相关供应商

1. 东莞市伟一环境科技有限公司

东莞市伟一环境科技有限公司（以下简称“伟一科技”）是由香港伟一集团与中山大学达安基因股份有限公司共同注资组建。该公司主营医用空气消毒器、空气洁净屏、新风净化系统、中央空调消毒净化装置等多项产品，集研发、生产、销售及售后服务于一体，是一家专业提供环境空气净化解决方案的知名供应商企业。伟一科技一线研发团队均由资深教授和深耕行业多年的技术工程师组成，在消毒液（粉）、紫外线、臭氧（O_3）、高压静电等消毒技术上拥有相当丰富的经验，可针对医院环境、食品制药、商业办公等场合设计、制定专业的空气消毒净化服务方案。特别是由其研发的三元一体半导体消毒技术，经权威机构检测，使用后室内空气中自然消亡率高达 99% 以上，净化效率≥ 95%，获得国家发明专利、实用新型专利和外观专利等多项技术肯定。

2. 杭州鼎岳空调设备有限公司

杭州鼎岳空调设备有限公司是一家专业从事医用分子筛制氧机、医用空气压缩机组、粮库智能化充氮系统、高原弥散氧系统等设备的高新技术企业。公司集设计、研发、制造、销售及售后于一体，拥有多项专利技术，先后为国内外医院提供了先进、安全、优质的生命支持系统设备，承接并完成“神舟系列载人航天器载人飞行试验项目”，专业可靠的产品及服务广受各应用领域的欢迎。

鼎岳制氧机系统采用先进的 PSA 吸附技术，产氧量高，氧气纯度稳定，低压缓冲罐及常温制氧的储存模式，使制备出的氧气在储存时更稳定、更安全。低于 −46℃的空气系统，可有效提高分子筛使用寿命，延长产品生命周期。集成 PLC 控制技术和各项保护报警功能于一体的制氧机系统，不仅耗电低，耗材少，噪声小，同时还可实现远程值守，省心省力，便于使用者管理。据悉，鼎岳制氧机系统的使用寿命可达 10 年以上，模块化的设备生产可有效缩短交付时间，保障产品质量。目前，鼎岳生命支持系统设备已成功服务于多家三级甲等医院，高原制氧设备被广泛应用于多处高海拔地区，真正实现了从产品销量到品质口碑的“双赢”。

3. 山东国进医疗科技有限公司

山东国进医疗科技有限公司位于山东省日照市莒县城北工业园，是一家致力于智能传呼对讲系统、医用气体工程配件、手术室净化配件、生产销售于一体的现代化企业。公司主要产品：智能传呼对讲系统、气体设备带、二级稳压箱、气体报警箱、汇流排、负压机组、气体终端、截止阀、手术室阀门箱、手术室控制面板、防撞扶手、无障碍扶手、隔帘。

第三节　医疗洁净系统

除满足空调房间的温湿度常规要求外，通过无尘净化工程技术方面的各种设施和严格管理，使室内微粒子含量、气流、压力等也控制在一定的范围内，这种房间就称为无尘洁净室。随着医疗卫生事业与高科技的发展，无尘车间洁净技术在医疗环境中的应用更加广泛，对本身的技术要求也更高。

一、医疗洁净系统设备

应用于医疗的洁净室主要分为三大类：洁净手术室、洁净护理病房及洁净实验室。

（一）洁净手术室

洁净手术室以室内微生物为控制目标，运行参数、分级指标以及空气洁净度是必要的保障条件。洁净手术室按洁净程度可分为以下四级：

（1）特别洁净手术室：手术区洁净度为百级，周边区为千级。适用于烧伤、关节转换、器官移植、脑外科、眼科、整形外科及心脏外科等无菌手术。

（2）标准洁净手术室：手术区洁净度为千级，周边区为万级，适用于胸外科、整形外科、泌尿外科、肝胆胰外科、骨外科及取卵等无菌手术。

（3）一般洁净手术室：手术区洁净度为万级，周边区为十万级，适用于普通外科、皮肤科及腹外科等的手术。

（4）准洁净手术室：空气洁净度为十万级，适用于产科、肛肠外科等手术。

洁净手术部用房除洁净度级和细菌浓度应符合相应的级别外，有关的技术参数还应符合有关规定，及洁净手术部各级用房的主要技术参数表（表10-1）。

洁净手术室主要技术指标 **表10-1**

名称	最小静压（Pa）对相邻低级别洁净室	换气次数（次/h）	手术区手术台（或局部百级工作区）工作面高度截面平均截面（m/s）	温度（℃）	相对湿度（%RH）	最小新风量		噪声dB（A）	最低照度（lx）
						m^3/（h·人）	次/h		
特别洁净手术室	+8	—	0.25～0.30	22～25	40～60	60	6	≤52	350
标准洁净手术室	+8	30～36	—	22～25	40～60	60	6	≤50	350
一般洁净手术室	+8	20～24	—	22～25	35～60	60	4	≤50	350
准洁净手术室	+8	12～15	—	22～25	35～60	60	4	≤50	350

（二）洁净护理病房

洁净护理病房分为隔离病房与重症监护病房。隔离病房依据生物学危险度分为 P1、P2、P3、P4 四个等级。

P1 病房基本与普通病房相同，对外人进出不特别加以禁止；

P2 病房比 P1 病房严格一些，一般禁止外人进出；

P3 病房设一重门或缓冲室与外部隔离，房间内部负压；

P4 病房采用隔离区与外界隔断，室内负压恒定 30Pa，医护人员穿防护服防止感染。

重症监护病房有 ICU（重症护理室）、CCU（心血管病人护理室）、NICU（早产儿护理室）及白血病房等。白血病房室温为 24.2℃，风速为 0.15～0.3/m/s，相对湿度为 60% 以下，洁净度为百级，同时应使送入的洁净空气首先到达患者的头部，使口鼻呼吸区在送风侧，采用水平流较好。烧伤病房经菌浓度测定表明，采用垂直层流对开放治疗有明显的优越性，层注速度为 0.2m/s，温度为 28～34℃，洁净度为千级。呼吸器官病房在国内很少见，这种病房对室内温湿度要求比较严格，温度控制在 23～30℃，相对湿度为 40%～60%，各病房可根据病人自身调节，洁净度控制在 10～10000 级之间，噪声小于 45dB（A），人员进入病房应经过更衣、吹淋等人身净化，病房内保持正压。

（三）洁净实验室

洁净实验室主要分为普通洁净实验室和生物安全实验室两种类型。普通洁净实验室用于进行无传染性的实验，要求实验室环境不会对实验造成不良影响，并且必须达到一定的洁净度标准，因此不需要设置防护设施。

二、医疗洁净系统供应商

1. 江苏诺优空气净化设备有限公司

江苏诺优空气净化设备有限公司于 2019 年由上海搬迁至江苏成立建厂。该公司团队有着十余年净化行业资历，一直专业致力于医院洁净手术室、ICU 病房、CCU 病房、中心供应室等领域洁净设备的研究和建设，为客户提供洁净手术室的一体化解决方案。于 2021 年与江苏科技大学开展了手术室无菌环境设备深度的合作研发，让企业保持先进的设计理念，让产品站在行业的技术前沿。针对行业内手术室施工烦杂现象，公司团队在多年前就研发出了一体化快装工艺，经历多年沉淀，打破传统，无须现场焊接、切割、喷涂，大大减少了施工难度，减少了污染，让手术室建造像搭积木一样简单。公司净化产品依托雄厚的技术实力，已通过A级防火检测、手术室材料抗菌检测、游离甲醛检测等多项认证及专家鉴定。目前拥有20余项洁净室实用、外观、发明专利，主要产品有：一体化无龙骨快装手术室电解钢板、玻璃彩绘手术室、手术室器械柜、麻醉柜、药品柜、医用洗手池、污洗池及其他手术室不锈钢制品、手术室洁净系统配套产品一站式采购。

2. 常州市浩东净化设备科技有限公司

常州市浩东净化设备科技有限公司成立于2009年10月，是一家专业从事高端洁净手术室、实验室配套产品及中心供应室、医疗家具的设计、研发、生产及销售的专业化公司，主要产品有卡扣式手术室、手术室器械柜、麻醉柜、药品柜、层流罩、自动门、一体化护士站、医院治疗柜、处置柜、实验室桌台、传递窗等配套产品。公司目前有120名员工，拥有14000m^2的生产厂房，全套先进激光、折弯、焊接等钣金加工设备。公司现有设计研发团队人员25人，所有产品全三维设计，产品从研发到设计生产实现了全生命周期管理，可以为客户提供全BIM化的工程围护结构及产品布局设计。生产管理采用ERP管理系统，车间无纸化生产。公司目前是常州市高新企业，常州洁净技术论坛主办单位，医用洁净装备工程分会常务理事、全国优秀供应商十佳单位、全国医用洁净技术创新奖，已通过ISO 9001国际质量管理体系认证，欧盟CE认证，拥有50多项国家发明及实用新型专利。每年为国内外300多家医院、企事业单位提供手术室及实验室项目的配套产品。

3. 北京华鑫光洁净化科技有限公司

北京华鑫光洁净化科技有限公司是专业从事净化工程设计、建设和技术改造的企业，始创于2004年，注册资金为1000万元人民币，位于首都北京市大兴区瀛海镇，是集科技开发、机械制造、工程安装施工于一体的高技术企业，主要从事空气净化产品研发和制造以及空气净化工程设计、施工。公司主要业务包括电子IT工业、GMP厂房、医院手术部、精密仪器、精细化工、食品加工、航空航天、医疗科研、生化实验室、商业场所环境等需要各种级别空气净化场所的工程，可以提供给三十万级到百级洁净间，风淋室，风淋通道，货淋室，超净工作台，传递窗，高效风口，层流罩，洁净棚，FFU，采样车，初、中、亚高效、高效化学过滤器，铝合金风口，调节阀，消声器及空调各功能段。

第四节　医用水系统

医院的给水排水系统主要由三部分组成：给水系统、热水系统及开水供应系统以及排水系统。

一、医用水系统产品选择标准

1. 医院排水系统的管道材质选择

在医疗建筑中，给水管材的选择需要同时考虑到输水的可靠性和水质的安全。为了确保水质不受到二次污染，建议使用塑料管道，特别是在冷水管材方面应优先选择塑料管材。常用的塑料管道包括硬聚氯乙烯（UPVC）管、聚乙烯（PE）管、聚丙烯（PPR）管、聚丁烯（PB）管、交联聚乙烯（PEX）管等。此外，还可以选择衬塑钢管、304 号以上标准不锈钢管和薄壁不锈钢管等管材。

2. 医院排水系统设备的选择

医院作为一种特殊的建筑，需要考虑到医疗质量和医护工作需要，因此必须配置多种建筑设备装置，如采暖、通风、空调、洁净室、给水、排水、生活热水、高压蒸汽、医用气体（供氧、压缩空气、氮气等）以及高压氧舱、液氯等设备。

二、医用水系统产品供应商

1. 科尔顿（中国）有限公司

该公司是一家在水处理领域有着丰富经验的专业化公司，始终致力于高品质水处理系统的研发、销售和服务，是反渗透与离子交换水处理技术的专家。

科尔顿（中国）有限公司为客户提供高性价比的水处理系统与服务，主要业务涉及净水、供水及水质安全检测等领域。产品广泛应用于实验室、医疗、家用净水等众多领域。

2. 深圳市臻纯环保科技有限公司

该公司成立于 2020 年 4 月，位于深圳市坪山新区坪山高铁站，注册资金 3000 万元人民币，目前公司员工 50 余名，生产面积约 1600m^2 并专设纯水、纯水实验室、废水及废气等生产车间。

该公司是一家集研发、设计、生产、装配、施工、运营、服务于一体的综合性环保服务企业。主营各行业污水 / 废水处理系统、超纯水处理设备、工业纯水设备、软化水设备、中水回用设备及废气处理设备等；并为各行业提供环保治理综合解决方案、环保设备系统集成、技术咨询、工程总承包、投资以及运营等相关服务。

3. 济南锐天防护工程有限公司

该公司于 2013 年 3 月 13 日在济南市长清区市场监督管理局注册成立，注册资本为 1016 万元人民币，公司主要经营射线防护工程、防辐射装饰工程、核医学放射性污水处理工程、空气净化工程、电磁屏蔽工程、工业探伤防护工程等。

第五节　实验室工程

一、实验室工程的分类及组成

医学实验室分为科研教学实验室和临床实验室两种类型。科研教学实验室包括人体解剖学实验室、形态学实验室、机能学实验室、分子物理学实验室、生物医学专业实验室和动物实验室等。临床实验室包括生殖医学中心、检验科、病理科等。临床实验室的主要功能是为支持临床医生作出准确诊断和治疗决策提供信息，并向公众提供预防和健康评估的指导。

二、医学实验室设计与施工管理

1. 建筑结构

建筑结构条件要充分考虑建筑层高、承重、建筑模数、排风井、送风井、强电井、弱电井、设备层、技术夹层、净化机房、新风机房、恒温恒湿机房、UPS 房、气瓶间及污水间等结构空间。

由于医学实验室内管网复杂，需保证正常的安装和检修，检验科等临床实验室建筑层高应重点考虑，为了医学实验室安全运营，危险化学试剂附近应设有紧急洗眼处和淋浴，标本应设废弃消毒处理设施。

2. 实验室给水排水、纯水、污水处理工程

实验室给水排水、纯水、污水处理工程包括：

（1）医学实验室内部给水管，为了便于维护，通常是沿着走廊、墙壁、柱子和天花等位置明管布置，但易积灰；要求高的实验室将选择暗装，管道敷设在地下室、管沟或公用走廊内部。

（2）实验室排水管道应横平竖直布置，转角尽量少，防止杂质堵塞管道；排水管应尽量集中布置，以便后期维修。

（3）实验室纯水主要用于分析实验室，分为一级水、二级水和三级水，纯水管路系统采用独立设置的供、回水管路时，应保证每个用水点有适当的床差。应避免死水滞留，若死水滞留不可避免时，则滞留段长度不宜大于管道公称直径的三倍。

（4）医学实验室排放的废水具有酸碱、有机溶剂、微生物类废水，应根据其性质分别独立排放，经污水处理达标后方可排放，不能同生活污水直接混合排放。

3. 通风工程

医学实验室通风分为局部通风和全面通风两种。在设计和施工过程主要的管理工作包括通风设备及风机造型，通风管道选材、系统设计、气流组织和废气处理。由于实验室废气种类繁多，不能简单统一采用一种方法处理，常见的处理工艺包括高效过滤、活性炭吸附、光催化分解、水喷淋、湿式化学和燃烧法等。

4. 电气工程

医学实验室电气工程包括强电（36V 以上）和弱电（36V 以下）。强电工程的管理主要包括安全性和保障措施规划、设备接地、负荷计算及电线电缆选用等内容。弱电工程包括语音电话系统、计算机网络系统、视频监控系统、门禁系统和信息发布系统。

5. 净化工程

净化工程主要用于血液类实验室、微生物实验室、分子实验室和病理实验室，应将室内空气温度、湿度、洁净度、气流速度、空气压力和噪声等控制在需求范围内，并且保持空间的密闭性能良好。

6. 消防工程

由于医学实验室内标本、样品和仪器都很宝贵，消防工程优先选用气体灭火系统，不宜采用喷淋灭火系统。

7. 气体工程

医学实验室使用气体种类较多，主要有可燃气体，如氢气、乙炔、甲烷等；惰性气体，如氙气、氦气、氩气等；助燃气体，如氧气、压缩空气。实验室用气主要由气体钢瓶提供，个别气体可由气体发生器提供。气体工程管理内容主要包括供气系统方式选择、气体管路设计与施工、气瓶间设计、气体末端控制设计与施工和气体报警及防爆设计。

三、实验室工程主要供应商

1. 山东耘威医疗科技有限公司

该公司是经国家行政管理机构认定的高新技术企业，是致力于洁净室空气净化、实验室空气处理系统、洁净环境装饰装修、外排废气处理、外排废水处理、环保远程监控系统的设计、施工一体化建设的科技型企业；是集方案设计、产品研发、市场销售、施工安装、售后服务于一体的企业。

该公司主营业务有净化工程设计施工总承包、实验室工程设计施工总承包以及实验室家具生产安装。

该公司具备装饰装修、机电安装、建筑总包、环保、装饰设计等资质，并顺利通过了知识产权管理体系认证、ISO 9001 国际质量管理体系认证、ISO 14001 国际环境管理体系认证和 ISO 45001 国际职业健康安全管理体系认证，拥有专业的方案设计、先进的研发技术、优质的配套产品、精湛的施工队伍和严谨的管理制度，并打造出敬业的市场推广团队，积累了丰富的客户服务经验。

2. 天津市龙川净化工程有限公司

该公司成立于 2000 年，拥有 23800m^2 的国际化研发生产基地及优秀的设计与施工团队，专业从事医疗净化工程（手术室、特殊病房、ICU 护理单元、生殖医学中心、检验科、中心供应室等）；提供实验室整体规划建设（生态环境系统、海关系统、市场监督管理系统、公安系统、疾病预防控制中心、高等院校、科研机构、生物制药、烟草、石油化工等）；提供医用洁净室及实验室整体建设规划咨询、方案设计、工程总承包、软硬件配套设施及运营维护的全方位一体化服务。

该公司提供智能安全、绿色节能、专业完善的实验室系统工程。实验室系统涵盖恒温恒湿实验室、洁净实验室、生物安全实验室、特种光源分级室、人工气候室、理化实验室、冷库系统、通风系统、集中供气系统、智能化集中监控及管理系统、实验室家具及通风柜等。依据客户需求及相关国家（行业）规范要求，提供实验室前期方案规划、专项专业设计、精细化施工管理、完善的运行管理维护等“一站式”服务。

该公司拥有国家机电设备安装工程专业承包一级资质、国家建筑装饰装修一级资质、特种设备安装改造维修许可证（压力管道）、国家高新技术企业、天津市洁净室空气净化技术工程中心依托单位、中国电子学会洁净室技术分会副会长单位、中国制冷空调工业协会洁净室技术委员会理事单位、中国医学装备协会医用洁净装备工程分会副会长单位、中国洁净室及相关受控环境标准技术委员会副主任委员单位等。

3. 上海市安装工程集团有限公司

该公司创立于 1958 年 6 月 23 日，是国家核准的具有机电安装工程施工总承包一级资质的大型安装企业，是上海建工集团骨干企业之一。曾优质、高速地完成一大批国家和上海市的重点工程，其中有近 500 项工程获得过国家优质工程奖、中国建筑工程鲁班奖、詹天佑奖、市政金杯奖、上海市优质工程奖等各类奖项。

该公司的业务有医院净化工程、数字化手术室、实验室工程；医院物流、智慧运维、医疗气体、六大板块；对于建设高端手术室、ICU、百级骨髓移植病房、DSA、洁净产房、消毒供应中心、静脉配置中心等各项净化单元具有丰富经验。

4. 辉瑞（山东）环境科技有限公司

辉瑞（山东）环境科技有限公司成立于 2004 年 8 月，注册资金 12000 万元人民币，是一家专业从事疾控、医疗、科研系统净化实验室、ICU、手术室、负压病房工程以及净化相关产品的设计、施工和运维的高新技术企业。

该公司的主要产品有 ICU 病房、疾控中心、IVF.IUI 生殖中心、洁净手术室、LDR 一体化产房、静脉药物配置中心、NICU 病房、生物安全实验室、病理科数字化手术室、负压隔离病房消毒供应中心、血液净化中心、一体化 PCR 方舱实验室等。

该公司拥有净化行业技术专利、软著 110 余项。获得国家“专精特新”小巨人企业、山东省“专精特新”企业、济南市“专精特新”企业、山东省工业设计中心、济南市工程实验室（工程研究中心）、国家高新技术企业、守合同重信用企业、济南市企业技术中心、济南市一企一技术研发中心、省知识产权重点企业、山东省“瞪羚企业”、济南市“瞪羚企业”、疫情防控重点企业等荣誉称号。

第六节　物流传输系统

常见的医院物流传输系统包括医用气动物流传输系统、轨道小车物流传输系统、箱式物流传输系统以及 AGV 自动导引车传输系统。

一、产品执行标准

（1）《特低电压（ELV）限值》GB/T 3805—2008；

（2）《医疗机构消防安全管理》WS 308—2019；

（3）《建筑设计防火规范（2018 年版）》GB 50016—2014；

（4）《防火门》GB 12955—2008；

（5）《医用电器环境要求及试验方法》GB/T 14710—2009；

（6）《医用电气设备　第 1-2 部分：基本安全和基本性能的通用要求　并列标准：电磁兼容　要求和试验》YY 9706.102—2021；

（7）《包装储运图示标志》GB/T 191—2008；

（8）《工业产品使用说明书　总则》GB/T 9969—2008；

（9）《医疗器械用于医疗器械标签、标记和提供信息的符号　第 1 部分：通用要求》YY 0466.1—2016；

（10）《工业金属管道工程施工规范》GB 50235—2010；

（11）《自动化仪表工程施工及质量验收规范》GB 50093—2013。

二、产品选用要点

现代物流技术以及各类信息化手段已在医院得到了越来越广泛的应用，智能物流系统已经成为医院建设项目考虑的必要性配套设施。在市场上，物流系统类型、方式、特点各有不同，需要充分分析自身项目建设需求，选择最为契合的物流产品，才可以将系统的使用优势最大化。

目前，国内常用的四套自动化物流传输系统各有优缺点，根据医院自身业务繁忙程度估算各类物资的输送量，根据所输送的物资类型和其预计输送量，主要从输送内容、速度、容量、重量、输送区域、造价等方面综合考虑，同时考虑系统运行的稳定性、后期的维护成本及扩展性，以确定最适合医院的最佳物流传输方式。

三、供应商简介

1. 三维海容科技有限公司

三维海容科技有限公司创建于2010年，是一家集研发、生产、销售、施工、服务于一体，为医院提供专业智慧物流解决方案的医用物流行业领军企业，为医院提供医用物品自动传输的专业解决方案。公司现已建成占地面积30000m^{2}的生产基地，并在青岛西海岸自贸区设立分公司，开展产品研发、销售、运营等相关工作。现公司旗下员工近300人，先后获得专利300项，产品遍布全国27个省市，为全国500多家医院提供医用物品自动传输服务。

该公司产品种类涵盖洁物传输与污物回收，主营产品有箱式物流传输系统、气动物流传输系统、物流机器人、负压管道污物回收系统、桶式污物回收系统、机器人污物回收系统、医用手供一体系统。产品遍布全国27个省市，服务客户多达500家医院，市场占有率多年位居第一，深耕医用物流领域多年，顺应时代发展，坚持技术创新升级。公司参与多项医用物流行业标准的制定，促进了智慧医院建设的进程，并荣获山东省瞪羚企业、山东省知名品牌、中国医院建设品牌服务企业匠心奖、全国医院建设十大金牌装备供应商、中国医院建设十大科技创新奖等荣誉称号，是中国医用物流行业极具品牌影响力的企业。

2. 艾信智慧医疗科技发展（苏州）有限公司

艾信智慧医疗科技发展（苏州）有限公司为中国医院提供智能化物流传输系统和环境系统等智能高效的整体解决方案。公司总部位于苏州市工业园区，产品生产中心设立在无锡高新区智能医疗产业园，是能同时集成中型箱式物流系统、轨道小车物流系统、物流机器人系统、气动物流系统、垂直输送仓储系统、多层箱式分拣机器人系统、智能垃圾回收箱系统、垃圾被服分类收集系统、影像感控消毒系统、消毒机器人系统以及水处理系统等产品的高新技术企业。艾信新一代人工智能中型箱式物流传输系统利用先进的AI人工智能技术，将最为先进的AI语音识别、图形识别、云计算、5G物联网等技术应用到医院的物流系统中，以大数据云平台和后台智能算法为基础，更大程度上满足院内的物资运输需求。

3. 北京盛世思源工程技术有限公司

北京盛世思源工程技术有限公司成立于2013年，是中国领先的医院智慧物流整体解决方案提供商，公司总部坐落于北京天竺综合保税区内，设有近千平方米的保税仓库，是全国唯一与机场无缝对接的进出口保税区。面对国内新建医院规模不断增长和物资传输复杂多样的趋势，倡导中国医院物流设计标准："可靠安全，智能高效，该快的快，该量大的量大"十八字方针，也不断得到各方的认可。该公司致力引进欧美顶级物流企业产品和技术，为中国医院提供世界领先的最安全、最高效的智能物流传输系统。

该公司成为德国HORTIG欧泰和芬兰马力特MMT在中国市场的总代理，将享誉世界的德国制造工艺和中国工程技术相结合，为中国医院提供包括气动物流传输系统、中型箱式物流系统、轨道物流传输、垃圾被服收集系统以及AGV物流等现代化医院物流传输系统整体解决方案。综合医院实际需求，按照不同时间，不同区域的净物和污物的传输特点，为医院量身定制一体化的整体物流解决方案。公司客户包括国内外众多医院，如解放军301医院、中国医学科学院肿瘤医院、深圳儿童医院、天津肿瘤医院、海南三院、武汉云景山医院等。

4. 江苏振邦医用智能装备有限公司

江苏振邦医用智能装备有限公司成立于2011年，以医院药品、检验样本、输液袋、医疗器械、手术包、污衣被服等物资的高效传输为目标，针对医院各个时间段的传输需求，我公司提供医用物流传输系统综合解决方案，以快速、高品质的服务满足用户需求。

以"高效、节能、经济"为目标，公司整合各类物资传输系统，自主研发天行者SCR小型运载机器人物流、自主研发速百特医用智能箱式中型物流、总代理德国欧泰PVC和钢管气动物流、轨道物流及垃圾被服智能回收系统，为智慧医院设计开发最匹配的物资传输方案。公司拥有自主知识产权的智能HLCS中型箱式物流传输系统，采用微型电动滚筒单元技术和分布式控制技术等高新科技，控制软件取得国家软件著作权证书，核心技术取得数十件专利证书。天行者SCR可以在通信及导航系统支持下，通过计算机集群调度控制，实现在全院任何功能科室、病区间自动装卸、运载物资，灵活运用在库房、手术部、检验中心等内部工作区域。

5. 成都隆盛兴业贸易有限公司

成都隆盛兴业贸易有限公司成立于2013年5月7日，是一家集科研、设计、生产、销售和系统集成于一体的专业综合型公司，是多个全球知名品牌在西南地区的核心总代理商。公司主导产品为气动管道物流传输系统、Telesys 智能轨道小车物流传输系统、美国特力轨道小车物流传输系统、消毒供应中心、手术室 ICU 整体解决方案，解决中国医院 90% 以上的物品运输需求。同时公司根据不同医院情况，量身定制智能物流解决方案，适用于各类新医院建设及老医院改造升级。

第七节　医院智能系统

一、医院智能系统的组成

1. 信息化应用系统

信息化应用系统在医院应用广泛，主要包括管理信息系统（MIS 系统）和临床信息系统（CIS 系统）。此外，还有病房探视系统、视频示教系统、候诊呼叫信号系统和护理呼叫信号系统等。

2. 智能化集成系统

智能化集成系统主要包括暖通空调系统、给水排水系统、电梯系统、车位引导系统、门禁管理系统、一卡通系统、防盗报警系统、视频监控系统、停车场管理系统、电子巡更系统、无线对讲系统、火灾报警系统、能源管理系统、多媒体会议系统、时钟系统、公共广播系统、智能照明系统、监控机房系统、排队叫号系统以及 BIM 系统等多个子系统。

3. 信息设施系统

信息设施系统包括信息接入系统、布线系统、移动通信室内信号覆盖系统、用户电话交换系统、数字监控系统、智能化对讲系统、数字化手术室系统、排队叫号系统等。

4. 医院安防系统

医院安防系统包括火灾自动报警系统、入侵防盗报警系统、视频安防监控系统、出入口控制系统、电子巡查系统和停车库管理系统，以确保患者和医务人员的安全和医院资产的保护。

二、产品执行标准

（1）《智能建筑设计标准》GB 50314—2015；

（2）《医疗建筑电气设计规范》JGJ 312—2013；

（3）《入侵报警系统工程设计规范》GB 50394—2007；

（4）《视频安防监控系统工程设计规范》GB 50395—2007；

（5）《出入口控制系统工程设计规范》GB 50396—2007；

（6）《安全防范系统设计与安装》06SX503；

（7）《医院安全技术防范系统要求》GB/T 31458—2015；

（8）《医院负压隔离病房环境控制要求》GB/T 35428—2017；

（9）《医院感染检测规范》WS/T 312—2009；

（10）《医院隔离技术规范》WS/T 311—2009；

（11）《医院感染管理信息系统基本功能规范》WS/T 547—2017；

（12）《系统与软件工程 软件生存周期过程》GB/T 8566—2022；

（13）《音视频、信息技术和通信技术设备 第1部分：安全要求》GB 4943.1—2022；

（14）《计算机信息系统防雷保安器》GA 173—2002；

（15）《数据中心设计规范》GB 50174—2017。

三、产品选用要点

医院智能系统应满足医院内高效、规范与信息化管理的需求，并结合智能化医院自身的特点进行设计；应向医患者提供有效的技术保障；主要系统应达到国内、国际先进水平，并确保系统在未来较长时间内的先进性；系统工程应遵循统一规划、分步实施、集中管理、分散控制、节约能源、保护环境的设计原则；系统必须具有极高的安全性、可靠性和容错性；系统设计应充分考虑建设时的一次性投资和系统运行成本，并使之最小化。

（1）设备先进性。采购产品时应考虑设备的先进程度，避免采用即将淘汰的技术，保证系统的可扩展性。

（2）设备稳定性、耐久性。在设计及选材方面，结合配备产品和医院对于机房的实际使用要求，充分考虑医院对机房整体使用的长久性和稳定性。

（3）设备实用性。根据建设需求，“面向应用，注重实效”，合理安排资金，避免浪费，保证做到完全满足系统性能需求最低投入。

（4）本地化采购。大宗材料选择知名品牌，保证节能、环保要求。采购材料及相关物品时，尽可能遵循本地化、国产化的原则，尽量避免长途运输过程中对能源的过多浪费。

（5）机房的设计具有一定的复杂性，并随着业务的不断发展，管理任务的量也日益增加。因此，设计中必须建立一套全面、完善的机房管理和监控系统，使得机房能够更加智能化、可管理化。在选择设备时，应考虑采用具备先进集中管理监控功能的设备和软件，同时要具备智能化的特点。这些措施将有助于机房的高效运营和管理，为业务发展提供强有力的支持。

（6）采用被实践证明为成熟和实用的技术和设备，最大限度地满足项目现在和将来的业务发展需要，确保耐久实用。系统管理功能全面，能充分满足新建医院弱电智能化系统工程的管理要求。

（7）为了满足系统所选用的技术和设备的协同运行能力、系统投资的长期效应、发展系统功能不断扩展的需求，必须追求系统的开放性，采用开放的技术标准。系统设计中各子系统均需提供标准化和开放性的接口协议，保证了各子系统之间的网络化与集成化实现。

四、采购技术要点

（1）需具有权限管理功能。根据安全性要求，可以设置多级操作权限及密码。

（2）系统异常时需具有本地声光报警及远程多人报警功能。

（3）管理人员可远程通过移动设备实时查询各设备的工作状态数据。

（4）具有报表生成和打印功能，重要数据可查看，又可打印出来。

（5）控制系统各监控站监控画面、操作画面、数据记录画面及数据分析画面需具有良好的人工界面，直观显示各测控点状态和数据，操作简单且管理方便。

（6）控制系统各监控站对各设备的状态数据，需要用数字、表格、趋势图等不同方式显示，并用不同颜色表明数据的性质。对一些重要数据需要长期保存，并能以不同形式进行查看。

（7）数据查询。可查询实时数据、历史数据，并以表格或直观的趋势图形式表现出来。

（8）系统状态需按工作时间设置自动运行模式，设有夜间值班模式及加班运行模式；智能计算设置节假日运行模式。

（9）非工作时间系统需保持休眠状态，同时各监控屏幕屏保休眠，工作时间系统设备自动唤醒，满足节能减排及延长设备使用寿命需求。

（10）要求技术成熟、性能可靠、运行稳定、易于维护、功能易升级扩展。

（11）组网合理，各级数据实时传输。

（12）总监控站应可对各实验室监测控制站及各通风排毒设备工作状态进行监视管理，并可对其进行远程操控。

（13）各通风排毒装备、各实验室监测控制站、总监控站均可实现系统参数设定；不同工况智能自动切换。

五、供应商简介

1. 武汉慧禹信息科技有限公司

武汉慧禹信息科技有限公司是一家以物联网、云服务、大数据、移动互联等为核心技术的高新技术企业，其研发和交付中心位于国家级高新技术开发区——中国光谷软件园。公司在智慧城市领域拥有智慧交通、智慧文旅、智慧医疗、智慧教育和政企服务的“一揽子”解决方案。针对医院智慧后勤业务可实现动力、能源设备智能化统一监控和能耗监测管理等功能，并提供包括医院后勤管理中维修报修、医废管理、工程管理、巡检管理、车辆管理、餐饮管理在内的“医院后勤大管家”模式的一站式服务平台。

在互联网信息技术服务领域，该公司为客户提供从设计到实施的全流程解决方案，包括智慧城市顶层设计、应用软件开发和维护、质量保证和测试等服务。公司已获得 CMMI3 级、苹果企业级解决方案授权商（ABSP）、高新技术企业、双软企业、高新区瞪羚企业、ISO 9001 国际质量管理体系认证以及数十项软件著作权。

2. 广东德澳智慧医疗科技有限公司

广东德澳智慧医疗科技有限公司成立于 2016 年，坐落于国家级高新区——东莞松山湖高新技术产业开发区，是一家致力于为国内大、中型医疗机构提供高端智慧医疗技术与服务的高新技术企业。该公司专注于医院病区的整体信息化建设，自主研发智慧病房整体解决方案，运用物联网、大数据、云计算等尖端技术，构建智慧病区运营生态，致力于革新医护从业者的工作模式，为医疗服务质量的提高给予技术支撑。

研发团队集结来自互联网、物联网、人工智能、大数据等领域资深开发工程师，拥有20余年医疗软件（HIS、LIS、PACS）研发经验的资深开发专家。德澳智慧病房产品已获60余项国家发明专利、实用新型专利、软件著作权，服务范围已覆盖全国23个省及自治区，成功为国内超过100家各类型医疗机构提供产品与技术服务，如深圳市宝安中心医院、深圳市罗湖区人民医院等三甲医院。公司先后获得“省级守合同、重信用企业”“国家级高新技术企业”等荣誉称号。

3. 深圳市联新移动医疗科技有限公司

深圳市联新移动医疗科技有限公司是一家提供医疗临床智能化产品和服务的国家级高新技术与双软认证企业，是集自主研发、设计、生产、营销于一体的智慧病房和智慧药房整体解决方案提供商。该公司被广东省科学技术厅评定为“广东省人工智能与物联网临床应用工程技术研究中心”，被南山区人力资源局评定为“南山区高层次创新型人才实训基地”。公司已完成全线产品的5G技术布局，与国内多家医院联合申报获批国家卫生健康委员会及工业和信息化部“5G+医疗健康应用试点项目”，累计服务全国1600余家医院。

公司依托智能化产品和管理平台，打造覆盖诊断治疗、临床护理、患者服务、药品物品管理、质量管理等不同维度的全院全业务信息化管理体系、临床医教研智能诊疗系统、智能护理信息系统、全闭环输液智能管理系统、中心药房自动化及全院分布式药品智能管理系统、全供应链耗材闭环智能管理系统、急救药品及器械智能管理系统、设备动态管理系统、生命体征智能采集系统、院内蓝牙物联网等多个领域。

4. 山东润一兴智能科技有限公司

山东润一兴智能科技有限公司自主开发的具有自主知识产权的“医卓通医院后勤云管理智能平台”结合物联化、信息化的平台，融合软硬件、IT信息系统等方法，运用互联网、物联网、云计算、大数据、空间信息等新一代信息技术，通过监测、分析、融合、智能响应等方式，从医院后勤管理业务范围出发，综合后勤各科室设备的运行管理，打造医院后勤综合智能化管理品牌。

公司主要对医院电气系统、污水处理、二次供水、中央空调、电梯、锅炉、制氧系统及车辆管理等设备进行数据实时采集，提高设备运行效率，实现设备远程监控，对设备出现的运行异常、故障及时做出预警，防止事故发生，确保医院后勤设备本身的安全运行，同时对设备能耗进行统计分析，优化后勤能源调配与管理，切实保障医院设备运行安全、可控、高效，提高管理效率，以此为医院提供稳定、强有力的后勤保障，提升医院形象和社会地位。医卓通上线后，将依托现有的服务体系及营销网络以及500余家紧密合作的终端客户快速复制，在市场上快速得到应用和普及。

5. 深圳中航信息科技产业股份有限公司

深圳中航信息科技产业股份有限公司成立于2001年，业务范围涵盖智慧医疗、智慧养老、专业打印设备、计算机外部设备和行业解决方案、系统集成、软件的研发、生产、销售及服务。

智慧病房系统是医院未来发展的一种趋势，深圳中航信息科技产业股份有限公司结合现代化医院建设方向及自身领先的行业技术，基于局域网传输原理、物联网、大数据、云计算等技术创建了一个功能强大的"智慧病房系统"平台。

智慧病房系统是充分利用智能平板计算机的运算处理能力、无线网络通信能力和良好的使用体验，在医院已有信息化的基础上，整合中国电信现有系统、网络、服务等资源，形成的"多媒体、全方位、人性化"的住院病患信息服务平台，为住院病患提供诊疗信息查询、医疗健康教育、亲属远程关爱、病床实时看护、医院专有IPTV频道和病床服务中心。

第三编

项目管理

医院建设项目全生命周期涵盖不同类型的管理活动。本部分概括并详细介绍医院建设工程管理活动中的主要内容，如招投采购管理、投资管理、质量管理、进度与安全管理、信息与文档管理等方面的管理活动。

第十一章　医院建设工程项目招标采购与合同管理

招标采购是医院建设的重要环节，对控制项目投资、工程质量、施工进度、建设进度等环节起着决定性作用。医院作为功能最复杂的民用建筑，在招标采购中呈现出招标次数多、分项多、技术含量高、需求多样化等特征。

本章基于项目全生命周期管理，从设计招标、勘察招标、施工监理招标、施工招标、财务监理招标、专业分包和设备采购招标等方面，详细介绍医院建设项目招标采购管理的工作流程、工作内容和重点注意事项。

第一节　医院建设项目招标投标流程

招标采购的流程主要包括招标文件的编制，以及开标、评标、定标等一系列活动。具体流程如下①：

1. 组建招标的工作机构

（1）医院建设单位可以根据实际情况成立相应的招标投标组织机构。如果医院建设单位缺乏招标采购方面的专业知识和相关经验，可委托在医疗行业领域有丰富经验的招标代理机构代表医院建设单位进行招标。

（2）招标工作机构的主要职责包括审查投标单位的资质；审查招标投标申请书和招标投标文件；审定标底；监督开标、评标、定标和议标；调节招标投标活动中的纠纷；监督承发包合同的签订、履行；否决违反招标投标规定的定标结果等。

① 陈正，涂群岚．建筑工程招标投标与合同管理实务 [M]. 北京：电子工业出版社，2006.

2. 申请招标项目备案

（1）医院建设项目的立项批准文件或投资计划下达后，对于金额超过一定数量的项目，医院招标机构应根据相关规定，向当地有关部门机构申报备案并进行招标。对于金额数量较少的项目，可自行组织招标。

（2）项目备案内容包括医院单位的资质条件、招标工程具备的条件、拟采用的招标方式和对投标单位的要求等。科室主任召集院内相关部门对招标文件进行审核（尤其是工程量清单）、跟踪审计和审计处进行审核、报省财政评审中心审核。

3. 编制招标文件

（1）医院建设单位依据项目特点，编制资格预审条件、招标文件和评标办法，经有关机构审查同意后发出招标信息。

（2）招标文件的内容主要包括招标内容、招标范围、招标方式、开始 / 结束时间和对投标单位的资质等级要求等；投标书的编制要求以及评标、定标的原则和办法；投标、开标、评标、定标等活动的日程安排；要求缴纳的投标保证金额度等。

4. 发布招标公告或投标邀请书

（1）若采用公开招标的方式，则应根据医院项目的规模和性质在医院建设单位官网或当地招标投标网站上发布招标公告。内容主要包括招标单位和招标工程的名称，招标内容简介，投标单位资格，领取招标文件的地点、时间和应缴纳的费用等。

（2）若采用邀请招标方式，应由招标单位向预先选定的投标单位发出投标邀请书。

5. 资格预审

（1）当投标单位数量过多时，医院建设单位可对报名参加投标的单位进行资格预审，选择入围单位，并将审查结果通知各申请投标者。

（2）资格预审主要内容包括投标单位注册证明和资质等级、主要项目经历、质量保证措施、技术力量简介、资金或财务状况、商业信誉等。

6. 向合格的投标单位发放招标文件及图纸资料

（1）资格预审通过后，医院建设方将招标文件、图纸和相关技术资料发放符合资质的投标单位。投标单位收到招标文件图纸和有关资料后，应以书面形式予以确认。

（2）招标文件一旦发出，医院建设方不得擅自变更内容或增加条件，确认需变更和补充的，应按照相关规定提前通知所有投标单位。

7. 组织现场踏勘及召开招标答疑会

（1）必要时医院建设方组织投标单位进行项目现场勘察，了解现场环境情况，以获取投标单位认为有必要的信息。

（2）必要时组织招标答疑会，目的是澄清招标文件中的疑问，解答投标单位对招标文件和勘察现场中所提出的疑问。医院建设方对投标者提出的问题进行答复，并以书面形式发给各投标单位作为招标文件的补充和组成。

8. 接收投标文件

根据招标文件的要求，投标单位应编制符合要求的投标文件，并在规定的时间和地点密封加盖单位公章后提交给医院建设方或招标代理单位。

9. 组建评标委员会

评标委员会由医院建设方或招标代理机构和相关技术、经济等方面的专家组成。各成员应从省级以上政府部门提供的医疗领域专家名册或招标代理机构的专家库内选择相关专家名单中的人员。一般项目可采用随机抽取的方式，而对于技术特别复杂、专业性要求特别高的项目，则可直接确定评审专家。

10. 开标和询标

（1）由医院建设方主持，按规定的议程进行开标。

（2）评标委员会对商务标进行分析、审核，并可要求投标单位澄清投标文件的含糊概念和不确定因素。

11. 评标

评标委员会依据平等竞争、公正合理的评标原则与方法，并结合医院项目实际情况与功能特点等方面进行综合评价，公正选择中标单位。

12. 出中标通知书及签订合同

（1）评标结果确定后，医院建设方在规定期限内发出中标通知书，并退还未中标投标单位的投标保证金（如有）。

（2）医院建设方与中标单位进行合同谈判，并签订合同。

第二节 医院建设项目全过程招标管理

建设项目全过程招标主要可分为设计、勘察、施工、监理（包括施工监理和财务监理）、专业分包和设备采购等不同环节的招标活动。本节将主要介绍工程总承包、设计、施工、专业分包和设备采购环节的招标活动（图 11-1）。

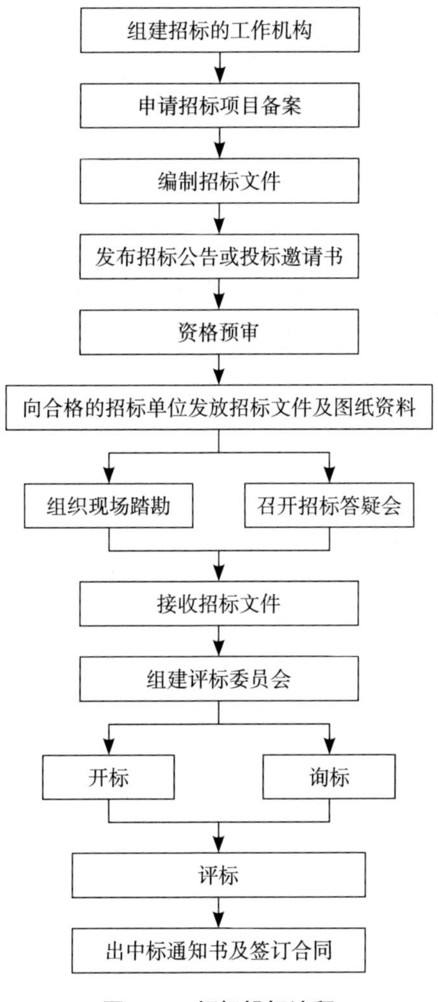

图 11-1　招标投标流程

一、工程总承包招标

工程总承包招标需要做好前期准备工作，包括定位研究、建设规模和内容研究、建设标准研究、建设方案研究和投资估算等，并对投标人的工程总承包管理能力、履约能力、深化设计和投标报价进行全面评估。总承包招标需要注意以下问题[①]：

① 雷胜强 . 建设工程招标投标实务与法规惯例全书 [M]. 北京：中国建筑工业出版社，2001.

（1）建设规模和建设内容需要尽可能细化。

（2）对建设标准进行清单式明确，包括医疗专项基本技术要求，各种装饰材质规格、品牌和档次，机电设备材料的主要参数、指标、品牌和档次，家具配置数量和标准等。

（3）投资估算需要适应工程总承包模式，可以参考《房屋建筑和市政基础设施项目工程总承包计价计量规范（征求意见稿）》进行编制。

（4）工程总承包的招标应执行《中华人民共和国招标投标法》《中华人民共和国招标投标法实施条例》和住房和城乡建设部《关于进一步推进工程总承包发展的若干意见》等。

（5）招标人应向投标人提供已经批复的可行性研究报告或者初步设计文件，供投标人制作投标文件参考。

（6）工程总承包招标时间应长于传统的施工招标时间，确保投标人有足够时间对招标文件进行研究、深化设计、进行风险评估、编制估算工程量清单等。

（7）计价方式应在工程总承包招标文件中明确，建议采用固定总价合同，除合同约定的变更调整部分外，合同固定价格不予调整。暂估价的招标可以由建设单位或工程总承包单位单独进行，也可以由建设单位和工程总承包单位联合招标。

（8）费用支付的约定根据费用构成分类、采购计划和实施进度进行约定，不同类型的费用可以采用不同的支付方式。

二、设计招标

首先，建设方应依据医院设计需求编写尽可能详尽、规范的设计任务书，设计任务书是医院建设项目招标文件的核心内容。在编写设计任务书时，首先应明确医院项目类型，包括新建、改建和扩建，不同项目类型的规模、设计需求和设计重点有所不同，因此，在设计招标中首先明确医院项目拟建类型，将设计需求清晰地传达给参与投标的单位，同时充分考虑医院各部门、各科室的需求，整合医院发展规划做出设计任务规划。

设计单位的选择上，应当注重国内建筑设计单位的医院建筑设计能力，切忌盲目追求国外现代化医院设计模式。在学习借鉴国外经验的同时，还需要充分考虑我国国内及医院自身的医疗技术、管理水平和病人需求。

在项目招标时，更应该注重医院使用功能，并充分考虑卫生、节能、经济及美观等方面的要求。因此，在设计方面的决策上，应注重实用性和实际需求，同时也需要考虑到医院类型、区域环境和文化差异，以确保能够为医院带来最好的实用效果。

三、施工招标

（一）施工招标的工作内容

施工招标工作的主要内容包括以下方面①：

（1）召开标前准备会，进行招标咨询和策划。

（2）编制施工招标文件，包括评标办法、工程量清单等，并进行送审备案。

（3）负责发布招标信息，让潜在投标人了解相关信息。

（4）接受投标人的报名，并对其资格进行初步审核后，发放标书。

（5）协助建设单位对投标人进行资格预审。

（6）组织现场踏勘和答疑会，并发放和备案补充文件。

（7）组织开标会和评标会，并负责回标分析，评选最终中标者。

（8）负责与招标办进行联系和协调，以确保整个招标过程的顺利进行。

（9）发布中标通知书，通知中标者并进行后续工作。

（10）负责招标过程中的文件资料归档工作。

（11）处理其他相关事宜，确保整个招标流程的安排和实施都得到妥善处理。

（二）施工招标工作要点

（1）为了确保医院建设项目的顺利实施，招标文件应该详细说明项目概况，涵盖医院项目的特点、基地现状、施工条件和需要达到的质量目标，并合理设置针对性条款，以充分预见可能出现的各种问题，如不利天气、材料涨价等因素的影响，并根据实际情况设定合理的招标条款。

（2）针对医院基建项目专业系统多的特点，应该合理划分专业分包范围，如消防工程、弱电工程、净化工程、变配电工程、污水处理工程和绿化工程等，并明确总包的管理职责和范围，使得各个专业分包有序协作，确保整个工程质量达标。

（3）针对医院建设项目图纸详细、技术要求明确、工程内容基本明确的情

① 张建忠，乐云 . 医院建设项目管理——政府公共工程管理改革与创新 [M]. 上海：同济大学出版社，2015.

况，可以采取固定总价合同方式，确保工程质量和施工进度，同时避免不必要的增项和争议。

（4）为了确保工程量清单的合理编制，医院建设方应该以施工图纸为基础，依据国家标准《建设工程工程量清单计价规范》GB 50500—2013进行编制，详细描述项目特征，准确计算工程量，避免漏项。

（5）为了保证招标过程的公正性和透明度，评标办法应该根据实际情况设定，采用合理的评标原则和方法，如“确定合理低价为最终的中标价”评标原则，并设置约束条款控制投标单位恶意报低价的情况，确保最终中标单位能够真正具备完成工程的资质和能力。

四、专业分包招标

（一）招标方法的选择

医院建设项目中比较关键与重要的专业分包工程如弱电工程、手术室工程等，往往需要会同医院多个相关的部门、科室对招标技术规格要求进行讨论以最终确认，从而选择合适的招标方法。一般有方案招标和工程量清单招标两种方法，比较如表11-1所示。

专业分包招标方法　　表11-1

招标方法	方案招标	工程量清单招标
医院前期准备工作	提供招标技术要求、招标图纸	提供施工图纸及相应的工程量清单、招标技术要求
评标细则	在评比材料、设备的选择及技术性能的同时，投标人的方案总体思路、方案图纸深度也是评标的重点考虑因素	不存在方案、图纸的评比，仅对投标工程量清单报价的合理性、规范性以及材料、设备的选择及技术性能进行评比
合同类型	总价合同：投标人的报价不仅限于自己的专业方案设计和图纸内容，还应包括可能中标后进行专业深化设计后的全部工程内容的费用报价。在招标人为提出设计变更而发生数量变化的情况下，实行总价包干	单价合同：根据工程量清单变更计价的一般原则执行，即已有单价按已有单价执行，类似单价按类似单价换算后执行，没有单价报发包人审批
投资控制风险	相对较小：类似交钥匙工程，中标人包工、包料、包工期、包质量、包第三方检测、包验收和包安全	受招标工程量清单的准确率影响
优缺点	优点：医院建设方前期工作较少，整个招标周期较短； 缺点：评标受评委主观性影响，中标后以及项目实施过程中需要不断深化	优点：优胜劣汰，投标人竞争充分，中标后项目较易推进； 缺点：对工程量清单的准确率要求高，医院前期工作量较大，整个招标周期较长

（二）招标计划的编排

在医院专业分包招标中，建议将需要配合总包土建预埋、配管的项目，如消防工程、弱电工程、污水处理工程等作为前期的招标重点。设备为主的专业分包可适当延后，如医用气体、屏蔽工程等。此外，在编制招标计划时要充分考虑设备的技术参数与总包的土建工程的关联性，避免影响总包进度。专业分包招标的一般顺序如下：

（1）优先进行施工准备工程，然后再进行主体工程。

（2）工期较短或对工期有所制约的工程应优先考虑招标，而不是拖到后期。

（3）土建工程应优先考虑招标，设备的安装可以在后期进行。

（4）结构工程的施工应先行，安装工程可以稍后进行。

（5）工程施工应优先考虑招标，货物采购可以放在相对靠后的时间节点，但对于一些主要设备的采购，应提前进行，以便获取工程设计或施工的技术参数。

五、设备及大型医用设备采购招标

医院建设项目中通用设备及大型医用设备的采购，应注意以下几个问题[①]：

医院常用设备包括空调、锅炉、电梯、配电箱、柴油发电机、热泵机组、太阳能、雨水收集、机械停车等设备，一般包含在工程暂估价中。以上设备如已纳入政府采购目录，医院建设方则应委托集中采购代理机构进行采购。

在设备的招标采购过程中，需要注意设备的技术性能、标准化水平、使用成本、节能环保指标等。设备的标准化水平体现在设备的通用性、可替换性和备品备件的易得性，标准化程度越高，则使用成本和替换成本就越低；性能指标的选择应考虑医院的具体需求和成本预算；应从设备生产到使用、处置全生命周期各个环节考量设备能耗指标，尽量降低消耗、减少污染物排放，有效合理地利用能源。

对于大型医用设备的采购管理需获得“大型医用设备配置许可证”。甲类大型医用设备由国家卫生健康委员会负责配置管理并核发配置许可证，乙类大型医用设备则由省级卫生健康行政部门负责配置管理。在采购过程中，需擅自提高设备的性能或规格，同时严禁引进境外研制但境外尚未使用的大型医用设备[②]。

---

① 张建忠，乐云 . 医院建设项目管理——政府公共工程管理改革与创新 [M]. 上海：同济大学出版社，2015.

② 崔亮，赵京霞，崔怡，等 . 大型医用设备的管理 [J]. 医疗卫生装备，2013，34（11）：116-117.

第三节　招标采购合同管理

合同管理过程实际是招标人项目管理的全过程，合同制定阶段的管理实际是项目的招标过程，合同实施阶段的管理实际是项目招标人、中标人的合同履行管理过程。招标活动以签订（书面）合同为界，将合同管理过程划分为合同制定阶段的管理和合同实施阶段的管理。

一、合同制定阶段的管理

合同制定阶段的管理主要包括从投标人资格预审、编制招标文件、接受投标、评标、中标（定标）、合同谈判到确定中标人的整个过程中涉及合同条件和内容准备的相关管理活动。可能涉及清单的编制和批准、合同条款、投标人须知的编制、开标、评标、中标（定标）、合同授予、移交文件等内容和程序。

在合同制定阶段，招标合同管理的工作内容包括项目合同风险评估、项目合同谈判、合同签订等。其中，项目合同风险评估工作主要包含项目合同形式、项目进度要求、项目付款程序、项目合同风险划分等。在审核招标采购文件时，相关部门应主要审查投标文件和招标文件。在审核招标文件的过程中，相关部门应主要是对合同文件和技术文件进行审查。在一般情况下，项目管理人员会为业主提供投标文件的草拟合同文件。其间，管理人员需要对合同文件进行逐一审查，尤其要对合同条款是否存在异议进行检查，还应为中标后的合同谈判进行充足的准备。另外，在审查技术文件时，管理人员应主要对文件的有效性和完整性进行检查。比如，投标文件包括完整性较强的技术文件，管理人员在审核过程中应对文件的有效性进行审查，确保其满足投标报价的要求。在经历开标和评标工作后，招标投标双方还需要进行合同谈判及签订。在正式的合同谈判之前，项目管理人员应将合同草案提交给有关部门审查，这样可以有效减少项目实施过程中各种不必要的纠纷。在对所有条款都达成共识后，招标投标双方则可以进行合同签署。

二、项目管理中的招标采购与合同管理策略

（一）注重招标采购程序规范性的提升

在对项目管理中的招标采购和合同管理进行有效控制时，项目管理人员应有效防范贪污腐败问题，从而提升招标采购工作管理质量。在这一过程中，管理人员应加强对招标采购过程的规范化和精细化管理，从而为招标采购的整体质量提供保障，确保招标采购工作符合国家标准。

（二）注重招标采购管理人员的规范化管理

招标采购管理人员属于项目管理中招标采购工作的主要承担者和管理者，对整体的招标采购工作具有直接影响。为了提升招标采购工作的规范性，企业应对招标采购管理人员的行为进行严格约束，即通过明确的纪律来规范招标采购人员的工作行为。首先，企业应明确划分招标采购管理人员的岗位职责，确保其可以各司其职，并在各自岗位充分发挥自身优势。其次，企业还应加强招标采购管理人员的培训工作，利用定期和不定期的专业培训来提升招标采购管理人员的工作素质和业务水平，使其在工作岗位中可以严于律己，从而提升招标采购管理人员参与投标的效果。

（三）注重加强供应商和投标者的管理

在进行招标采购时，采购管理人员不仅要控制好采购成本，还应严格把控招标采购的整体质量和后续的相关服务，以此达到稳定企业综合成本的目的。在进行招标采购管理时，项目管理人员应加强对企业供应商和投标者的管理，对企业供应商和投标者的资质进行严格审核，确保其可以规范地参加投标工作，为材料及产品的整体质量提供有力保证。另外，管理人员还应严格审核企业的运营状况。

（四）注重招标采购全程监管

招标采购管理工作应当具有公平性和公正性，全方位地严格监督招标采购的各个环节，尤其应当对关键招标采购环节进行重点把握。项目管理中的招标采购工作的各个环节之间具有紧密的联系，招标采购管理人员需要提升招标公告发布的严格性，还应初步审查投标人的相应资格。在实际的投标过程中，招标采购管理人员需要加强监督投标截止时间，在开标环节则应明确开标时间、开标地点及开标详细要求等。在进行评标时，招标采购管理人员应提升评委会安排工作的严谨性，制定

的评标规范应具有科学性和可操作性。在进行定标时，招标采购管理人员则应确保各项评标规定都能得到严格落实，相关信息都能得到及时传达和报送。在进行合同签订时，招标采购管理人员应加强合同审核及后期的管理工作，而在具体的验收环节，则应确保严格按照要求执行合同，并对合同的执行情况进行随时抽样检查。

（五）注重合同管理手段的科学应用

招标投标双方应不断建立健全合同保证体系，以确保合同实施过程中的各项工作能有序进行，避免出现工程项目的合同纠纷。建立合同管理的具体程序，建立健全合同文档系统，认真学习合同条款，明确合同责任。

除了不断健全和完善合同保证体系外，项目管理人员还应强化具体的合同实施过程中的控制工作，从而保障合同规定内容得到有效落实。在合同实施过程中，项目管理人员应增强合同双方的沟通交流，并能利用现代化信息技术进行合同信息化管理。在合同实施过程中，合同争议和纠纷在所难免。在处理这类事务时，管理人员应采取合理的方式和有效的法律手段预防和避免纠纷的出现，面对纠纷应进行跟踪管理。

第四节　招标代理

由于业主缺乏招标采购方面的专业知识和经验，委托专业招标代理机构编写招标文件、组织招标活动，可以提高招标的效率和质量。本小节详细介绍招标代理的工作内容、与业主协调机制和协调重点。

一、招标代理的业务范围

招标代理机构在招标活动中的服务范围可以根据实际需要进行选择，并在招标代理委托合同中明确约定。通常包括以下六个方面[①]：

1. 审核投标人资格

招标代理机构负责审查投标人资格。其中，包括资格预审、资格复审和资格

① 全国建设工程招标投标从业人员培训教材编写委员会 . 建设工程招标代理法律制度 [M]. 北京：中国计划出版社，2002.

后审等环节。目前，我国的招标投标活动以资格预审为主。

2. 拟定招标方案及编制招标文件

在项目招标前，需要完成大量的工作。拟定招标方案并编制招标文件是招标代理机构应当完成的主要工作。招标代理机构除了办理审批手续外，还要确定招标方式、合同类型、划分标段等重要事项。

3. 编制招标标底

招标代理机构可以接受委托，对招标标底进行编制。虽然《中华人民共和国招标投标法》没有强制要求编制标底，但对于建设项目而言，一般都需要编制标底。

4. 组织投标人踏勘现场和答疑

招标代理机构必须组织现场踏勘，帮助投标人了解工程场地和周围环境情况，以获取投标的必要信息。为便于投标人提出问题并得到解答，勘察现场一般应当提前预备投标 1～2 天。同时，招标代理机构还需要组织答疑会，回答投标人所关心的问题。

5. 组织开标、评标和定标

招标投标活动经过了招标阶段、投标阶段，就进入了开标阶段。对于委托代理的招标项目，开标一般由招标代理机构主持，邀请所有投标人参加。投标人或其他代表都有权参加开标。招标代理机构还可以承担组织评标和定标的服务。

6. 起草工程合同

招标代理机构应根据法律、行政法规、招标文件和中标人的投标文件等规定，起草符合标准的工程合同。这是保证后续施工和交付过程顺利进行的重要工作。

二、工程招标代理

建设工程招标代理是建设单位或业主将建设工程招标事务委托专业中介服务机构，由该机构独立代表招标人进行建设工程招标投标活动，以招标人的名义与他人独立进行，由此产生的法律效果直接归属于招标人。①

《工程建设项目招标代理机构资格认定办法》第五条规定，工程招标代理机构资格等级分甲、乙和暂定 3 个级别。其中，甲级工程招标代理机构可以承担各类工程的招标代理业务；乙级工程招标代理机构只能承担工程总投资 1 亿元以下

① 上海市住宅建设发展中心 . 大型居住社区开发建设管理实务 [M]. 上海：上海科学技术文献出版社，2014.

的工程招标代理业务；而暂定级工程招标代理机构则只能承担工程总投资 6000 万元以下的工程招标投标代理业务。

工程招标代理资格的机构应当具备以下条件：

（1）符合法律规定的独立中介组织，拥有独立法人资格；

（2）与政府和其他国家机关没有行政隶属关系或其他利益关系；

（3）拥有固定的营业场所和开展工程招标代理业务所需设施及办公条件；

（4）具备健全的组织架构和内部管理规章制度；

（5）拥有编制招标文件和组织评标的专业人员；

（6）拥有技术、经济等方面的专家库可以作为评标委员会成员人选；

（7）满足法律、行政法规规定的其他条件。

招标人委托招标代理机构承担勘察、设计、施工、监理等招标业务主要包括协助招标人申报建设项目；协助招标人审查投标人资格；起草工程招标方案、编制招标文件（包括工程量清单）；拟定工程标底或招标控制价（也可以由招标人另行委托其他专业机构编制）；组织投标人实地考察和答疑；组织开标、评标和确定中标人；提供其他与工程招标有关的议事咨询等服务。

招标代理机构接受招标代理业务应当与招标人签订委托合同，合同应采用建设行政主管部门发布的示范文本，并在授权范围内执行。委托合同内容应包括招标人、招标代理机构名称、代理事项、代理权限、代理期限、费用、地点、方式、违约责任、纠纷解决方法，需由双方法定负责人盖章签字。

品牌网基于大数据统计以及市场和参数条件变化，评选出 2023 年中国十大招标代理公司，如图 11-2 所示。

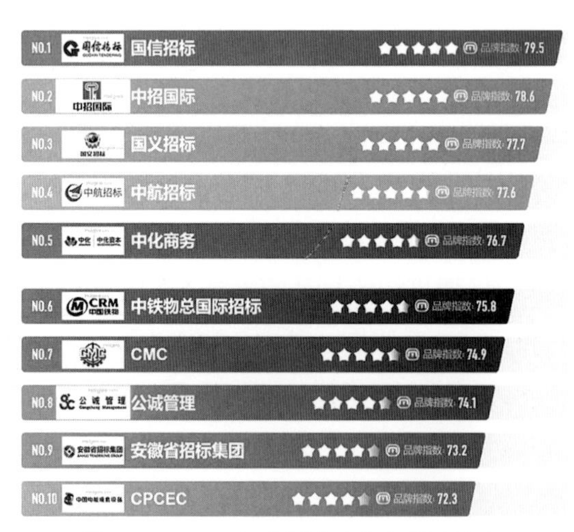

图 11-2　2023 年中国十大招标代理公司

第十二章　医院建设工程项目投资控制与财务管理

由于医院建设项目的公益性，以及其资金投入的国有性质，医院建设项目业主单位必须加强对项目投资及资金使用的管理，保证投资规模合理、资金使用安全有效。

第一节　建设项目各阶段的工程造价管理

本节主要介绍工程造价的构成和计价方法，以及投资概算编制的主要依据。

一、我国现行建设项目工程造价的构成

工程造价主要由建设投资构成。其中包括工程费用、工程建设其他费和预备费三部分[①]。工程费用是指构成固定资产实体的各种直接费用，包括建筑安装工程费和设备及工器具购置费。

（1）建筑安装工程费用由直接工程费和措施费组成。直接工程费包括人工费、材料费和施工机械费；而措施费则是指施工准备和施工过程中的非实体性项目，如安全文明施工费、临时设施费、大型机械进出场费、模板费用等。

（2）工程建设其他费是指依据国家相关规定需在投资中支出，并计入建设项目总造价或单项工程造价的费用。

① 张静晓，严玲，冯东梅 . 工程造价管理 [M]. 北京：中国建筑工业出版社，2022.

（3）预备费是为保证工程项目顺利进行而预先安排的一笔费用，主要避免出现难以预料的情况造成投资不足的现象。

建筑安装工程间接费则包括政府相关部门规定需缴纳的工程排污费、社会保障费、意外伤害保险费、住房公积金，以及建筑安装施工企业管理人员工资、办公费用、工会费用、财务费等。

二、建设项目工程造价的计算方式

工程造价计算方式包括定额计价和工程量清单计价。国有投资的建设项目必须采用清单计价模式。在此模式下，承发包双方根据市场供求情况，通过招标投标签订工程施工合同。

工程量清单是招标文件的重要组成部分，投标人依据其填写综合单价和合价。综合单价包括人工费、材料费、机械使用费以及管理费、利润，同时还考虑风险因素。主要计价依据是《建设工程工程量清单计价规范》GB 50500—2013，清单项目按“综合实体”进行分项的，并且每个分项工程一般包含多项工程内容。

除了工程造价，投资决策阶段的投资估算还应该包括工程建设必须发生的建设单位管理费、拆迁安置费、土地使用费、勘察设计费等。此部分工程建设其他费一般按照相关政策文件以建筑安装工程费为基础计算。估算的总投资是建设单位或受委托的咨询机构预测并估算建设项目未来发生的全部费用。

为了降低工程项目的建造成本，提高建设的经济效益，项目从构思、建设到验收合格并投入使用每个环节都需要严格把关，尤其是成本预测阶段。在项目投资决策阶段，主要工作内容是完成拟建项目投资的必要性和可行性的技术经济论证，通过比较不同的建设方案选择和决定最科学的投资方案。

三、投资估算

投资估算是指在项目投资决策阶段，根据项目资料和相关规定，估算工程项目的投资额。这一过程不仅会影响编制项目建议书和可行性研究的结果，也会影响到设计和施工阶段的工作。

编制投资估算需要遵循国家、行业和地方政府的相关规定，以及工程勘察和设计所提供的地质资料和图纸文件为依据，根据计算主要工程量清单来进行估算。同时，已建同类工程项目的投资档案资料、政府有关部门和金融机构等机构定期发布的价格指数、利率、税率等也是编制投资估算所需的重要依据。

在不同的阶段里，投资估算的方法和允许误差也有所不同。在项目规划和建议书阶段，投资估算的要求相对粗略，可以采用类似项目单位生产能力进行估算、类似生产规模的项目指标估算，或参考同类企业静态投资比例进行估算。而在可行性研究阶段，需要进行更为详细的投资估算，可以综合考虑项目所在地的估算指标进行计算。

第二节　医院建设项目各阶段的投资控制

一、投资控制原则

建设工程项目投资控制应遵循全过程控制、全员参与以及成本控制原则。

（1）项目投资全过程控制原则是指投资控制应当贯穿从项目立项、设计、施工、竣工交付使用、保修期结束的项目建设全生命周期。实施全过程投资控制需要注意成本节约与工程质量、施工安全、工程进度之间的平衡，在保证质量、安全、进度的前提下注意成本控制。

（2）项目投资控制应动员工程建设参与主体参与，既包括建设方、业主，也包括设计、施工、监理等受委托方。全员投资控制能够调动建设单位和各参建方全部员工的积极性，让每个参与项目的人都形成投资控制意识，并承担相应责任。在确定项目经理和制订人员岗位责任制时，需要确保责、权、利相结合。这意味着在人事安排过程中需要平衡各方的权责利益，使得每个人在实施投资控制的过程中都能够发挥所长，并承担相应责任，从而达到更好的项目实施效果。

（3）节约原则是投资控制的重要组成部分。这包括严格控制成本开支范围和投资开支标准，严格执行有关财务制度，对各项成本投资的支出进行限制和监督。此外，优化施工方案，进行价值工程分析，提高综合管理水平也是节约原则的重要体现。

二、投资控制目标

批准后的项目投资概算是项目建设过程中投资控制的总目标，不得随意突破。

为确保项目投资额控制在概算范围内，医院建设方应注意以下三个方面的问题：

第一，进一步明确项目概算构成，将整个概算投资分配到具体的工作任务和分项中，确定各任务分项目的概算投资，即分目标投资控制量不超出项目总投资，在工程建设过程中根据实际情况进行必要的调整。

在医院建设项目中的投资估算构成包括工程费用、工程建设其他费用和预备费三部分。其中，工程费用是指直接用于工程建设的物资和劳务费用；工程建设其他费用则包括土地使用费、设计费、监理费、检测费等不属于工程费用的支出；预备费则是为防止意外事件而设置的一项费用。在实施投资控制的过程中，需要对这些费用进行有效的管控，以确保整个项目的投资不超出概算。

第二，项目前期准备充分，对各种投资风险因素进行充分预测和估计，在项目实施过程中开展实时风险监控，采取有效的投资控制措施，确保项目投资控制各分目标、总目标的实现。建设工程项目风险监控和投资控制手段包括财务监理、跟踪审计、造价咨询等方式，在工程建设各阶段，定期将实际成本投入与投资控制目标值进行比较，并分析原因、及时纠偏。

第三，投资控制目标不是工程建设项目的首要目标，应在确保项目的质量、进度、安全的前提下，通过提升项目管理效率、优化项目实施流程、优化供应链管理等手段有效控制项目成本，达到整个项目建设各项目标的平衡。

三、投资控制措施

（一）项目前期策划阶段的投资控制措施

（1）做好项目可行性研究。

①在投资决策阶段，医院建设方应对拟建项目的技术、财务、经济效益、社会效益进行充分的调查、研究，制订最优投资方案，避免造成盲目投资的损失，提高投资的成功率和收益率，确保项目能够实现预期的经济效益和社会效益。

②建设单位在投资方案基础上进行项目财务评价，预测项目建设成本和收益。

③开展风险因素分析，对经济社会发展趋势、区域人口社会发展状况、疾病健康状况、居民收入变化等宏观因素，以及工程进度延期等项目因素产生的风险进行评价分析。

④参照同类医院项目投资、成本费用和收益状况，测算项目经济技术指标，审查投资估算内容是否完整、指标选用是否合理，提出投资估算优化建议。

（2）编制投资计划书。

①投资估算应科学、合理、经济，确保符合项目的立项程序和区域审批权限。

②投资估算和设计方案应该相互匹配和一致，同时满足医院的基本建设标准。

③建立项目投资台账，实时跟踪可行性研究报告的项目投资估算与项目建议书投资估算的差异，并作为后期投资计划编制和投资控制的参考。

④投资估算时应注意医院项目建设施工技术（如 BIM 技术）、项目管理模式（如装配式建造）、医院设施设备（如智慧医院系统）、新型医疗装备等对投资规模的影响，将新技术、新模式、新设备的投资纳入投资估算中。

⑤鉴于医院建设项目建设周期和使用周期较长，可能遇到的需求、资金、财务等因素波动大，因此在投资决策应持续进行动态投资预测和调整，观测工期对投资的影响，建立动态投资估算和预测体系，以确保投资的科学性、合理性和前瞻性。

（3）为对项目投资进行有效监管和控制，建设方应综合采用造价咨询、跟踪审计、财务监理制度，从可行性研究阶段开始，组织造价、审计等部门参与到项目的投资控制管理工作中，确保这些第三方服务机构对项目投资进行准确、精细的审核和分析，提出针对性控制对策，以确保投资估算和设计概算的正确性和指导性。

（4）充分享受政府给予的优惠政策。了解国家及地方给予的优惠政策，充分享受政府的减免，例如教育费附加等。

（二）设计阶段的投资控制措施

1. 设计阶段投资控制的主要内容

在设计阶段，投资控制的主要内容包括如下六个方面[①]：

（1）编制项目总估算，并在初步设计的基础上进行分析和论证，以提供投资目标的参考依据。同时，审核项目总估算，供决策层确定投资目标参考。

（2）制定项目总投资切块、分解规划，并在设计过程中加强对其执行的控制。在需要时，及时提出调整总投资切块、分解规划的建议，以确保投资的有效使用。

（3）编制设计阶段的资金使用计划，并加强对计划执行的监管和控制。如有必要，提出调整建议以保证资金使用的合理性。

（4）审核项目总概算，在设计深化过程中严格控制在总概算所确定的投资计划值之内，以确保投资的符合预期效益。

① 吴锦华，张建忠，乐云 . 医院改扩建项目设计、施工和管理 [M]. 上海：同济大学出版社，2017.

（5）对设计从设计、施工、材料和设备等多个方面进行必要的技术经济比较论证。如出现可能会超出投资目标的情况，协助设计人员提出解决办法，供决策参考。

（6）审核施工图预算，采用价值工程的方法，在充分考虑项目功能的前提下，进一步发掘节约投资的潜力。从而推动项目的合理实施，实现投资效益最大化。

以上是设计阶段投资控制的主要内容，需要全面、细致、科学地进行规划和管理，以确保项目的顺利实施和投资效益的实现。

在设计过程中的各个阶段，进行投资计划值和实际值的动态跟踪比较，并提出各种投资控制报表和报告。

2. 设计阶段投资控制的主要措施

设计阶段投资控制的主要措施包括：

（1）选择优秀的设计方案和设计单位，并在设计合同中设立设计费约束条款，采取分段付款方式对设计单位进行限额设计的管控。

（2）审核方案设计，优化预算估算。结合项目的管理模式，对建设标准、规模、功能等进行技术论证；在初步设计的基础上，进行项目总投资目标的切块分析和论证，在设计过程中严格控制其执行。

（3）推行概算审核制，即设计单位上报概算之前由造价咨询（或跟踪审计、财务监理）进行审核，并在此基础上确定项目总投资目标值。

（4）对施工图设计进行必要的市场调查分析和技术经济比较，从设计、施工、材料和设备等多方面进行审核；同时，结合工艺技术方案和设备方案对工程管线布置进行审核，评价管线铺设方式的合理性。

（5）在施工图设计阶段，要审核预算，充分考虑满足项目功能的前提下进一步节约投资，并按照土建工程清单进行核算。同时，需要逐一跟踪投资计划值和实际值的比较，提交投资控制报告和建议，以发现超出概算风险。若有超出概算风险，则需要进行设计方案的优化，平衡资金，以控制重新调整目标值。

（6）为了节约建筑材料、降低工程造价，可以采用标准化设计、标准构配件和设施用具，集成化、工业化、装配式等技术，并评估不同比率、不同部位的装配式对造价的影响。这些措施可以有效地降低建筑成本，提高工程效益。

（三）招标投标阶段的投资控制措施

1. 注重招标文件中工程量清单的编制工作

根据《建设工程工程量清单计价规范》GB 50500—2013 的要求，采用工程量清单招标方式，并严格执行建设程序。招标工程量清单的编制以审定的施工图、投资概算和投资标准为基础来进行编制，分部分项要合理，项目特征和量价要准确。

招标工程量清单强调设计资料的完整性，必须按照国家、地方有关部门的规定和设计规范提供招标范围内的完整图纸和相关资料。同时，勘察和设计单位应提高勘察和设计的深度和精度，避免因地质条件变化导致中标施工方案变更、因设计缺陷导致设计变更，从而降低索赔风险。

在编制招标工程量清单过程中，需建立招标工程量清单汇总表，将清单和设计概算进行逐条对比，找出主要投资差异，使得投资变化有可控性、可追溯性。同时还要对中标单位的商务报价进行回标分析，确保投资变化有规可循，问题得到早期发现。

2. 做好招标回标分析

在招标文件要求中，需要对投标文件进行核查，以确认其是否实质性响应了招标文件，并对投标报价的合理性和完整性进行审核，根据评标办法设定甄别异常报价，确定进入回标分析的投标单位。

将回标分析结果汇总，以书面形式提交给评标委员会作为评标的依据。

3. 防止恶意低价竞标

在招标准备阶段，需要重视投标报价基础资料编制质量，从源头杜绝恶意低价竞标。同时，在商务标评审办法中，需要注重可操作性，对未实质性响应招标文件的商务报价应有明确的评审办法。

在标后阶段，需要强化工程标后监管措施，并建立标后监督管理的长效机制。此外，在签订相关施工合同时，必须严格执行国家的有关法律法规和管理规定，不能违背招标文件的实质性条款。在合同谈判时，通过整理招标文件与投标文件（要约与承诺）的差异，对询标中的承诺进行进一步明确。

为了防止恶意低价中标人通过材料置换达到二次经营目的，需要建立严格的设计变更和签证程序，以及材料置换报审制度。

（四）实施阶段的投资控制措施

项目实施阶段应建立完善的动态投资控制制度，随时掌握因工程变更等引起的工程造价变化[①]。

---

① 张建忠，乐云．医院建设项目管理——政府公共工程管理改革与创新 [M]. 上海：同济大学出版社，2015.

1. 建立实施阶段的动态投资控制机制

在项目管理中，可以将项目总投资分类、细化，分解为分项控制目标值，并赋予分级编码，在实际投资概算对比月度分析表中进行监控。

通过对比每个分项的批准概算、施工图预算和预计实际投资，可以判断该部分是否超概算，如果超概算，则需要明确实际投资超概算的主要原因。在总投资不突破的前提下，各分项投资控制目标值应在保证安全质量、进度和满足建设方使用功能要求的前提下适时调整，强调动态平衡。

在项目管理过程中，应当注重投资控制，细化投资计划，制定目标控制值，并通过不断监控和调整来实现投资控制目标。同时，需要平衡投资控制与项目实际需求，以确保项目建设的顺利进行，同时也需要认真分析投资超概算的原因，并采取有效措施来防范和解决问题。

2. 严格控制工程变更

在项目管理中，需要建立健全变更控制体系，制定工程设计变更管理规定以及项目设计变更申报制度，加强对工程施工阶段的施工图管理，合理控制设计变更，减少因设计变更带来的造价增加或延误施工工期，以全面确保项目工程质量、进度和控制项目预算。

为了加强变更的批准审核管理，需要对承包商提出的变更进行现场考察，确定变更的必要和费用，并在符合实情的情况下批准；对医院提出的设计变更要求，由项目医院建设主管部门填写设计变更中告批，批准后通知设计单位作出设计变更，经建设单位或院方确认后下发。此外，还要规定变更审核批准期，对于没有及时提交审核的变更不予确认。

建立变更控制体系，制定相关规定和申报制度，并加强设计变更管理和审核管理，以减少造价增加和延误工期，确保项目质量和进度。对于变更提出方进行分类控制，不同变更有不同的变更流程，通过医院建设主管部门、建设单位（代建单位）、造价咨询（跟踪审计、财务监理）和其他相关单位的审核，以确保变更的必要性、合理性和可行性。

3. 严格现场签证管理，随时掌握工程造价变化

为了规范工程变更签证管理，应制订签证制度，并加强现场施工管理，在施工过程中督促施工方按图施工，严格控制各种预算外的费用，如变更洽商、材料代用、现场签证和额外用工等。

4. 合理确定材料设备的价格

在医院建设工程项目中，根据采购类型的不同，需要采取不同的采购方式。

对于属于公开招标的材料和设备，需要合理设定限额价，并按照公开招标程序进行预订。

对于属于批价的材料和设备，应组成批价小组，通过内部评议、集体讨论的方式最终决定中标单位。批价小组由医院建设主管部门人员、代建单位、工程监理、造价咨询、设计、总包和监管人员组成。

通过以上方法进行采购，可以确保采购的材料和设备具有合理的价格，并且质量、服务和工期等方面也能得到保证，同时可以防止出现不必要的浪费和额外的支出。

（五）竣工验收阶段的投资控制措施

在工程结算编制过程中，必须严格遵循合同和国家相关文件的规定，并对工程结算依据进行审核，包括审核结算资料是否齐全、是否符合审价要求等。在审核工程结算书时，重点关注其真实性、可靠性和合理性，除了正常的工程费用，额外投资的费用、属于合同风险范围内的费用以及未按合同条款执行的工程费用等都需要坚决剔除。

第三节　建设项目财务管理

本节主要介绍医院建设项目中财务管理与投资控制结合的方式、财务监管的方式等内容。

一、财务管理中的投资控制工作

在设计、监理、施工等重要节点招标文件的流转环节，以概算批准内容和金额审核招标文件相关条款与合同相关条款的对应性、符合性。

在用款申请环节的事先控制审核中，对发现问题人用款申请开始，给出整改完善意见或要求，从项目财务管理角度加强投控的监管力度。

根据合同条款审核结算业务的执行，不定期检查合同履约情况，控制合同变更依据、手续，以保障投资控制管理目标的实现。

遇政策调整、安全因素等超概算的情况，以建设方申请，造价咨询方（或跟踪审计、财务监理）对相关情况的原因分析、投资阶段对比审核及资金落实、核算处理等意见的提供，项目管理方的审核意见，报原审批部门批准后执行。

合同签约前通过对总、分包招标文件，合同条款中预、结算资料提交的时效性及完整性提出制约意见，合同履约中及时协助项目管理对施工方结算滞后的现象提出处理意见，加强预、结算的审价工作管理，以制约投控的不确定性。

二、财务管理与审计

在项目财务管理工作开展前，提前或同步考虑、落实审计要求，设计相关财务管理制度和流程，起到事前提示、风险预警的积极作用，能使项目顺利通过审计，为顺利推进后续重要环节的工作创造必要条件。

将审计要求贯穿于项目财务管理的始终，强化每笔业务支出的财务管控意识，形成审计回馈项目财务管理实践的良性循环和管理闭环。

视每次审计为检验自身工作质量的机会，对审计提出的问题及时梳理、归类、总结和分析思考，并作为工作案例对员工进行在岗实效培训的教材以提升业务管理水平；对共性问题形成处理对策，作为今后项目财务管理的工作指导意见。

建立与审计的沟通咨询渠道，及时处理和解决各阶段遇到的与投资和支付有关的问题，规避审计风险。

采用工程总承包模式及总价包干的合同，可只审计变更调整部分，固定总价范围不再审计，可以对固定总价的依据进行调查审计。审计的要点包括：设计是否满足合同文件和招标要求；工程质量是否满足国家标准和合同约定的标准；设施设备品牌规格型号是否满足合同约定和招标要求；室内外装修标准是否满足合同约定和招标要求；采购标的物是否满足合同约定标准和招标要求等。

案例10　山东潍坊医学院附属医院工程投资管理

山东潍坊医学院附属医院是省卫生健康委管理的集教学、医疗、科研、预防和保健等功能于一体的大型综合性三级甲等医院，是潍坊医学院直属附属医院。医院有临床科室66个，医技科室10个。拥有5个省级重点学科、重点实验室，12个省级临床精品特色专科、临床和中医药重点专科、省级孕产期保健特色专科，4个省级临床医学研究中心分中心；拥有12个市级医疗卫生重点学（专）科、中医药临床重点专科，22个市级重点实验室，医院建筑面积20余万平方米，开放床位2100余张。

山东潍坊医学院附属医院教学科研病房综合楼位于山东省潍坊市奎文区虞河路以东，北宫东街以南，总建筑面积约9万平方米，规划建设1栋地下2层、地上19层、裙楼地上5层的集教学、科研、病房、手术室、药房、门诊及全科医师培养基地于一体的综合楼。该项目于2015年9月开工，2018年7月竣工，2019年3月正式试运行。项目质量控制目标要求质量验收一次合格率100%，主体结构工程优良，2019年荣获山东省建设工程优质结构工程奖。

潍坊昌大建设集团在该项目建设中实施安全文明施工管理，确保工程质量、安全和进度的同时，采用严格的投资控制措施，实现项目“双控”，将建设投资控制在概算范围内，最大限度为业主降本增效，提升项目经济效益和社会效益，该项目在建设过程中面临严峻的投资控制问题。项目最初概算单价为5950元/m^2，而当时同类项目单价已经达到6100元/m^2，面对人工材料价格的不断上涨，投资控制形势十分严峻。医院、管理公司、财务监理、施工监理、施工单位共同组建批价小组，精打细算，选择性价比最高的好品质低价位产品，尽最大努力做好投资控制工作。

为加强项目资金使用效率，控制投资规模，在本项目的投资管理中，运用挣值管理（EVM），综合考虑项目范围、成本与进度指标之间的关系，帮助项目管理团队评估与测量项目绩效和进展。

在实际施工过程中把计划投资额作为控制的目标值，定期进行投资实际值与目标值的比较，找出实际支出额与投资控制目标值之间的偏差，分析偏差原因，并采取有效的措施加以控制，以保证控制目标的实现。

本项目通过招标引入竞争、优化和深化设计减少投资，取得了明显成效：桩基工程，通过公开招标降低单位造价，比概算减少101.75万元；后勤科研楼的通风空调工程，通过市场询价比价，优化设备配置，比概算减少13.15万元；二次装修工程，通过市场竞争，采用总价包干承包方式，优化设计，降低费用，比概算减少1447.28万元；变配电工程，通过公开招标降低费用，比概算减少19.60万元；总体工程，如绿化工程、给水工程、标志标识等，通过公开招标，引入竞争，比概算减少391.36万元；锅炉、空调、电梯工程，通过政府采购等公开采购手段，引入竞争让利，比概算减少394.21万元。

各单体中，科研教学楼在施工图阶段，优化玻璃幕墙、抗重载地面设计；病房楼围护优化，以上优化措施合计比概算减少294.35万元；人防工程通过图纸深化，施工图预算工程量减少，减少概算137.28万元。

第十三章　医院建设工程项目质量、进度与安全管理

质量、进度以及安全管理是工程建设项目中的重要活动，贯穿在医院建设项目全过程，包括策划、设计、施工和试产，涉及建设单位、代建单位、设计单位、施工单位、材料设备供应商以及主管部门等多主体。这些主体在不同阶段承担不同的管理和监督责任。

第一节　质量、进度、安全管理的组织与制度保障

医院建设工程施工过程中设计参与主体众多，不同单位根据自己的专业领域进行项目分工，并且这些部门也会受到建设集团以及政府相关部门的监督。项目建设过程中有较多不同性质的单位一起工作，他们之间的协调和配合对整个医院项目的顺利完成有着重要的影响作用。为了协调不同部门之间的运作，保障项目顺利进行，医院建设方一般设置专门的工程项目筹建办公室（以下简称“筹建办”），是一个在项目工程建设期间负责项目管理以及协调不同职能部门工作的组织机构。

医院建设工程项目整个过程的管理工作通过项目筹建（基建管理办公室）实现，筹建办公室作为项目建设期间的管理组织，负责工程项目建设工作的协调、指挥和监督。根据国家有关规定和项目本身的实际需要，筹建办主要由以下人员组成：项目经理、专业工程师、医院方项目经理、代建方项目经理、土建工程师、设备安装工程师等。成员互相配合，共同落实项目建设过程中的进度管理、质量管理以及安全管理等相关的措施。

一、筹建办主任的职责

筹建办主任对工程项目管理负主要责任。

在项目招标中，筹建办主任应对投标商的背景进行详细调查，客观评价每个投标商的实际情况，对标书内容要严格保密。

在发包过程中，筹建办主任应会同项目监理单位总监，对总包、分包单位项目经理进行工作考核。

在工程设计、施工过程中，严格按照技术要求进行施工，精准控制投资，根据项目实施情况完善设计和施工方案，做到资源利用最大化、效率最高化以及方案最优化。

医院工程进行验收时，严格按照工程项目的有关标准进行检查，对发现的问题及时上报，严格把控工程质量。

二、医院方项目经理职责

在项目前期，针对项目整体提出合理的设计方案，并对工程方案设计、施工图设计的可行性进行审查。

同代建单位一起组织项目方案设计以及初步设计审查会，同时会上提出修改意见。

同代建方一起负责工程项目的招标工作，制定招标条件和要求。

同代建方以及监理单位对工程实施进度进行监督。

审核工程开工令、停工令、复工令，审核和确认工程现场签证，并提出修改意见。

负责组织验收各分项工程。

三、代建方项目经理的职责

编制合理的项目实施规划，并进行项目管理组织结构的设计，制定项目管理的基本工作方针和流程，并按照项目管理实施规划进行项目管理。

负责成立代建方项目管理小组，并商讨确定各个专业项目的负责人，对其进行分工，并在施工期间开展对他们的指导以及考核工作。

负责编制项目总体实施计划，确定各分阶段工程的工期，并做好监督工作，确保工程如期完成。

在资金使用方面，协助财务监理制订资金投入计划，制订合理的投资控制目标，合理安排项目投资金额，做好工程预算和决算的复审工作。

加强现场文明施工，及时发现和处理例外性事件。

协助医院及工程各承包单位签订安全协议。

负责工程项目的招标投标工作，参与工程项目合同谈判，并对项目施工过程中所涉及的各类合同进行审核。

定期向医院和筹建办报告项目进度情况，编写项目管理组的工作总结，动态管理项目实施工作。

在授权范围内，加强与承包企业、协作单位、建设单位和监理工程师之间的交流沟通，协调各种关系，及时解决项目实施过程中出现的问题。

四、土建工程师、设备安装工程师的职责

在项目经理的带领下做好项目的进度、投资、质量、安全以及设备的采购等工作，以及参加设计图纸的会审、设计优化工作。

负责开展设计单位和施工单位的技术交流，协调设计单位和施工单位的工程技术应用。

督促监理单位对组织设计及时进行检查，督促各施工方严格按照设计图纸进行施工，并做好施工现场及其附近建筑物的保护工作。

督促设计人员编制施工平面图，并根据实际情况做好施工现场的调整工作，以确保工程顺利进行。

督促监理单位按照国家工程质量施工和验收的相关法律法规对施工单位进行审核，督促检查相关单位制定的质量管理体系，针对目标制定措施。

对建设工程中出现的质量问题进行应急处理，确定事故发生的原因和责任，并向筹建办公室报告，并对事故处理方案进行监督和检查。

组织监理单位、设计单位和施工单位对工程总体项目进行检查，并进行初步验收工作，根据相关要求，完成工程项目验收工作，并提出竣工验收报告。

协调施工单位、材料供应单位、市政配套单位的进场和离场，及时解决施工期间出现的矛盾和冲突。

设备工程师主要负责设备的安装、调试、运行和维修等问题，对设备进场的

有关情况进行记录，并对设备安装后的投资申报进行及时的处理。

第二节　医院建设项目质量管理

医院建筑涉及专业设备和系统较多，功能性专业性强，建设项目的工程质量控制难度大，因此在医院工程建设中实行全生命周期质量管理，是保障医院建设项目在投资、进度、质量方面达到既定目标的重要手段。

全面质量管理（TQM）是一种将质量作为核心，建立在全员参与的基础上，以顾客满意为目标，并且使本组织所有成员及社会受益，从而实现长期成功的一种管理途径。医院建设方要在明确以项目质量为目标的前提下，建立起建设方、施工监理单位、勘察单位、设计单位、施工单位以及材料设备供应单位多层次的质量保证体系。与此同时，在项目建设实施过程中，要重视全面质量管理，坚持贯穿全过程、全员、全方位管理的原则。不仅要重视施工阶段的质量控制，还要将医院建设项目的设计、招标、验收等纳入到质量管理体系中来，保证工程项目的全过程质量得到控制[①]，如图 13-1 所示。

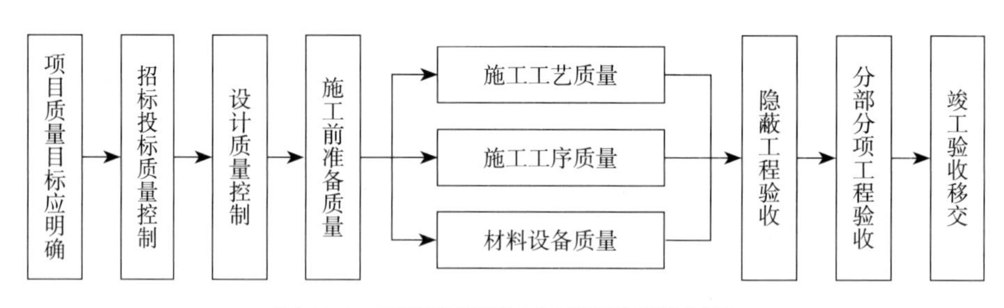

图 13-1　医院建设项目全过程质量控制图

一、招标投标的质量管理

招标投标是医院建设项目过程中的关键一环，也是项目质量控制的重要环节，招标投标的质量直接关系着整个工程项目建设的质量。医院建设工程涉及多项项目招标，在这个阶段，影响质量的关键点主要有以下两个方面：

① 吴锦华，张建忠，乐云 . 医院改扩建项目设计、施工和管理 [M]. 上海：同济大学出版社，2017.

1. 招标代理机构的选择

医院作为招标人，应根据《中华人民共和国招标投标法》进行勘察、设计、施工、监理、招标等工作。一般的做法是，将招标工作委托给有资质的代理方。

2. 做好关键单位的招标

招标方应重点关注工程项目质量有重大影响的关键单位的招标工作。

（1）设计单位的招标。在对设计单位进行招标时，应重点关注该单位之前是否做过与医院相关的项目的设计工作，考察其项目组成员是否有足够的经验和能力能够胜任医院的设计工作，同时还要审查设计单位的资质、规模、声誉和获奖情况等，不能只局限于对设计费用的考量。

（2）施工监理的招标。招标方应设置完善的施工监理方招标程序和评标标准，重点评估的监理单位的资质水平和能力，重点考察监理领导和小组成员的资历和业绩的审查，从而确保施工监理工作在施工现场的质量、安全和进度管理中应有的监理职责。

（3）施工总承包的招标。施工总承包方是工程建设项目实体质量的最直接责任人，总承包单位的选择是工程项目质量的关键。施工总承包招标过程中，了解项目建设方需求，施工的重点、难点环节和问题；同时详细审查投标方的工程量清单以及投标价格。

（4）分包单位的招标。医院项目须涉及较多专业系统和专业设备的安装和设计，对技术要求较高，因此分包单位也较多，主要包括净化手术室、消防、医用气体、精装修、放射屏蔽、防水、保温、弱电、室外总体等专业，因此，分包工程的招标投标也和工程项目整体的质量息息相关。

以上重点项目进行招标时，医院建设方（一般为筹建办）负责招标投标的全过程管理，保证招标代理机构合理合法地参与，并且同招标代理单位共同组织招标前的准备会议，应向招标代理单位明确反映招标的意图，从而为编制招标文件的编制奠定良好基础。医院审计部门也跟踪整个招标过程。筹建办还负责修改招标代理机构上交的招标文件，确保所有要求均在文件中体现。

二、设计阶段的质量管理

医院的建设工程是一项综合性的工程。设计工作并不仅仅只是项目进程中的一个阶段，而是要贯穿于项目前期决策阶段、设计阶段、建设实施阶段及竣工验收阶段的项目管理全过程。设计工作要根据项目可研批复的要求，对项目建设标准进行深入的论证和定位，推进方案设计、初步设计、概算及施工图设计等各项设计管理工作，设计阶段的设计管理效果会对本项目各项建设目标的实现产生直接的影响。因此，在设计阶段，不但要注重技术问题，还要注重对设计的质量管理进行控制[①]。

在初步设计过程中，由筹建办对全套初步设计文件进行审核。在整体设计方案中，要着重审查其设计依据、设计规模、工艺流程、设备配套、防灾抗灾、项目组成及布局等的可靠性、合理性、经济性、先进性和协调性，看其是否符合医院的要求[②]。在专业设计方案中，应着重审查其设计参数、设计标准、设备和结构造价、功能和使用价值等方面，以满足适用经济、美观、安全、可靠的要求。

在施工图设计阶段，为保证施工图的设计质量，应委托专业审图机构，对建筑、结构、给水排水、电气、暖通、消防、节能等各项工程进行审查，不仅考虑施工图、技术方案的合理性、先进性、经济性，还应着重审查其安全性和可行性。质量控制的主要措施包括：

（1）委托专业机构详细审查设计图纸与说明，确保符合设计规范和质量要求，并提出详细修正建议。

（2）可能对工程质量产生影响的问题，须经详细论证后并变更设计，对变更后的设计方案进行技术经济分析。

（3）对设计质量的特殊要求进行审查，并根据需要提出修改意见。

（4）组织有关专家论证建筑结构方案，确保结构可靠性。

（5）审核水、电、气等系统设计是否符合有关市政工程规范、市政条件。

（6）审核施工设计方案是否达到深度要求，以保证建设项目的顺利实施。

三、施工阶段的质量管理

施工阶段是医院建设项目质量管理的关键环节。该阶段应当根据医院建设项目施工中的技术经济特点，综合考虑地理环境、建设规模、施工技术、投资预算等各种因素，对工程材料、机械设备、施工技术、工艺方法，以及施工环境进行严格控制。

---

① 管风岭 . 医院建设项目的全过程项目管理要点分析 [J]. 城市建筑，2021（8）.

② 张建忠，乐云 . 医院建设项目管理——政府公共工程管理改革与创新 [M]. 上海：同济大学出版社，2015.

施工阶段质量控制流程图如图 13-2 所示[①]。

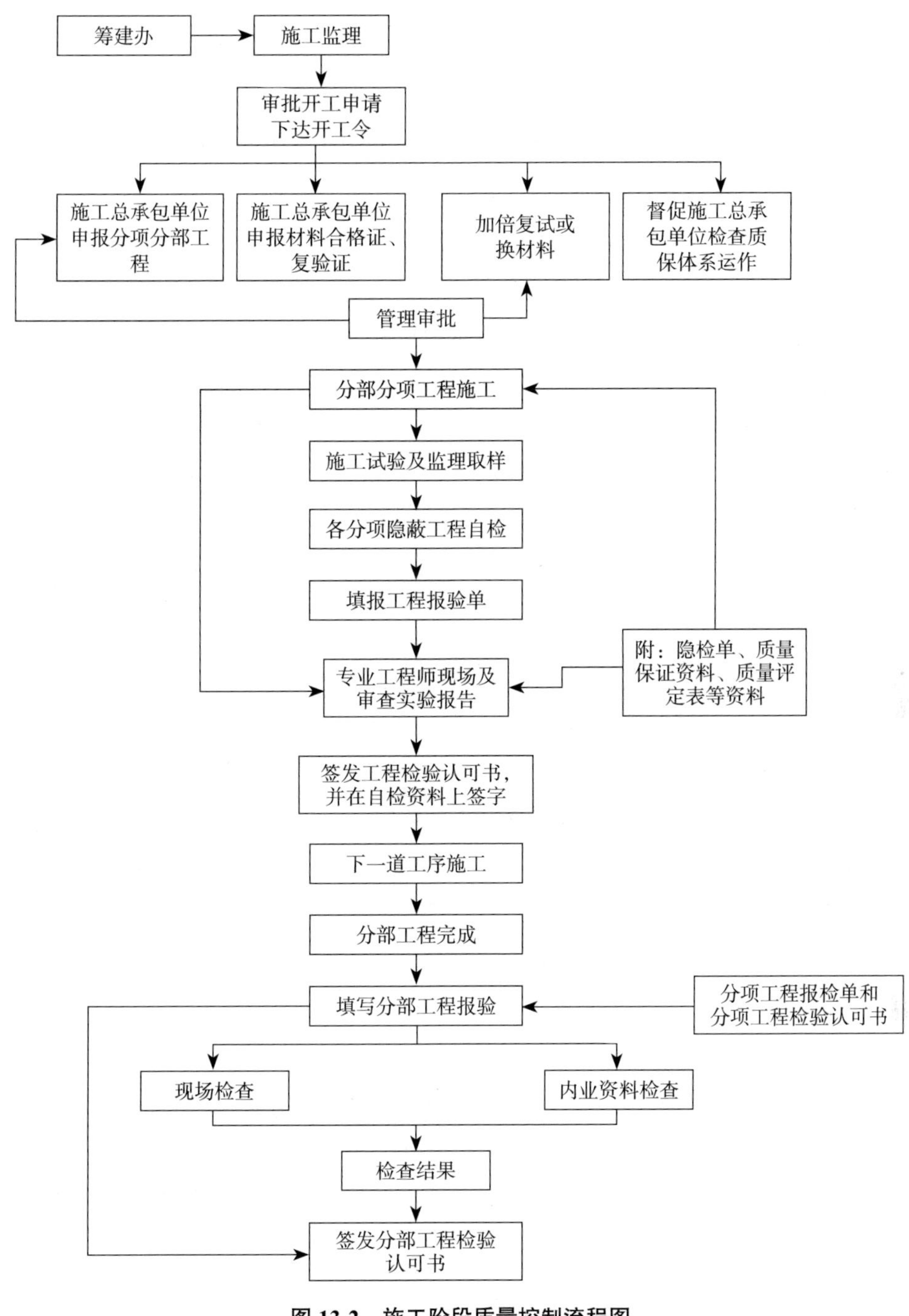

图 13-2　施工阶段质量控制流程图

① 张建忠，乐云．医院建设项目管理——政府公共工程管理改革与创新 [M]. 上海：同济大学出版社，2015.

（一）施工阶段质量控制关键点

1. 工程材料质量控制

施工阶段所需的材料应考虑工程特点、材料性能以及施工的具体要求等因素进行选择，保证及时、按质、按量地供应施工阶段所需要的各种材料，优选供应厂家和中间商，对供应厂家和中间商的产品质量进行调查，严格检查进场材料的资质证明等材料，并且建立质量档案跟踪制度和采购质量责任制，把责任落实到具体的个人，对采购人员进行技术培训。

施工监理应对进出场材料数量、质量、单据进行严格把关，采用适宜的检测手段，委托有资质检测机构对施工材料开展质量检验检测，将所获得的检测数据与国家规定的材料标准及工艺规范进行对比，拒收凭证不全、数量不符、质量不合格的材料，同时做好检查登记。

对于进场的物料，应加强存储和使用管理，避免因材料变质而造成质量事故，比如钢筋锈蚀和水泥结块，因此承包商要对材料进行合理调度，既要避免材料大量积压，又要保证材料能够及时供应，不影响施工进度，对材料进行合理安置，对材料进行定期检查。筹建办应定期督促监理工程师考核施工单位质检员，按照相关规定进行取样复试，经报验后方可使用，从而为工程质量提供保证。

2. 机械设备控制

（1）施工机械设备控制。在施工开始前，要对施工过程中所使用到的机械设备的类型、性能参数和施工现场的环境及实际条件是否相匹配进行检查和测试，确定其符合施工生产的实际要求才可投入使用。施工机械设备的质量控制，主要从以下两个方面入手：一是要按照技术先进、生产使用、经济合理的原则，选择施工设备，合理开展施工程序；二是要对施工的机械设备进行正确的使用、管理和维护，在使用机械设备时，应严格遵循机械设备使用方法，对机械设备进行定期保养。主要包括清洁、润滑、调试、紧固和防腐等工作，这样才能使机械设备保持良好状态，保证正常施工。

（2）工程项目设备控制。工程项目设备控制内容主要包括检查验收设备、检验设备安装质量、调试设备和试车运转。

在采购设备时，要根据设备类型进行选择，同时对设备供应厂家和专业供方的质量能力进行考察，在设备进场后，要严格检查设备的型号、名称和数量，按照设备安装的技术要求和标准安装设备，设备调试也要按照设计要求和程序进行，并对调试结果进行分析，安装过程中控制好土建和设备安装的交叉流水作业。

3. 施工方法的控制

施工方法的控制即对施工技术方案、施工工艺、施工组织设计、施工技术措施进行控制，主要从以下三个方面进行重点控制：

（1）施工方案在整个过程中不能一成不变，应该随着施工的进行，根据实际情况进行动态调整。

（2）在进行正式施工前，要多拟定几个施工方案，明确各方案的优缺点，经过反复比较和论证，选出最佳施工方案。

（3）对主要项目、施工难度较大项目和重点部位项目制订施工方案时，要对施工过程中可能出现的质量问题进行设想，提前预备解决方案，以免真正发生时手忙脚乱，影响施工进度。

4. 施工环境控制

对施工现场的自然环境进行多次考察分析，掌握实地的水文、地质和气象资料，在编制施工方案时，从施工现场自然环境的特点和规律出发，制订因地制宜的方案，避免地下水对施工造成影响，也可以保证周围建筑物和地下管道的安全，合理设计排水排污渠道。

在施工过程中，要明确承包商和分包商的关系，做好分工，使两者之间工作能够相互协调、相互配合、相互促进、相互制约，维护现场施工秩序，协调好施工项目与外部环境（邻近单位、居民及有关方面）的关系，营造良好的外部环境和氛围，从而保证施工的顺利进行。

合理规划和布置施工平面图，做好施工现场机械设备、材料、构件的各项管理工作，采取合理的安全措施，对危险地方做好明显标识，保证施工道路通畅，做好特殊环境下的照明工作，加强施工作业现场的及时清理，维持好施工现场的整洁和有序。

（二）隐蔽工程验收

隐蔽工程验收是指将被其他工序施工所隐蔽的分部工程，在其隐蔽前所进行的检查验收。监理人员应按照隐蔽工程不经检查验收，就不准掩盖的原则进行检验，施工单位应及时处理在检查过程中发现的问题，在隐蔽工程验收完毕后，施工单位应根据相关的技术规程、规范和施工图纸进行自检，确定符合要求后报施工监理验收。在验收完毕后，必须进行隐蔽工程检查签证手续的办理。筹建办督促施工监理对基础工程、埋地工艺管线工程、非标制作工程等隐蔽工程进行监督和验收。

（三）分部分项验收

在施工过程中，每一分部、分项工程施工完毕后，质检人员应根据合同相关规定、施工质量验收标准和验收规范对已完成的分部、分项工程进行检验，质量检验应在自检和专业检验的基础上由专门的质量检查员进行复核，对企业符合要求后向监理单位报验。筹建办对于在验收过程中发现的钢筋绑扎不符合规范要求等质量问题，应要求监理单位督促施工单位按照设计及规范的要求展开相应的整改工作，整改完成之后再对其进行复查。

四、竣工阶段的质量管理

工程竣工验收是对工程各项合同履行情况以及施工质量状况进行全面评估的关键阶段，该阶段应对设计质量、施工质量、监理责任、投资成本进行全面考核。因此，竣工阶段的质量控制需要工程建设参与方的全面参与，明确各方责任，规范工程竣工验收的操作流程。

（一）医院建设项目验收条件

（1）施工单位完成工程设计和合同约定的各项内容，确认工程质量符合有关法律、法规和工程建设强制性标准，并提交由项目经理和施工单位负责人签字的竣工报告。

（2）勘察、设计单位对勘察、设计文件及施工过程中由设计单位签署的设计变更通知书进行检查，并提出质量检查报告。

（3）施工技术档案和管理资料齐全，包括主要设备、建材、构配件进场试验报告、现场测试报告等。

（4）消防、环保等部门签发的消防合格证书、室内空气环境质量检测合格文件。

（5）施工单位签署的工程质量保证书。

（二）工程项目验收程序

（1）施工单位提交竣工报告，申请竣工验收。

（2）建设单位组织勘察、设计、施工和监理等方面的专业人员成立验收小组，开展五方联合验收，同时将验收时间、地点以及验收人员的名单报备质量安全监管部门。

（三）工程项目移交

医院建设项目经监管部门验收合格后才能交付工程。移交内容包括工程竣工现状、总资产移交、工程竣工图纸等。工程移交工作应在纪检、审计部门监督下进行，并签署项目移交记录，作为工程项目移交依据。

案例 11　潍坊中医院项目的工程质量控制

潍坊市中医院东院区工程是一个集门诊、病房为一体的综合性大型医院建筑，该工程依托昌大集团质量管理体系，根据工程规模配备项目部管理人员，明确各岗位质量职责，制定了具体的质量控制措施。

一、完善工程项目质量管理制度，明确质量责任

项目部对管理人员进行了明确的责任分工，严格执行公司质量管理保证体系，强化质量意识，落实质量责任，特别是强化工人的质量责任心，同时签订质量责任保证书，明确质量责任，使质量目标的实现落实到每一个人。

对于重点、难点工程的施工部位，项目经理、项目总工、项目部生产副经理及相关施工员会临时召开小型的研讨会，商讨合理的措施解决施工的难点及重点问题。

项目部严格执行施工过程质量检查验收制度，对工程质量巡查发现的问题查明原因，追查责任，并跟踪检查整改措施的落实情况。

二、项目建设全过程严把质量关

严把材料采购和进场质量验收关，对于每次进场的材料，严格检查材料的质量，确保进场材料的质量关，杜绝不合格品材料混入现场。

加强施工技术交底的落实，在每道工序施工前，项目总工都对相应队伍做好技术交底，通过技术交底，明确施工工艺及施工质量要求。

主体施工过程中，项目部由专人负责对主体构件进行实测实量，查漏补缺，及时发现问题，纠正问题。严把工程的观感及实体质量，确保了“山东省建筑工程优质结构”的顺利实现。

装饰装修方案先行。在主体施工阶段就对卫生间装饰方案做出优化，确保卫生洁具与瓷砖缝统一协调；装饰施工阶段，我们做好装饰方案优化。例如：对于走廊，做到了墙、地、顶三缝合一；对于卫生间，排版也做到了三缝合一。

严抓验收工作，保证每道工序严格验收管理，从严纠正各工序存在的问题，特别是重点工序，专人着重验收管理，保证各工序达到优良工程标准。

三、施工过程中“样板引路”，提早发现潜在质量问题

通过施工样板，可将大面积施工可能遇到的主要质量问题预先暴露出来，提前找到解决办法；及早发现技术难点和技术“瓶颈”，有充足的时间跟设计以及与厂家沟通，免得在施工过程中匆忙上手或“有病乱投医”，影响到工程质量、工期及造价，而且在样板施工完成后，项目部组织施工班组相关人员进行现场交底，针对实物现场讲解施工过程中易出现的问题及施工质量要求，起到了较好的效果。

四、高度重视医院专项工程质量

医院专项工程是医院建设项目质量控制的重点和难点。专项工程包括净化系统、气体系统和智能系统等。

昌大集团在医院手术室等净化系统质量控制中特别强调“以工序质量确保系统质量”的理念，并在施工工序安排上进行严格把控，确保每个环节都能满足相关规范和要求，从而保证系统整体的最终质量达到要求。

气体管道的施工在医院安装工程施工中是很重要的关键环节，昌大集团在施工中确保施工人员的专业性，项目经理必须对管道的材质、安装程序、洁净清洗以及试压等进行全过程的把控，要求现场施工人员熟悉施工流程，对每个气体终端进行逐一检查，确保对接的正确性，保证绝对安全。

智能系统是现代医院建设的必选项。在智能系统硬件建设的重点是信号线、控制线各种线槽线管布置，昌大集团采用专业化施工监测手段、仪器，对关键工序、关键部位中的隐蔽工程展开严格控制，强化管理，保证医院智能信息化系统可靠实现。

第三节　医院建设项目进度管理

医院建设项目周期较长，一般为3～5年，因此在保障工程质量前提下缩短建设周期及控制好建设项目各阶段的进度，医院建设过程中的重要环节对项目进度有较为严格的要求，因此，项目进度管理应贯穿工程项目全过程。本节主要介绍医院建设项目中进度计划编制方法、进度计划检查与调整、进度管理关键要点以及具体管理措施等内容。

一、进度计划编制方法

工程项目进度计划编制有多种方法，其中，最为常用的方法包括甘特图法、里程碑事件法和关键线路法[①]。

1. 甘特图法

甘特图法以条状图的形式将各个工序的时间展现出来，能够直观、清晰地展示出每一道工序任务和各个工序任务进行的程度；不足之处在于不能很好地展示各个程序之间的先后逻辑关系。一般来说，不超过 30 项活动的中小型项目更适合甘特图法。

2. 里程碑事件法

里程碑事件法是指对项目实施过程中重要的关键节点（里程碑事件）进行识别，将相关里程碑事件作为参照并制订工程项目进度管理计划。工程建设项目中的里程碑事件一般是指项目建议书批复、项目开工、项目封顶等关键事件。

3. 关键线路法

关键线路法是指在项目执行的过程中对项目关键路径进行分析，并根据关键路径来制订进度计划。在项目网络计划图中，全部由关键工作组成的路线或线路上，总工期最长的持续时间被称为关键线路。其可以有一条或多条。

二、进度管理关键要点

1. 前期阶段进度管理

医院前期建设阶段是项目建设过程中一个关键阶段。其主要包括可行性研究、地质勘察以及按照管理权限提请相关单位审核等工作。

可行性研究报告一般会选择有资质的设计、咨询机构完成。机构选择应重点关注其从业经验以及对本地区政策法规环境和本项目情况的了解。可行性研究报告中应对项目基本情况、资金的来源和结构、经济和社会效益、投资回收期、进

① 丁士昭 . 工程项目管理 [M]. 北京：中国建筑工业出版社，2014.

度安排重点阐述，避免因资料信息不全导致返工和补充。项目建设方应安排专门人员协助咨询单位加快工作进度，并发挥预审作用，缩短报批周期。

勘察，按照“先勘察、后设计、再施工”的原则，建设单位采用招标或直接委托的方式，挑选具有资质的勘察单位进行勘察。

2. 设计阶段进度管理

设计阶段进度是造成整体工程进度落后的一个重要原因，需要通过设计进度控制、设计审查、交底和会审方案等措施，有效实现设计阶段进度控制。

项目设计单位选择是确保项目进度和质量的基础。声誉好、实力强、医院建设经验足的设计方是项目进度重要保证。在控制设计阶段的进度时，要注意两个方面：设计本身进度管理和设计对项目实施的进度管理。特别是后者，医院工程建设项目由于其具有规模较大、技术含量较高、实施难度较大以及承保风险大等特点，需要从结构、工艺和系统等方面对多个方案设计比对，并综合考虑成本、进度、质量、安全等因素，形成找到工程进度最优控制路径。

3. 招标阶段进度管理

招标阶段的进度管理应以总控进度计划和招标采购规划为依据，根据招标工作流程，编制招标计划。招标阶段的进度控制包括招标工作本身的进度计划和招标对后续工作实施计划的影响评价。

招标工作进度控制重点是对投标单位的选择，应综合考虑投标单位的资质、业绩、技术力量、机具设备状况、财务状况以及对项目的经验和熟悉度；此外还需评估各招标工作对项目后续进度计划的影响，将招标采购计划与工程建设项目总体进度规划相结合进行分析，并评估医院专项系统的单项工程招标启动和进展计划，如水系统、气体系统、净化系统等。

4. 施工阶段进度管理

施工组织设计是施工阶段进度控制的关键，完善的施工组织设计包括对项目计划准备、项目计划实施、项目计划进展评价等，需要据此对项目施工进度开展动态管理，并及时调整进度计划。由于医院建设工程的专业性和复杂性，参加方数量多，组织协调难度大，因此在施工过程中应着重考虑以下四个方面：

（1）制订详细的医疗设备进场计划。为了保证医疗设备如期进场和正常使用，在施工过程中应协调施工单位和设备提供商，确定设备环境要求、进场节点、进场路线、吊装口等问题，根据整体施工进度计划及时制定医疗设备的进场计划。

（2）确保工程设备和材料进场计划。材料和设备进场是保证工程进度的前提。施工方应提前与材料和设备供应商沟通，确定材料进场节点和计划，项目建设方应协助施工方与供应商的协调，严格按照计划的时间将材料送到现场。

（3）做好分包工程进度与工程总进度协调。医院建设项目分包工程众多，应将分包工程进度计划纳入到总体进度计划控制体系，以确保整体施工有序进行，要求总包及专业分包单位按照以周为单位召集项目进度协商会，会商工作量完成情况、未完成原因分析、赶工措施等事项，并采取有针对性的进度保障措施。

（4）医院建设方切实承担项目进度监督责任，及时考察、评估施工现场进度，协调参与方工序交接，及时梳理分布分项工程、专项工程、分包工程等进度情况，督促并为落后项目制定切实可行的赶工措施，及时弥补延误的工期。

案例 12　昌大建设集团的医院建设项目进度管理经验

昌大建设集团施工的几十所综合性大型医院工程，工期大多控制在两年左右，不仅过程施工速度快，而且出错少、后期维护及维修费用低，得到了院方和社会的广泛赞誉。

医院项目涉及的专业多，工序复杂，还应考虑一些特殊的要求，强弱电配置、通风系统、洁净系统、给水排水系统等，众多系统、众多专业同时施工，相互配合非常关键。昌大集团作为总包单位，能充分发挥把控大局能力强、协调各专业能力强的竞争优势，在保证质量的前提下，加快工程的施工进度，可为医院赢得宝贵的发展空间。

医院项目建设前，运用 BIM 技术，通过对各专业模型的建立、检查、分析，找出各个专业的碰撞点，根据碰撞点提前解决问题，减少后期返工和破坏的风险，例如吊顶内管线利用 BIM 技术进行综合排布、优化、定位、指导安装和管理，有效解决绝大部分管线碰撞问题，保证走廊净高，提高决策效率，保证了安装进度、安装质量和成本控制，而且基本排除安装工程对装饰施工的影响，保证了工期按时完成。

开工前项目经理组织相关专业管理人员，综合考虑土建、安装、装饰等所有专业的进场时间及前期准备，制定切实可行的施工进度计划，对各专业的岗位责任制做出要求，坚决提高执行力，确定主要控制节点，通过适时调整资源配置，控制主要节点按施工进度计划组织施工。

提前做好项目策划，提前对接材料、周转工具的供应。做到每个工序施工前“工料足、人员足、措施到位”，确保工序有序、穿插开展。

实行严格的图纸会审制度。医院建筑是高度复杂的综合性系统工程，加之工期紧，任务重，任何医院的设计都可能存在一些疏忽。严格的图纸会审制度能及时发现设计存在的问题，避免不必要的返工浪费，也能加快施工进度，缩短工期。

选好专业施工队伍。再好的规划设计也是由技术精湛、实力雄厚的专业施工队来实现的。昌大建设集团经过多年的医院工程建设，已经锻炼和培养了一批医院工程建设经验丰富的专业施工队伍，可充分满足医院建设的需要。

建立强有力的协调工作机制。医院建筑所涉及专业众多、参建单位也较多。各专业相互穿插交错施工，协调配合工作效率的高低，将直接影响着整个工程目标能否顺利实现。项目部每周定期召开例会，通过召开会议能够及时上情下达，布置安排任务，解决各类问题；使各单位能够直接沟通，缩短信息过程，减少矛盾纠纷；使参建单位齐心协力、按程序规范运行，确保工程目标的实现。

关于二次设计。二次设计为主体建筑未包括在内的建筑设计相关内容，大约可分以下项目：室内精装修；弱电设计；幕墙设计；医用洁净工程（手术室、ICU病房、中心供应室、实验室、配置中心）；医用气体工程；物流传输系统工程；室外景观设计；污水处理设计；医用防护设计；中央医用纯水系统工程；医院指示标识设计等。协助建设单位提前谋划、提前组织招标、提前确定施工方案；医院众多医疗设备也要提前确定型号和设备基础，否则将会严重影响工期。

第四节　医院建设项目安全管理

安全管理是医院建设项目管理过程中最重要的部分，在重点关注施工阶段安全管理的同时，把项目的勘察设计、施工前准备等环节也纳入到安全管理体系中，并加以协调，确保各个阶段的项目质量符合要求。

一、实施全过程安全管理

（一）勘察设计阶段的安全管理

在勘察设计阶段，勘察设计单位根据合同约定，为建筑工程提供地质测量和水文数据，并按照国家有关建筑安全标准进行方案设计、扩初设计及施工图设计，确保建筑结构和施工安全。

（二）施工准备阶段安全管理

建设方会同监理部门对项目展开工程开工前安全检查：施工组织设计中是否有安全措施、施工机械设备是否配齐了安全防护装置、安全防护设施是否符合要求、施工人员是否进行了安全教育和培训、施工方案是否进行交底、是否建立施工安全责任制、施工中的潜在事故和紧急情况是否有应急预案等。

（三）施工阶段安全管理

建设单位应当对施工安全的以下五个方面进行检查、监督：

（1）项目安全生产保证体系的执行情况；

（2）对施工单位的安全技术交底以及安全保护设备进行验收；

（3）检查、确认施工单位的防范措施及应急方案对施工单位的违章指挥、违章作业进行纠正和制止；

（4）指导施工单位分阶段进行安全检查；要督促并及时收集工程监理单位对施工单位编制的专项安全施工方案的审批文件，包括土方挖掘工程、模板工程、起重吊装工程、脚手架工程、施工临时用电工程、垂直运输机械安装拆卸工程、拆除爆破工程及其他危险性较大的工程；

（5）会同监理单位定期举办安全例会及各种安全专题会议，并监督施工单位将安全工作落实到位；每周组织甲方、工程监理和总包三方对施工现场进行安全巡查，并督促施工单位加强现场巡查，落实整改措施。

二、完善安全生产管理制度

医院作为建设方，要督促施工单位落实好安全生产管理制度，包括安全教育培训制度、安全技术管理制度、设施设备安全管理制度、应急预案制度等。

1. 安全教育培训制度

施工方应定期开展安全教育培训。在项目开工前，应对施工人员开展施工操作规范教学，开展三级安全教育，完善现场施工人员安全生产知识，提升现场施工人员安全意识，训练施工人员安全技能以保证施工中工人的人身安全，并提高施工的质量，最终达到项目管理水平。

2. 安全技术管理制度

首先，工程项目采用的施工工艺和技术应经过严格的专家论证和相关部门的审批流程，确保施工技术、工艺方法的可行性和安全性。在项目开工之前和新技术使用之前，需对施工人员进行操作培训和使用指导。

3. 设施设备安全管理制度

施工设备设施进场前须组织专家进行现场检验检测，检验合格方能进入施工现场并投入使用；重要设施设备须由有资质的第三方检测机构出具检验合格证书；施工现场应严格按照施工组织计划对设备和设施进行安置，并配备专门人员负责施工设施和设备管理；施工设施设备操作人员须经严格培训方能上岗；设施设备应根据相关规定定期保养维修，并留存设备使用、保养、维修记录。

4. 应急预案制度

紧急情况预案是指在不可控因素下将针对各种潜在的危险所可能造成的安全隐患降低到最低概率发生的一种预防性方案，即对各种意外事件进行紧急处置的方案。

三、文明施工

作为大型公共工程，医院建设项目应把文明施工作为工程项目管理的一项重要内容。通过改善施工条件、优化施工环境、营造和谐社区关系等方式，规避施工安全事故，营造良好施工环境，构建友好社区氛围。

1. 优化施工环境

通过对施工现场周边环境的监测和分析，对基础工程周围的地面设施、地下水、市政公共管线、道路采取妥善治理；对施工现场道路进行硬化处理，及时覆盖处理裸露场地和土方；对施工现场堆积物及时清理，泥浆外运需做好清洁工作，防止市政道路污染；确保施工现场的声、光、尘及排污物符合相关标准，确保施工现场安全通道、保护棚、隔离棚等设施位置及数量满足相关环保要求。

2. 改善施工条件

按照规定设置职工宿舍、办公室、厨房、卫生间等临时设施；做好施工现场的卫生与防疫工作，保证施工人员和管理人员的身体健康；保证施工现场生活用水供应，确保符合合格水质要求；确保施工人员劳动防护用品配备，并严格实施施工现场防护装备，如安全帽、工作卡等；施工现场配备急救装备、设施和人员，充分宣传施工现场卫生保健、安全自救措施，并制订应急预案、紧急预案；完善施工人员生活区域日常生活设施，如食堂、厕所、淋浴房及密封垃圾站等，有条件地配备学习和娱乐设施。

3. 营造和谐社区关系

及时办理夜间施工许可证，并对施工期间产生的噪声进行控制；减少施工现场照明和电焊造成的光污染；在施工现场外侧设立绿色的密目式安全网，确保外观整洁，并喷涂特定颜色警示漆。

案例 13　潍坊市中医院东院区工程的安全管理

山东昌大建设集团承建的潍坊市中医院东院区工程在安全管理方面取得了良好成绩，项目部加强对人的不安全行为、物的不安全状态和环境的不安全因素三个方面的管理，主要抓好以下工作：

成立安全管理机构，落实安全生产责任制。项目部成立了由项目经理为组长，各施工管理人员为成员的安全生产领导小组，明确不同岗位上安全管理职责，夯实安全生产基础，严格执行安全生产责任制，在施工过程中，相互协作，各司其职，层层把好安全关。

开展全员安全生产教育。凡进入工地现场的工人，先教育后上岗。同时，根据施工进展情况，针对不同岗位、不同作业部位进行安全技术交底，使工人熟悉安全技术操作规程，了解自己工作岗位的不安全因素和预防措施，增强安全生产意识，在思想上筑起一道安全防线。抓好特种作业人员管理工作。凡进入施工现场的特种作业人员，必须经过安全教育培训，身体健康条件必须满足施工作业环境要求，并全部要求执证上岗。在施工中严禁带病作业或者酒后作业。

项目部坚持安全生产“晨会”制度，每天开工前，组织不同班组工人，在安全教育讲评台前组织“晨会”。通过“晨会”，检查当日作业人员状态，安排部署施工任务，强调当日施工工序安全生产注意事项，点评、分析存在的隐患或可能出现的问题，提出应急措施和整改办法，使作业人员将安全生产牢记心中。

加强现场安全管理。严格按照安全文明施工相关要求，坚持定期或不定期对施工现场进行安全检查，各种安全防护措施坚决做到与主体工程同步进行。项目部设置专职安全员，安全员由公司委派，安全员日常检查落实到实处，每天对现场巡查，发现问题及时整改，消除安全隐患。项目经理每周组织管理人员巡检两次，现场彻查安全隐患，以讨论相互学习方式进行巡检，确保了工程的安全进行，同时也使项目部管理人员自身安全管理意识得到大幅度提高，安全知识水平也上了一个较大的台阶。

重点加大危大工程管理力度。列出每月施工的危大工程明细，加强危大工程过程监控，规范危大工程作业程序，严格管控危大工程验收工作，做好危大工程方案审批、现场公示交底、施工过程监管、项目经理现场带班管理，切实抓好施工现场危大工程安全管理工作。

第十四章　医院建设工程项目信息与文档管理

本章主要介绍医院建设项目文档管理规范、管理办法和主要流程；介绍文档管理的主要内容、项目进展的各阶段，主要文件目录；并介绍几个文档管理平台。

第一节　医院建设项目文档管理规范

医院建设项目的文档管理以国家档案行业标准为依据，建设项目的档案管理工作由建设单位负总责，实行统一管理、统一制度、统一标准，并在工作中接受档案行政管理部门和上级主管部门的监督和指导。

一、文档管理规范

建设单位与参建单位应加强项目档案管理，配备项目档案工作所需人员、经费、设施设备等各项管理资源。

（一）制度规范建设

在项目开工前，建设单位应建立相应的管理制度，遵循相关的法律法规、规章制度和标准规范，按照职责明确、流程清晰、措施有效、要求具体的原则，构建覆盖项目各类文件、档案的管理制度和业务规范体系。项目文件管理业务规范应包含但不限于下列内容：

（1）项目文件管理流程、文件格式、文件编号、文件归档要求等；

（2）编制竣工图的单位、编制要求、审查流程以及职责等；

（3）拍摄照片和视频的责任主体、拍摄阶段、拍摄节点、拍摄部位、内容技术参数、归档要求等；

施工单位和各参建方应及时修改管理制度和相关的业务规范。

（二）项目文件管理

1. 项目文件形成

（1）项目前期的文件和管理性文件必须遵守相关的法律法规和行业的规定；工程技术文件必须符合国家及行业有关技术规范和相关标准。

（2）重大活动及事件，原始地形地貌、施工过程中的工程形象及进度，隐蔽工程、关键节点工序，重点部位，地质及施工缺陷处理，工程质量，安全事故等，均需要制作成照片和音频、视频文件。

（3）项目文件格式要规范、内容准确、清晰整洁、编号规范，具有完备的签名和盖章手续，并且具有一定的使用寿命。

（4）提交的工程文档必须是原始文档。如有特殊原因，需要复制件归档时，应在复制件上加盖提供单位公章或档案证明章，以保证复印件与原件相符。

2. 项目文件的收集与整理

（1）在项目建设过程中形成的具有研究使用价值的各类工程资料，均应进行整理，收集齐全。

（2）建设方应当按照有关规定所列的归档范围和保管期限表，并根据项目建设内容、行业特点、管理模式等特征，制定与实际相符的归档范围和保管期限表。

（3）项目文件在办理完毕后应及时进行汇总，并执行预先立卷制度。

3. 项目文件归档

项目的相关文件必须及时进行归档。前期文件在相关工作完成后应及时归档；对管理性文件应当每年进行一次存档工作，对因相同原因形成的跨年存档，应每年进行一次存档；工程竣工验收后，应当将工程资料归档，对于工期较长的项目，可分阶段或按单位工程、分部工程归档；信息系统开发文件应在系统验收后归档；监理文件应在监理的项目完工验收后归档；科研项目文件在结题验收后应及时归档；生产准备、试运行文件试运行结束时进行及时归档；竣工验收文件在验收通过后归档。

施工文件组卷完毕经施工单位自查后（实行总承包的项目，分包单位应先提交总承包单位进行审查），依次由监理单位、建设单位工程管理部门、建设单位档案管理机构进行审查；组卷完毕的信息系统文件应提交给监理单位、建设单位信息化管理部门和档案管理机构进行审查；在将监理文件和第三方检测文件编卷完成并进行自我检查后，分别由建设单位工程管理部门和档案管理机构进行审核。对每一阶段的审核都要有相应的记录，并有相应的纠正措施。

建设单位各部门对其所编制的文档进行整理，并由部门负责人对文档进行审核，确认无误后，将文档送至建设单位档案管理机构。归档单位（部门）应按建设单位档案管理机构要求，编制交接清册（含交接手续、档案数量、案卷目录），双方清点无误后交接归档。

4. 项目档案管理

建设单位应当根据有关规定，结合行业特点和项目实际情况制订项目档案分类计划。文档分类计划要遵循逻辑性、实用性和可扩展性的原则，并且要具有一定的稳定性。建设单位档案管理部门要依据项目档案分类方案对所有达标项目档案进行统一汇总整理和编排上架。记录工程部位的音像档案，应该与纸质档案进行统一编号，与其他音像档案集中保存。

建设单位和参建单位应为项目档案的安全保管提供必要的设施设备，确保档案安全。

二、文档管理办法

1. 医院基建档案管理范围

医院基建档案是指建筑物、地上地下管线等基本建设工程在可行性研究、规划审批、勘察设计、施工监理、设备安装、竣工验收、预算决算过程中形成的文字、图纸、图表、声像等形式与载体的文件材料。医院基本建设项目中的新建工程、原有建筑的改建扩建工程及水暖、电气、消防等管网改造工程形成的文件材料属基建档案管理范围；不改变房屋原有建筑结构及管线设计的屋面防水、墙面粉刷、门窗更换等零星工程产生的文件材料不属于基建档案的管理范围，应纳入文书档案管理。

2. 基建档案管理原则

为保证医院基建档案的完整性、科学性、安全性和高效性，应对其进行全面统一管理。将基建档案管理工作列入医院基建计划、管理制度和岗位职责中，使项目文件管理与工程建设进度相适应。在项目申请立项时，应当立即着手对工程资料进行收集、整理，并提前立卷存档。

3. 基建档案归档范围

其范围主要包括项目审批、可行性研究、勘察设计、工程管理、施工组织、设备安装、竣工验收、预算决算等过程中形成的文字、图纸、图表、声像等形式与载体的文件资料。不归档的文件材料如下：

（1）正式施工前的草图、未定型图纸；

（2）重份文件和重份图纸；

（3）无参考价值的临时性、事务性文件。

4. 基建档案归档要求

（1）归档的文件材料必须原件，做到移交手续齐全、格式统一、字迹清楚，不得使用纯蓝墨水、圆珠笔、红色、铅笔等易褪色的书写材料。

（2）具有法律依据和凭证效力的文件材料，领导签字和单位印签必须齐全，请示与批复要同时归档，缺一不可。施工期间所用的资料不允许随意更改，如有特殊情况需要更改，必须填写变更通知单，按相关审批程序进行办理。

（3）应根据基建文件材料的形成规律和便于查考的原则进行组卷，各类材料按文件性质分别组成案卷。

（4）声像资料应保证载体的有效性，长期存储的电子文件必须使用不可擦除型光盘。

（5）归档份数：竣工图归档两套，文字材料、底图和声像材料各归档一套。

（6）基建项目档案的保管期限分为永久、定期两种。

5. 基建档案验收

（1）档案验收是基建项目竣工验收的重要组成部分，没有经过档案验收或验收不合格的项目，不能进行项目竣工验收工作。基建档案验收应在工程竣工验收前3个月完成。

（2）成立以基建办公室、院办档案室等科室共同组成的基建档案验收组并召开验收会议。项目设计、施工、监理等单位的相关人员列席会议。

（3）在进行档案验收时，通过质询、现场查验、抽查案卷的方式，对项目前期管理、隐蔽工程、竣工验收、质量检验、重要的合同及协议等文件材料进行重点验收。

（4）档案验收组半数以上成员同意的为合格，由验收组出具验收意见；对不符合规定的文件，由档案验收组提出纠正建议，并对其进行重新审查；经检查后仍未通过的，不得进行竣工验收。

第二节　医院建设项目文档管理内容

医院建设项目文档管理的主要内容包括项目文件资料传递流程的确定，项目文件资料的登录与分类存放，以及项目文件资料的立卷归档等。

一、项目文件资料的传递流程

建设项目管理组织中的信息管理部门是专门负责建设项目信息管理的，包括项目文件资料的管理，因此，在工程建设全过程中形成的所有文件资料都应统一归口传递到信息管理部门进行集中收发和管理。

首先，在项目管理组织内部，所有文件资料都必须先送交信息管理部门，进行统一整理分类，归档保存，然后由信息管理部门根据项目经理的指令及项目管理工作的需要，分别将文件资料传递给有关的项目管理人员。其次，在项目管理组织外部，在发送或接收业主、设计单位、承包商、材料供应单位及其他单位的文件资料时，也应由信息管理部门负责进行，这样使所有的文件资料只有一个进出口通道，从而在组织上保证了项目文件资料的有效管理。

二、项目文件资料的登录与分类存放

建设项目信息管理部门在获得各种文件资料之后，首先要对这些资料进行登记，建立项目文件资料的完整记录。登录一般应包括文件资料的编号、名称和内容、收发单位、收发日期等内容。

为了能在建设项目管理过程中有效地利用和传递这些文件资料，必须按照科学的方法将它们分类存放。建设项目文件资料可以分为以下十类：

（1）项目管理日常工作文件。其包括项目管理工作计划、项目管理工作月报、工程施工周报及工程信函等。

（2）监理工程师函件。其包括监理工程师主送业主、设计单位、承包商等有关单位的函。

（3）会议纪要。包括项目管理工作会议、工程协调会议、设计工作会议、施

工工作会议及工程施工例会等会议的纪要。

（4）勘察、设计文件。其包括勘察、方案设计、初步设计、施工图设计及设计变更等文件资料。

（5）工程收函。其包括业主、勘察设计单位、承包商等单位送交的函文。

（6）合同文件。其包括监理委托合同、勘察设计合同、施工总包合同和分包合同、设备供应合同及材料供应合同等文件。

（7）工程施工文件资料。其包括施工方案、施工组织设计、签证和核定单、联系备忘录、隐蔽工程验收记录及技术管理和施工管理文件资料等。

（8）主部门函文。其包括省（市）计委、省（市）建委、省（市）公用市政及有关部门的函文。

（9）政府文件。其包括有关监理文件、勘察设计和施工管理办法、定额取费标准及文明、安全、市政等方面的规定。

（10）技术参考资料。其包括监理、工程管理、勘察设计、工程施工及设备、材料等方面的技术参考资料。

三、项目文件资料的立卷归档

为了做好工程建设档案资料的管理工作，充分发挥档案资料在工程建设及建成后维护中的作用，应将建设项目文件资料整理归档，即进行建设项目文件资料的编目、整理及移交等工作。

1. 编制案卷类目

案卷类目是为了便于立卷而事先拟定的分类提纲。案卷类目也叫“立卷类目”或“归卷类目”。建设项目文件资料可以按照工程建设的实施阶段以及工程内容的不同进行分类。

根据项目文件资料的数量及存档要求，每一卷文档还可再分为若干分册，文档的分册可以按照工程建设内容以及围绕工程建设进度控制、质量控制、投资控制和合同管理等内容进行划分。

2. 案卷的整理

案卷的整理一般包括清理、拟题、编排、目录、书封、装订、编目等工作。

（1）清理。清理即对所有的项目文件资料进行的整理。它包括收集所有的文件资料，并根据工程技术档案的有关规定，剔除不归档的文件资料。同时，要对归档范围内的文件资料再进行一次全面的分类整理，通过修正、补充，乃至重新组合，使立卷的文件资料符合实际需要。

（2）拟题。文件归入案卷后，应在案卷封面上写上卷名，以备检索。

（3）编排。编排即编排文件的页码。卷内文件的排列要符合事物的发展过程，保持文件的相互关系。

（4）目录。每个案卷都应该有自己的目录和简介文件的概况，以便于查找。目录的项目一般包括顺序号、发文号、发文机关、发文日期、文件内容、页号等。

（5）书封。书封即按照案卷封皮上印好的项目填写，一般包括机关名称、立卷单位名称、标题（卷名）、类目条款号、起止日期、文件总页数、保管期限，以及由档案室写的卷宗号、目录号、案卷号。

（6）装订。立成的案卷应当装订，装订要用棉线，每卷的厚度一般不得超过2cm。卷内金属物均应清除，以免锈污。

（7）编目。案卷装订成册后，就要进行案卷目录的编制，以便统计、查考和移交。目录项目一般包括案卷顺序号、案卷类目号、案卷标题、卷内文件起止日期、卷内页数、保管期限、备注等。

3. 案卷的移交

案卷目录编成，立卷工作即宣告结束，然后按照有关规定准备案卷的移交。

四、主要文件目录

（一）基建文件（表 14-1）

基建文件 **表 14-1**

文档类别	文件资料
决策立项文件	主要内容有：项目建议书、对项目建议书的批复文件、可行性研究报告、对可行性研究报告的批复文件、关于立项的会议记录、领导批示、专家对项目的相关建议文件、项目评估研究资料、计划部门批准的立项文件、计划部门批准的计划任务
建设用地、征地、拆迁文件	主要内容有：政府计划管理部门批准征用土地的计划任务、国有土地使用证、政府部门批准用农田的文件、房屋土地管理部门拆迁安置意见、选址意见通知书及附图，建设用地规划许可证、许可证附件及附图
勘察、测绘、设计文件	主要内容有：工程地质勘察报告、水文地质勘察报告、建筑用地界桩通知单、验线通知单、规划设计条件通知书及附图、审定设计方案通知书及附图
工程招标投标及承包合同文件	主要内容有：勘察招标投标文件、设计招标投标文件、施工招标投标文件、设备材料采购招标投标文件、工程监理招标投标文件
工程开工文件	主要内容有：勘察招标投标文件、设计招标投标文件、施工招标投标文件、设备材料采购招标投标文件、工程监理招标投标文件

续表

文档类别	文件资料
商务文件	主要内容有：工程投资估算材料、工程设计概算、施工图预算、施工预算、工程决算、交付使用固定资产清单、建设工程概况
工程竣工备案文件	主要内容有：工程竣工验收备案表，工程竣工验收报告，由规划、公安消防、环保等部门出具的认可文件或准许使用文件，工程质量保证书、保修书，住宅使用说明
其他文件	主要内容有：工程竣工总结，由建设单位委托长期进行的工程沉降观测记录，工程未开工前的原貌照片、竣工新貌照片，工程开工、施工、竣工的录音录像资料

（二）工程监理资料（表 14-2）

工程监理资料　　表 14-2

文档类别	文件资料
监理合同类文件	主要内容有：委托工程监理合同、有关合同变更的协议文件
工程的建立管理资料	主要内容有：工程监理规划、监理实施细则、监理月报、监理会议纪要、监理通知、监理工作总结
监理工作记录	主要内容有：工程技术文件报审表，工程质量控制报验审批文件，工程进度控制报验审批文件 [工程开工报审文件，施工进度计划（年、季、月）报审文件，月工、料、机动态文件，停工、复工、工程延期文件]，造价控制报验、审批文件
监理验收资料	主要内容有：竣工移交证书，工程质量评估报告

（三）施工资料（表 14-3）

施工资料　　表 14-3

文档类别	文件资料
施工管理资料	主要内容有：工程概况表，施工进度计划分析，项目大事记，施工日志，不合格项处置记录，工程质量事故报告（建设工程质量事故调查笔录、建设工程质量事故报告书），施工总结
施工技术资料	主要内容有：工程技术文件报审表，技术管理资料（技术交底记录、施工组织设计、施工方案），设计变更文件（图纸审查记录、设计交底记录、设计变更洽商记录）
施工物资资料	主要内容有：工程物资选样送审表，工程物资进场报验表，产品质量证明文件，材料设备进厂检验记录，产品复试记录、报告等
施工测量记录	主要内容有：工程定位测量记录、基槽验线记录、楼层放线记录、沉降观测记录
工程施工记录	主要内容有：通用记录、土建专用施工记录、电梯专用施工记录
施工试验记录	主要内容有：施工试验记录（通用）、设备试运转记录、土建专用施工试验记录、电气专用施工试验记录、管道专用施工试验记录、通风空调专用施工试验记录、电梯专用施工试验记录

续表

文档类别	文件资料
施工验收资料	主要内容有：施工验收资料分部、分项工程施工报验表，分部工程验收记录（竣工验收通用记录，基础、主体工程验收记录，幕墙工程验收记录），单位工程验收记录，工程竣工报告，质量评定资料
竣工图	主要内容有：工程项目的竣工图
工程资料、档案的封面和目录	主要内容有：工程资料总目录卷汇总表、工程资料封面和目录、工程档案的封面和目录、移交资料的封面和目录

第三节　文档管理平台简介

医院建设工程项目环节多、专业多、周期长，对建设方来说，文档管理是一项繁重而复杂的工作任务，借助文档管理软件，可以借助信息化、自动化手段，提高文档管理效率。选择工程资料文档管理软件时，要考虑软件的专业规范性、更新及时性，同时保证资料编制的操作便利，提升工作效率，解决工程资料滞后、缺少、漏项、杂乱、填写不规范等问题，为工程验收、评优提供翔实的资料支撑。本节介绍几个文档管理平台的功能和使用，如上海医院建设项目通用的PM-C平台、中航建设发展公司采用的PMS软件等。

一、PM-C平台

PM-C平台是上海各大市级医院2014年2月开始实施的一项工程信息系统。

在项目管理方面，PM-C申康项目管理暨风险防控平台是围绕工程建设的主要环节，分为七个主要功能模块，实现全过程管理的目标。

PM-C平台主要有七大功能模块：部门管理、项目管理、行贿查询、学习园地、案例分析、合同管理和综合管理。

1. 部门管理

部门管理是实现公司七个部门日常管理的模块，分别是规划咨询部、招标部、采购部、造价部、工程财务部、总师室和工程部七个部门的日常管理模块，各部门根据自身的特点分别设置了不同的板块，既可以实现差异化管理，又可以做到协同管理。

2. 项目管理

项目管理按照《大纲与指南》的要求，将工程建设过程分为六个阶段：项目前期及策划、规划及设计、施工前期准备阶段、施工阶段、竣工及移交阶段和保修及后评估阶段，对项目进行全过程管理，并且增加了统计功能，可生成项目信息阅读汇总、创双优汇总和横道图。

3. 行贿查询

在招标阶段，行贿查询可以实现公司向相应的检察院提交针对项目投标人行贿犯罪档案的查询，通过检索检察院行贿犯罪档案数据库，可以查询到在一定时间内，投标单位是否有行贿犯罪记录。检察院向申请查询的单位反馈一个查询告知函，并采取一票否决制。在这个平台上，可以对贿赂行为进行查询，并且与检察机关进行数据对接。

4. 学习园地

学习园地是用户获取信息、进行信息交流和信息共享的主要模块，它也是用户通过对资料学习，从而实现自我增值的一个重要平台。此外，学习园地也是公司进行廉洁文化宣传教育活动的一个基地。

5. 案例分析

案例分析是一种集合了原创性、典型性、规范性特点的模块，它不仅为用户提供了优秀的学习资源，也可以对案例资料实现知识管理。

6. 合同管理

合同管理是协助建设项目投资控制和合同管理工作的重要模块，它本身又细分为合同评审登记模块和进款管理模块。合同评审登记模块主要完成了合同信息存储，收款合同的分类查询和付款合同的集中管理，合同的会审与审批等功能。进款管理主要是向客户提供合同执行进度管理功能，完成合同收款、付款计划和合同投资使用计划等信息。

7. 综合管理

综合管理模块主要功能如下：公司以及建设项目日常的公告板、会议管理、日程安排、固定资产管理、易耗品管理、文件管理、印章管理、印刷管理、车辆管理以及人事管理。

二、PMS 软件

PMS 软件是由中国航空建设发展总公司与中盛航空工程监理公司联合开发的

项目管理软件。从功能上讲，它与其他同类软件基本相似，其工作特点如下：

（1）输入信息，包括项目名称、项目经理、开工日期。设置项目的工作日、休息日及各种资源日历。

（2）WBS工作结构分解。将项目逐级进行分解，变成若干子项目（子网络）。

（3）输入各项工作名称，确定工作级别，明确哪些工作是归纳性工作，哪些工作是具体工作，形成子网络，明确各项工作所在的网络级别。

（4）使用命令按钮模拟人的思维过程，确定各项工作之间的逻辑关系，并可通过拖拽鼠标完成连续性逻辑关系的连接。可启用“智能驱动”对话，确定工作之间的搭接量。当输入工作持续时间后，软件可同时计算出网络计划的各项时间参数。

（5）输入管理型、人力设备型、材料型资源数量及费用单价，对每项工作分配资源。当出现超分配情况时，软件会出现提示，指导用户进行资源均衡。资源费用可以自动计算生成。

（6）可以查询项目信息，如关键线路、总工期、总费用、总工作量等。查看横道图、资源表、网络图，以及逻辑网络图、时标网络图、计划与实际时间表、资源分配、费用周期直方图与费用曲线等。

（7）PMS 软件为每项工作建立施工日记。项目进入实施阶段后，首先是实施计划基线，如实际情况与计划一致，采用智能驱动实施计划，自动跟踪项目进展。当发生变化时，输入实际量，将计划与实际进行对比，并调整计划。

第十五章　招标投标法律服务

本章主要介绍招标投标阶段涉及的法律法规、该阶段涉及的法律问题、出现异议的关键环节，以及投诉处理流程。

第一节　招标投标阶段涉及的法律法规

一、《中华人民共和国招标投标法》

《中华人民共和国招标投标法》是国家在管理市场行为方面的一项重要法律，它是在 1999 年 8 月 30 日经第九届全国人大常委会第十一次会议通过，并于 2000 年 1 月 1 日开始实行，是招标投标法律体系中的基本法律。《中华人民共和国招标投标法》共分 6 章，计 68 条。该法对招标、投标、开标、评标和中标法律责任进行了规范。它的适用范围是在中华人民共和国境内进行的工程建设项目，如:（1）涉及公共利益和公共安全的重大基础设施和公用事业的项目;（2）由国家出资或部分由国家出资的项目;（3）由国际组织或者外国政府贷款或资助的项目，包括项目的勘察、设计、施工、监理，以及与项目建设相关的重要设备和材料的采购，均需公开招标。开展招标投标活动应当按照公开、公平、公正、诚实信用的原则进行。

二、《中华人民共和国招标投标法实施条例》

《中华人民共和国招标投标法实施条例》（以下简称《条例》）为 2011 年 11 月

30 日国务院第 183 次常务会议通过，2012 年 2 月 1 日起施行。《条例》分总则，招标，投标，开标、评标和中标，投诉与处理，法律责任，附则共 7 章 85 条。

三、部门法律法规

自 2003 年 8 月 1 日起开始实施《工程建设项目勘察设计招标投标办法》。凡符合《工程建设项目招标范围和规模标准规定》要求的，均应按照本办法进行招标。任何单位和个人不得将依法必须进行招标的项目化整为零，也不能以其他任何方式规避招标。

2003 年 5 月 1 日起开始实施《工程建设项目施工招标投标办法》。按照本办法，工程建设项目符合《工程建设项目招标范围和规模标准规定》范围和标准的，必须通过招标选择施工单位。任何单位和个人不得将依法必须进行招标的项目化整为零或者以其他任何方式规避招标。工程施工的招标投标活动，依法由招标人负责。任何组织和个人不得以任何方式违法干预工程建设项目的施工招标投标活动。施工招标投标活动不受地区或者部门的限制。

为了加强对评标专家的监管，完善评标专家库制度，确保投标工作的公平公正，提高评标工作水平，按照《中华人民共和国招标投标法》，制定了《评标专家和评标专家库管理暂行办法》（2013 年修订），该办法主要用于评标专家的资格认定和入库，以及评标专家库的建立、使用和管理活动。

自 2018 年 1 月 1 日起开始实施《招标公告和公示信息发布管理办法》。本办法依据《中华人民共和国招标投标法》《中华人民共和国招标投标法实施条例》以及其他的相关法律法规，对招标公告和公示信息发布活动进行了规定，以确保各类市场主体和社会公众能够平等、方便、准确地获取招标信息。招标公告及公示信息是指招标项目的资格预审公告、招标公告、中标候选人公示、中标结果公示等内容。依法必须招标的项目的招标公告和公示信息，除了法律明确规定需要保密或者涉及商业秘密的内容之外，都应该按照公益服务、公开透明、高效便捷、集中共享的原则对社会进行公开发布。国家发展改革委根据招标投标法律法规规定，对依法必须招标项目招标公告和公示信息发布媒介的信息发布活动实施监督管理。

《必须招标的工程项目规定》主要依据《中华人民共和国招标投标法》第三条制定，其目的是明确必须进行招标的工程项目，使招标投标活动行为更加规范，提高工作效率，降低企业成本、防止腐败现象。全部或者部分使用国有资金投资或者国家融资的项目包括使用预算资金200万元人民币以上，并且该资金占投资额10%以上的项目；使用国有企业事业单位资金，并且该资金占控股或者主导地位的项目；利用世界银行和亚洲开发银行以及其他国际机构贷款和援助资金进行的工程；使用外国政府及其机构贷款、援助资金的项目。大型基础设施、公用事业等关系社会公共利益、公众安全的项目，必须招标的具体范围由国务院发展改革部门会同国务院有关部门按照确有必要、严格限定的原则，制订并提交国务院审批。

第二节　招标投标阶段的法律问题

一、标书准备中涉及的法律问题

（一）预审文件价格

招标人一定要将招标的信息以及基本建设要求在公开的平台中进行公布，这样才能让合规的投标方可以及时参加招标投标。有一些招标方在进行招标投标工作时，会对乙方的企业资质进行资格预审，在对有关信息进行核实和判断后，必须出具资格预审结果文件，并对其进行公示。合理确定提交资格预审申请文件的时间，应当从资格预审文件不再出售开始算起至少5天。招标方在发布标书、资格预审等文件时，不能向投标方提出过高的标价，应该以成本补偿而非营利的方式进行价格谈判。在此过程中，所涉及的一切招标前期投入均应该进行价格明示，并接受招标投标法规的要求和监督，避免给投标方带来过高的成本负担和前期压力，保证招标投标工作的合法有序进行。

（二）规定异议期限

招标方在对投标方参与招标投标工作的资格预审的结果必须要进行公示，公示时间一般为10天。在结果公示期间内，任何一方对于结果有异议的，均可在规定时间内提出，招标方有责任对所有的异议进行答复，整个周期不超过3日，在处理异议并进行重新审核的过程中，应当暂停其他推进招标投标的工作。

（三）保证金的价格

保证金是一种受到法律保护的担保资金，是为保障投标方的合法利益，并确保其在完成投标任务后能够履行相应的职责而缴纳的。按照《房屋建筑和市政基础设施工程施工招标投标管理办法》的规定，在招标文件中，投标保证金的价格一般不得超过投标总价的 2%，上限为 80 万元。

（四）最高投标限价

在招标投标工作中，要对标书中的报价做出合理判读，用设计控制价和最高价剔除掉不符合规定的投标报价，从而更好地维护招标投标双方的实际经济利益。招标控制价指的是建设工程项目在执行的过程中产生的最基本的建设费用，设计控制价可以有效防止低价中标，并且还能有效避免因投标方恶意竞争，导致低价中标单位提供假冒伪劣产品，偷工减料，从而损害招标方的利益。最高限价是指在招标控制价的基础上，减去了国家或者地方法规规定的必须按费率计算的费用，它在评价投标方的整体报价时具有很大的参考价值。合理设计最高限价既可以有效控制工程造价，又可以有效防止竞标人利用串标、围标等手段对最终交易价格产生影响，避免给招标方带来经济损失。

（五）保证金的利息

因为同时参与招标投标活动的乙方企业很多，所以在银行存款中积累了大量的保证金，从而产生一定的利息。在招标投标工作结束后，招标方需要将保证金返还至乙方公司，同时根据法律规定，在前期项目审核期间产生的保证金利息，也应一并返还，以免给投标企业造成经济损失。

二、参与投标时涉及的法律问题

（一）利害关系回避

为确保评标工作的公平性和公正性，必须对参与标书审定工作人员的任职情况进行审核，对与投标方有利害关系的人员必须要实行回避制度，不能参与项目评审。

（二）违法协商投标

招标投标工作是一种良性的市场竞争，在公平的条件下，招标投标双方都能对项目做出合理的评价，选择可以实现共赢的合作方。协商投标、围标、串标会给招标方带来很大的经济损失，因此一定要以实际工作为基础，对企业的成员之间是否存在利害关系进行理性判断，其中包含了互相提供技术支持和咨询服务等。

（三）投标无效类型

在招标之前，甲方已经发布了项目所需的有关要求，若标书中未有实质性回复，审核方可以认为标书与投标企业不符合投标规范，将其判定为无效投标。但是，如果因为其他因素而影响中标方履约产生影响，或对招标投标结果有公正性影响，那么该标书会被认为不符合投标的规范与要求。在这种情况下，就会被认为属于废标，已完成的招标投标工作则需要终止或取消。招标方在对投标企业的资质以及标书内容进行审核时，应尽可能做到标准化，对某些不合规定的投标行为应当给予适当处置，这对于维护招标投标工作的公平性和保证建设项目的施工质量有积极的作用。

三、标书评判审核中涉及的法律问题

（一）责任人的签字或盖章

标书中所有重要内容均须有相关责任人的签名或公章才能被认定为有效标书，若出现代签或缺少签字的书面信息，则有可能会被评标判断不具备参与招标投标工作的资格。所以，招标方在进行标书的评判和审核时，除了要对其中的技术性内容和具体的报价进行评判，还需要对相关的资质与责任人签字是否落实进行审核，防止在确认中标后，出现废标或无效情况。在进行审核和判断时，既要按照法律相关规定，还需要根据招标时的公开信息进行核实，所有的投标书面材料都必须经过密封、签字、盖章处理，不然会对招标判断产生影响，或导致信息泄露问题，从而对招标方实际工作的开展产生不利影响。如果采用了电子招标投标，则可以根据实际需求进行处理，关于 CA 证书应用，对上传的电子投标资料不要求必须盖章。

（二）拆解分包项目

在总承包的建设工程项目中，有一些投标方在中标后，在实际施工的过程当中会将项目再次进行拆分，形成二次竞标或分包，不能有效监督工程建设质量，也侵害了招标方本身的经济利益，是一种违反招标投标法规要求的行为。

（三）合同条款内容

在确定好中标公司，进行建设项目的合约签订时，一定要仔细核对合同条款，确保与标书中的建设方案和实际报价相符。作为招标方，不能在签约合同时出现超出前期公开的项目建设需求中的内容，如有相关调整，那么标书和招标投标工作也应当进行修改。身为投标方，应该将合同与投标方案之间的关联性弄清楚，避免为了提升企业中标率，而对标书与后期签订合同中的内容进行修改，从而导致废标、无效标书情况的发生。

第三节　招标投标阶段异议、投诉处理流程

本节将用流程图的方式，阐述该阶段异议、投诉处理的流程和依据的文件（图 15-1）。

一、异议主体的资格审查

《中华人民共和国招标投标法》第六十五条规定，投标人和其他利害关系人认为招标投标活动不符合本法有关规定的，有权向招标人提出异议，或者依法向有关行政监督部门投诉。《工程建设项目招标投标活动投诉处理办法》第三条对“其他利害关系人”进行了定义，是指投标人以外的、与招标项目或招标活动有直接利益关系的法人，其他组织和自然人。

招标人接收到异议时，首先应当判断异议人是否是有权提出异议的主体。下列主体为有权提出异议的主体：

（1）投标人；

（2）潜在投标人；

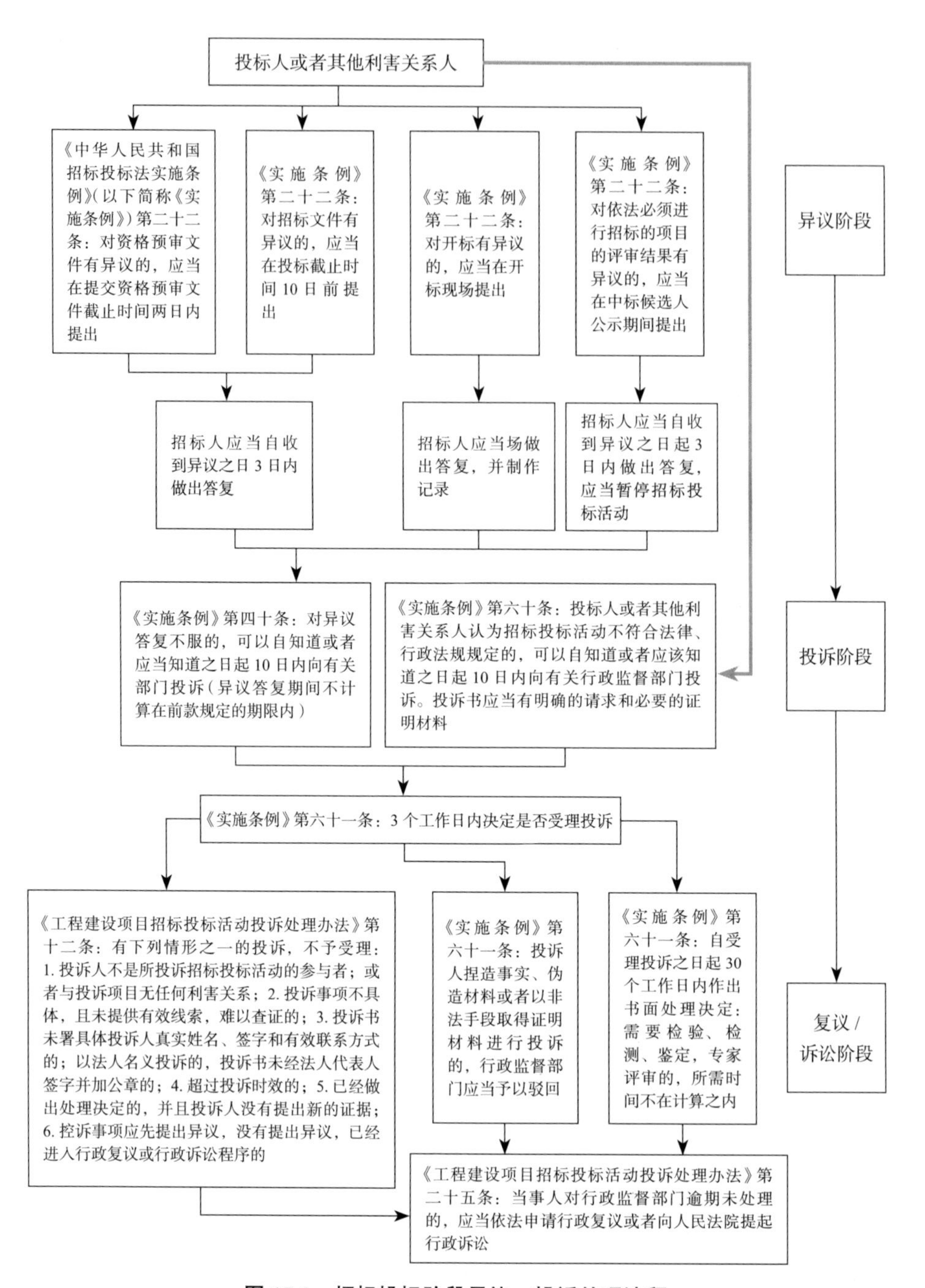

图 15-1　招标投标阶段异议、投诉处理流程

（3）与投标人事前签有附条件生效协议并符合招标项目要求的特定分包人或供应商；

（4）其他能证明利害关系的法人、自然人或其他组织（招标代理机构等）。

若异议人为非上述有权提出异议的主体，则该异议招标人可不予受理，同时招标人应当告知异议人可在异议的提出时限内补充成修改主体资格证明资料并重新提交。

二、异议形式的审查

异议人应当以书面形式向招标人提出异议但异议仅涉及开标的除外，对开标活动提出异议可当场直接提出。若异议人以电话、邮件等非书面形式向招标人提出异议，该异议不予受理，但招标人需告知异议人应当以书面形式提交异议及异议书应当包含的内容。

三、异议事项的审查

异议形式审查通过后，应当对异议中的异议事项进行审查，异议人仅能就资格预审文件、招标文件，开标和依法必须进行投标项目的评标结果向招标人提出异议。除此之外的招标投标中的其他事项不属于招标人受理的异议范围。若异议人以其他事项向招标人提出异议，招标人不予受理。

（1）依据《中华人民共和国招标投标法实施条例》释义第二十三、第二十八、第三十二条对资格预审文件和招标文件提出异议的情形包括但不限于以下几种：

（一）没有载明必要的信息；

（二）故意隐瞒真实信息；

（三）针对不同潜在投标人设立有差别的资格条件；

（四）以不合理的资格条件限制潜在投标人投标；

（五）提供给不同潜在投标人的资格预审文件和招标文件内容不一致；

（六）仅组织部分购买招标文件的潜在投标人进行现场踏勘；

（七）指定某一特定的专利产品或供应商；

（八）载明标准和方法过于原则，自由裁量空间过大，使得潜在投标人无法准确把握招标人意图，无法科学地准备资格预审申请文件或者投标文件；

（九）招标文件的设定与招标项目的特点和实际需要不适应于合同履行无关的资格技术、商务条件；

（十）以特定行政区域或者特定行业的业绩奖项作为加分条件或者中标条件；

（十一）其他违反法律和行政法规的强制性规定，违反公开、公平、公正和诚实信用原则的内容。

（2）依据《中华人民共和国招标投标法实施条例》释义第四十四条：对开标提出异议的具体情形包括但不限于以下几种：

（一）投标文件提交时间和截标时间；

（二）开标程序封；

（三）投标文件的密封检查和开封；

（四）投标内容；

（五）标底价格的合理性；

（六）开标记录；

（七）开标次序；

（八）投标人和招标人或者投标人相互之间存在《中华人民共和国招标投标法实施条例》第三十四条规定的利益冲突的情形；

（九）其他不符合有关规定的情形。

（3）对评标结果提出异议的具体情形包括但不限于以下几种：

（一）中标候选人的资质等内容存在造假行为；

（二）评标委员会的组建程序不合法；

（三）评标委员会的组成结构不合法；

（四）评审程序不符合法律或招标文件的规定；

（五）没有按照招标文件规定的评标标准和方法进行评审；

（六）在评审时对投标人实行区别对待；

（七）对标中的事实认定错误；

（八）评标中的具体判定、评标价格和评标分数计算错误；

（九）其他影响评标结果的情形。

四、异议时限的审查

接收异议时，应当审查异议是否在法定时限内提出。

《中华人民共和国招标投标法实施条例》（以下简称《实施条例》）第二十二条：对资格预审文件有异议的，应当在提交资格预审申请文件截止时间 2 日前提出。

《实施条例》第四十四条：对招标文件有异议的，应当在投标截止时间 10 日前提出；对开标有异议的，应当在开标现场提出。

《实施条例》第五十四条：对评标结果有异议的，应当在中标候选人公示期间提出。

若异议人在规定时限届满后提出异议，招标人一律不受理，但若确实存在违法违规情形的，招标人应谨慎对待并采取相应的补救措施，对涉嫌违法和违纪行为的应将线索移交行政监督部门。

五、异议的受理

招标人在收到异议申请后，应及时对异议进行审查，并与异议人进行沟通，异议人对沟通结果无争议并主动撤回异议材料的，异议处理终止。

有下列情形之一的，招标人可不予受理：

（一）提交异议申请的形式等不符合规定的；

（二）异议人不是第一条规定的有权提起异议的主体；

（三）未在有效期限内提出的；

（四）没有明确的异议事项；

（五）异议事项未提供有效线索、相关证据、证明材料或所附证据来源不合法；

（六）已作处理决定，且异议人没有提出新证据；

（七）其他应当不予受理的异议。

对于不予受理的异议，招标人应当告知异议人不予受理的理由，同时告知异议人可在异议的提出时限内补充或修改异议书并重新递交。在规定的提出时限内未收到异议人补充或重新提交的异议书，视为异议人放弃异议已经受理的异议；异议人要求撤回的，应以书面形式提出，受理部门准予撤回的异议处理过程终止，异议人不得以同一理由再次提出异议；已查实有违法规情形的，异议不得撤回，受理部门应采取相应的补救措施，对涉嫌违法和违纪行为的应将线索移交相关部门。

对于异议人在异议时限届满后提出的异议，确实存在违法违规情形的，受理部门应采取相应的补救措施，对涉嫌违法和违纪行为的，应将线索移交相关部门。异议招标人应当自异议受理之日起 3 日内作出书面答复，注意答复内容不得涉及商业秘密。若招标人在处理异议时需要进行检验检测、鉴定，调查取证、组织专家评审或到外地调查，所需时间不计入前项规定时限，但应在异议受理 3 日内将该情况告知异议人。

第十六章　合同签订及履行的法律服务

第一节　建设工程合同的主要类型

一、工程勘察合同

工程勘察是医院工程建设的基础环节。根据《中华人民共和国建筑法》第十二条和《建设工程勘察设计企业资质管理规定》，勘察合同的勘察人必须是经由国家或省级主管机关批准的，持有《勘察许可证》，具有法人资格的勘察单位。勘察合同的主要内容有：

（1）工程概况；

（2）发包人应提供的资料；

（3）勘察成果的提高；

（4）开工及提高成果资料的时间、费用的支付；

（5）发包人和勘察人各自应承担的责任；

（6）违约责任；

（7）合同未尽事宜的处理；

（8）其他约定事项；

（9）合同争议的解决方式；

（10）合同生效和终止的约定。

二、设计合同

《中华人民共和国合同法》第二百七十条对建设工程设计合同做了规定，设计合同的内容包括提交有关基础资料和文件（包括概预算）的期限、质量要求、费用以及其他协作条件等条款。

（一）设计合同的主要内容

（1）订立合同所依据的文件；

（2）委托设计项目的范围和内容；

（3）发包人应提供的有关资料和文件；

（4）设计人应向发包人交付的资料和文件；

（5）设计费用的估算与支付办法；

（6）双方责任；

（7）违约责任；

（8）其他。

（二）勘察设计合同管理中应该注意的问题

1. 发包人合同管理应注意的问题

（1）重视勘察、设计质量。勘察、设计是医院工程建设质量的基础保证，直接影响工程的安全、质量和投资控制。在严格遵守技术标准、法规的基础上对工程地质条件作出及时、准确的评价，正确处理和协调经济、资源、技术、环境条件的制约，使设计项目更好地满足业主所需要的功能和使用价值，充分发挥项目投资的经济效益[①]。

（2）勘察、设计人的资格。审查勘察人、设计人是否具有法人资格，是否持有建设行政主管部门颁发的工程勘察设计资质证书、工程勘察设计收费资格证书和工商行政管理部门核发的企业法人营业执照以及签订合同的签字人是否是法人代表或承包人委托的代理人。

（3）勘察、设计人员资质。国家对从事医院建设工程勘察、设计活动的专业技术人员实行执业资格注册管理制度。未经注册的勘察人员、设计人员，不得以

① 游浩 . 建筑合同员专业与实操 [M]. 北京：中国建材工业出版社，2015.

注册执业人员的名义从事建设工程勘察、设计活动。重点考察项目负责人的资格和能力，考察项目组人员结构、成员经验、对项目特点、难点、重点的技术分析和处理能力等。

2. 承包人合同管理应注意的问题

（1）审慎拟定合同书。勘察设计合同承包方应在国家发布的勘察、设计合同示范文本的基础上，对发包项目有关批准文件等资料进行仔细研究和审查，并结合委托项目的实际情况，由合同双方协商具体条款内容。勘察、设计合同委托书是评价勘察、设计工作标准，须严格签字、盖章，必要时须做公证，以确保合同的法律效力①。

（2）勘察、设计任务合同价格。建设工程勘察、设计发包方与承包方应当执行国家有关勘察费、设计费的管理规定。虽然国家规定了取费标准，但部分勘察设计单位以低价承揽业务，其收费已远远低于国家规定下浮幅度。不合理的低价对勘察设计质量产生巨大负面影响，因此，采用合理的勘察设计合同价格直接影响工程的执行质量。

（3）完善工程勘察、设计合同管理组织机构和管理制度。勘察、设计合同专业性、政策性强，内容不仅涉及合同标的、合同金额、双方的权利和义务、合同履行期限与方式、违约责任等一般性合同条款，又包含诸多国家、行业、地方不同层面的法律、法规、条例、办法、制度，以及勘察设计行业专业标准、规范。作为承包方的勘察、设计单位应设立专门的合同管理机构，配备专业合同管理人员，以确保合同的专业性、规范性，维护自身经济利益。

三、施工合同

施工合同是我国最基本的合同类型之一。在工程建设合同纠纷中，施工合同的争议占据全部建设合同的 90% 左右，并且案件复杂、诉讼标的大、诉讼时间长、涉及主体多，社会影响广泛等。《中华人民共和国合同法》第二百七十五条对施工合同应当约定的内容进行了规定，施工合同的内容包括工程范围、建设工期、中间交工工程的开工和竣工时间、工程质量、工程造价、技术资料交付时间、材料和设备供应责任、拨款和结算、竣工验收、质量保修范围和质量保证期、双方相互协作等条款。

① 国务院法制办公室 . 中华人民共和国建设工程法典 [M]. 北京：中国法制出版社，2016.

（一）施工合同内容

医院建设工程施工合同中必须包括主体、客体和内容三大要素。施工合同的主体是建设单位（发包人、建设方）和建筑安装施工单位（承包商、施工方）；客体是建筑安装工程项目；内容是施工合同具体条款中规定的双方的权利和义务。《建筑工程施工合同（示范文本）》由合同协议书、通用合同条款和专用合同条款三部分组成。合同协议书主要包括工程概况、合同工期、质量标准、签约合同价和合同价格形式、项目经理、合同文件构成、承诺及合同生效条件等重要内容①。

通用合同条款是合同当事人根据《中华人民共和国建筑法》《中华人民共和国合同法》等法律法规的规定，就医院工程建设的实施及相关事项，对合同当事人的权利义务做出的原则性约定。通用合同条款共计 20 条，具体条款分别为一般约定、发包人、承包商、监理人、工程质量、安全文明施工与环境保护、工期和进度、材料与设备、试验与检验、变更、价格调整、合同价格、计量与支付、验收和工程试车、竣工结算、缺陷责任与保修、违约、不可抗力、保险、索赔和争议解决。

专用合同条款是对通用合同条款原则性约定的细化、完善、补充、修改或另行约定的条款。合同当事人可以根据不同建设工程的特点及具体情况，通过双方的谈判、协商对相应的专用合同条款进行修改补充。

《建筑工程施工合同（示范文本）》为非强制性使用文本，适用于房屋建筑工程、土木工程、线路管道和设备安装工程、装修工程等建设工程的施工承发包活动，合同当事人可结合建设工程具体情况，根据《建筑工程施工合同（示范文本）》订立合同，并按照法律、法规的规定及合同约定承担相应的法律责任及合同的权利和义务。

（二）业主实施合同管理应注意的问题

由于业主是医院建设工程项目生产过程的总集成者，同时也是建设工程项目生产过程的总组织者，因此，业主方的合同管理是合同管理的核心，业主方的合同管理是全过程、全寿命周期的合同管理，具有主导性、主动性、针对性、实践性等特点，业主在实施合同管理的过程中要注意下列问题。

① 郝永池，郝海霞.建设工程招标投标与合同管理 [M]. 北京：机械工业出版社，2017.

1. 做好合同的总体策划

合同总体策划构筑了完整的合同关系图，同时也是项目总体实现的路线图，合同总体策划是业主方合同管理的起点和发挥主导作用的具体体现，是事关项目管理成功与否的关键环节。合同总体策划不仅解决项目管理委托模式的问题，还需要解决设计任务和施工任务委托模式问题，以及合同范围、合同条件、合同类型在内的合同方案选择问题。

由于合同总体策划的复杂性，业主应根据项目的具体情况和自身能力，借助科学方法来开展此项工作，如层次分析法、决策树等，合理确定发包模式和范围，降低发包人的项目风险。

2. 严格合同履行的过程管理

施工合同的纠纷多数源于发包人不能按时支付工程款，承包人暂停施工甚至解除合同。要保证承包人的施工质量和进度，发包人必须保证建设资金按约定时间和比例到位。另外，业主应按合同约定提供必要的施工条件，并做好各项配合工作，如设计图纸的交付、施工过程中需要发包人作出决策等。

3. 及时开展项目后评价

合同评价为合同管理的最后阶段，包括合同签定情况评价、合同执行情况评价、合同管理工作评价、合同条款分析等内容。合同后评价内容涵盖了整个合同生命周期，是对合同管理进行的一次全面、综合的评价，总结合同管理过程中的利弊得失、经验教训，提出分析报告，作为后续工程合同管理的借鉴。业主应根据阶段与目的的不同，选择合适的评价指标对项目进行客观评价。

第二节　合同条款制定要点

一、勘察合同重点条款

（一）工程概况和勘察任务基本要求

勘察合同中首先要对所委托勘察工程基本情况和勘察任务进行说明，主要内容如下[①]：

① 李启明 . 建设工程合同管理 [M]. 北京：中国建筑工业出版社，2009.

（1）工程名称；

（2）工程地点；

（3）工程立项批准文件号、日期；

（4）工程勘察任务委托文号、日期；

（5）工程规模、特征，如工程构成、建筑面积、单体工程结构类型、基础形式等；

（6）工程勘察任务与技术要求，主要是明确本合同所要完成的具体的勘察任务；

（7）承接方式，包括全包方式、半包方式（包人工及机械设备，材料和临时设施由发包人提供）等；

（8）勘察工作量，即暂估的勘察点数量、勘察孔深度等勘察工作量。

（二）发包人应提供的资料和勘察人应提交的勘察成果

1. 发包人应提供的有关资料文件

根据勘察任务内容不同，发包人需要提供的资料有较大差异，《建设工程勘察合同示范文本（一）》中列出应由发包人提供的文件资料包括：

（1）工程批准文件（复印件），以及用地（附红线范围）、施工、勘察许可等批件（复印件）；

（2）工程勘察任务委托书、技术要求和工作范围的地形图、建筑总平面布置图；

（3）勘察工作范围：已有的技术资料及工程所需的坐标与标高资料；

（4）提供勘察工作范围：地下已有埋藏的资料（如电力、电信电缆、各种管道、人防设施、洞室等）及具体位置分布图。

2. 勘察人应提交的勘察成果报告

勘察人应按时向发包人提交勘察成果资料并对其质量负责。适用《建设工程勘察合同示范文本（一）》的勘察活动一般在勘察任务结束时，提交四份勘察成果资料，而适用《建设工程勘察合同示范文本（二）》的勘察活动则可能需要分批提供报告、成果资料或相应的文件。在合同中要注明勘察成果资料的名称、需要的份数、对内容的详细要求及应提交的时间。

二、设计合同重点条款

根据《建设工程勘察设计管理条例》《建设工程设计合同示范文本（房屋建筑工程）》《建设工程设计合同示范文本（专业建设工程）》，医院建设项目设计合同重点条款包括[①][②]：

（一）设计依据

设计依据是设计人按合同开展设计工作的依据，也是发包人验收设计成果的依据。《建设工程勘察设计管理条例》中列出了以下几个最基本的设计依据。

1. 项目批准文件

项目批准文件是指政府有关部门批准的工程建设项目的项目建议书、可行性研究报告或者其他批准文件。项目批准文件确定了该工程项目建设的总原则、总要求，是编制设计文件的主要依据。

2. 城乡规划

根据《中华人民共和国城乡规划法》的规定，新建、扩建和改建建筑物、构筑物、道路、管线和其他工程设施，必须提出申请，由城市规划行政部门根据城市规划提出的规划设计要求，核发建设工程规划许可证件。编制建设工程设计文件应当以这些要求和许可证作为依据，使建设项目符合所在地的城市规划的要求。

3. 工程建设强制性标准

工程建设强制性标准是编制建设工程设计文件最重要的依据。《建设工程质量管理条例》第十九条规定，“勘察、设计单位必须按照工程建设强制性标准勘察、设计，并对其勘察、设计的质量负责”，同时对违反工程建设强制性标准行为规定了相应的罚则。

4. 国家规定的建设工程设计深度要求

建筑工程设计应当执行住房和城乡建设部颁布的《建筑工程设计文件编制深度规定》以及《民用建筑设计统一标准》GB 50352—2019。发包人可以在合同中专门约定对编制建设工程设计文件深度有特殊要求。

---

① 李启明 . 建设工程合同管理 [M]. 北京：中国建筑工业出版社，2009.

② 国务院法制办农林资源环保司，等 . 建设工程勘察设计管理条例释义 [M]. 北京：中国计划出版社，2001.

5. 建设单位设计任务书要求

设计人开展设计，除前述提出的各项要求和规定以外，应当根据建设单位的设计任务书的内容开展设计，并尽可能满足限额设计要求。

（二）设计合同工作内容

设计合同工作内容一般包括设计项目的名称、规模、设计的阶段、投资及设计费等。

1. 方案设计阶段的工作内容

按照批准的立项文件要求，对建设项目进行总体部署和安排，使设计构思和设计意图具体化；细化总平面布局、功能分区、总体布置、空间组合、交通组织等；细化总用地面积、总建筑面积等各项技术经济指标。方案设计的内容与深度应当满足编制初步设计和项目投资估算的需要。

2. 初步设计阶段的工作内容

初步设计内容是对方案设计或批准的可行性研究报告的深化，初步设计应当满足相应国家标准或行业标准中规定的深度要求、满足主要设备材料订货、征用土地、编制施工图、编制施工组织设计、编制工程量清单和项目初步设计概算、施工准备和生产准备等的要求。对于初步设计批准后进行施工招标的，初步设计文件还应当满足编制施工招标文件的需要。

3. 施工图设计阶段的工作内容

医院建设施工图的设计内容是按照初步设计确定的具体设计原则、设计方案和主要设备订货情况进行编制，要求绘制出各部分的施工详图和设备、管线安装图等。施工图文件编制的内容和深度应当满足设备材料的安排和非标准设备制作、编制施工图预算和进行施工等的要求。

（三）发包人及其主要工作

设计合同中需要规定发包人一般义务、任命发包人代表、发包人应当提供的用于工程设计所需要的资料、发包人在法律允许的范围内对设计人的设计工作、设计项目和 / 或设计文件作出的处理决定以及支付合同价款、接收设计文件的具体条款。

（四）设计人及其主要工作

设计合同中应对设计人的义务和权利作出规定，包括设计人的一般义务、设计任务的项目负责人及设计人员安排、设计分包的具体条款、联合体设计的具体条款等。

（五）工程设计文件审查

设计合同中还应对设计文件的审查作出规定，包括工程设计文件的审查期间、发包人对设计文件的审查、政府有关部门对医院建设设计文件的审查等的具体约定条款。

（六）设计合同价款与支付

设计合同价款与支付包括设计合同价款总额、价款组成及各部分具体数额、合同价格形式选择（包括单价合同、总价合同或其他价格形式）、定金或预付款支付比例、支付时间和支付形式、进度款支付方式、合同价款的结算与支付方式。

（七）工程设计变更与索赔

设计合同中还应对发包人变更工程设计的条件、程序、责任和费用等问题作出具体约定。

（八）专业责任与保险

设计人应运用一切合理的专业技术和经验知识，按照公认的职业标准尽其全部职责和谨慎、勤勉地履行其在本合同项下的责任和义务。

（九）双方违约责任

设计合同中应分别对发包人和承包人违约责任的具体情形作出约定。

三、施工合同重点条款

（一）合同主体条款

《中华人民共和国招标投标法》规定，发包人应为法人或其他组织，同时应具备法律规定的招标条件方可招标。《中华人民共和国建筑法》第二十六条规定，承包建筑工程的单位应当持有依法取得的资质证书，并在其资质等级许可的业务范围内承揽工程，同时规定禁止建筑施工企业超越本企业资质等级许可的业务范围或者以任何形式用其他建筑施工企业的名义承揽工程，如承包人不具有合法资格，建设工程施工合同将被认定无效。

（二）承包范围条款

承包范围即合同的标的，即发包工程的范围和具体内容。

（三）工程质量条款

《中华人民共和国建筑法》对建筑工程质量作出了相应规定，在此基础上，发、承包双方可以约定高于国家质量标准的工程质量标准。

（四）合同价格与调整条款

价格条款是合同的核心条款。由于施工合同履行期较长，在履约过程中经常出现人工、材料、工程设备和机械台班等市场价格起伏或法律变化引起价格波动的现象，同时还有可能出现变更、索赔、违约等情形，因此在建设工程施工合同中，还应当做出价格调整、变更、索赔等条款的约定。

（五）计量与支付条款

计量是确定施工合同价格和支付合同价款的基础和依据，也是施工合同履行中经常出现争议的活动，规范计量活动主要从计量规则、计量周期和计量程序等三个方面予以明确。

（六）工期条款

工期、质量安全、价款是建设工程施工合同最为核心的内容，也是建设工程施工合同纠纷主要集中的焦点。合同应当明确约定开工日期和竣工日期，载明具体的工期总日历天数，对工期延误的情形和补偿也应作出规定。

（七）竣工结算与最终结清条款

施工合同中应依据《建设工程工程量清单计价规范》GB 50500—2013、《建设工程价款结算暂行办法》等相关文件的规定，对包含工程造价、违约金、赔偿金在内的全部合同履行总结算，并在合同中约定具体结算条件、结算方式和结算期限等。

（八）索赔条款

施工方有权对合同履行过程中因对方原因造成的经济损失或权利损害进行索赔，施工合同中的索赔条款包括索赔情形、索赔方式、索赔期限等，应在合同中做出具体约定。

（九）缺陷责任和保修条款

根据《中华人民共和国建筑法》《建设工程质量管理条例》《建设工程质量保证金管理暂行办法》等相关法律、法规对建设工程质量和保修范围、保修期限、缺陷责任等问题作出了相关规定，施工合同应在以上法律法规相关条文基础上，明确建设工程的缺陷责任、保修范围、保修期限和保修责任、保修义务履行、质量保证金的计取与返还等方面内容。

（十）安全文明施工与环境保护条款

该条款为调整条款，施工合同中对安全文明施工和环境保护责任的规定，应首先符合《中华人民共和国建筑法》《建筑工程安全生产管理条例》以及消防、环境保护、特种设备管理、劳动安全保护等相关领域的法律法规和规章制度，并根据发包人的特别要求，在合同专用条款中作出专门约定。

（十一）争议解决条款

建设工程施工合同纠纷除了和解、调解、仲裁和诉讼四种一般民事诉讼处理方式外，由于建筑工程作为合同标的本身的专业性和复杂性，建设工程施工合同中对纠纷处理的约定还应注意几个问题：合同双方可以约定纠纷调解机构，如造价管理部门的工程造价经济纠纷调解、建筑业协会经营与劳务管理委员会调解中心等；可以约定采用（或不采用）争议评审制度，通过第三方专家组对施工合同争议或纠纷进行评审。

第三节 合同履行注意事项

一、关于发包人与承包人的注意事项

（1）发包方在进行发包活动时，应注意发包主体资格和合同履约能力两个核心问题。主体资格是指建设工程签约、开工的前提条件，如政府投资类医院的政府投资计划、建设用地手续是否齐全等；履约能力重点关注工程建设所需资金来源、融资结构和投资方出资能力等。

（2）发包方在选择承包方时，应重点关注其资质条件、合同履行能力、从业经验、财务情况等，并注意承包方是否有签约资格，如二级公司不具备对外签合同资格。

二、医院建设合同价款应注意的问题

招标工程“合同价款”条款与非招标工程有所不同，前者由合同双方依据中标价格在协议书内约定填写，非招标工程合同价款由合同双方依据工程预算在协议书内约定，工程概算价格、暂估价等不能作为合同价款。

三、医院建设合同价款及调整价款[①]

建设工程合同中的合同价款调整包括三种方式：固定价格、可调整价格、成本加酬金，具体采用哪种方式应在合同中明确规定，如采用固定价格，应特别注意约定风险范围及费用，范围以外的应约定风险条件下合同价款调整方式。

四、医院建设工程进度款条款

工程进度款条款的核心是发包方对已完成工程量的确认方式、计价依据和支

① 陈刚，李惠敏．建筑安装工程概预算与运行管理 [M]. 北京：机械工业出版社，2006.

付方式。

五、材料设备供应条款

材料设备供应条款中应注意填写材料、设备的名称及内容、品种规格、数量、单价、质量等级、交货时间、交货地点等，还应在合同中明确交货责任、结算方式。

六、违约条款

违约条款包括合同双方违约责任以及违约金、赔偿金的计算标准、支付方式等。

七、工程分包条款

建设工程合同条款中应对工程分包做出专门约定，一般应约定分包时须经发包人同意，并禁止分包方将分包工程再分包。

八、医院建设施工合同变更①

施工合同变更包括设计变更、合同图纸延误、增加工程量等情形，合同中应对每种情形的具体情况、工期顺延条件及计算等具体内容作出约定。

① 蔡正华，潘国华，陈仁林 . 企业常用文书及其法律风险防控 [M]. 北京：中国政法大学出版社，2015.

第四编

医院建设发展趋势

第十七章　智慧医院

数字化带来了医疗服务模式的重大革命，数字医院建设正在向一体化、智能化方向迈进。医院数字化是现代化医院的重要标志之一，也是医院现代化管理和高效运行的有力保证。先进的医院信息系统对提高医院的质量效益、经济效益、社会效益具有巨大的促进和推动作用。

第一节　智慧医院系统建设规划

智慧医院建设是未来医院发展的必由之路。智慧医院的提出可以追溯到 20 世纪 80 年代末，当时，先进国家多以单个功能应用起步。2009 年，美国医疗健康论坛首次提出智慧医院概念。我国智慧医院建设起步于 2017 年，国务院印发《新一代人工智能发展规划》，提出探索智慧医院建设。2018 年，国家卫生健康委印发《医院智慧服务分级评估标准体系（试行）》。2020 年，国家卫生健康委印发《关于进一步完善预约诊疗制度加强智慧医院建设的通知》。我国智慧医院建设是基于数字医疗需求拉动、国家智慧医院标准启动、信息技术发展等因素综合驱动的结果。

一、智慧医院建设的目标与层次

广义的智慧医院建设是指从医院发展战略出发，通过分析医院核心价值链的运作模式，找出医院智慧化建设的支撑点和机会点，明晰智慧医院发展战略，并构筑智慧医院的应用蓝图、治理模式、信息资源体系及系统实施规划等，以实现对医院战略目标达成的有效支持。而“狭义”的智慧医院则侧重对系统硬件、系统软件、开发技术等进行计划与安排，是围绕技术展开的。本书中智慧医院主要是针对“广义”的智慧医院规划。

智慧医院建设是一个循序渐进的过程，大致经历信息化、智能化和智慧化三个不同阶段，各个阶段分别有不同的技术支持、功能系统和建设重点。

（一）医院信息化

狭义的医院信息化是指利用网络技术、计算机技术和数字技术有机整合医院业务信息和管理信息，实现医院所有信息最大限度地采集、传输、存储、利用、共享，并且实现医院内部资源最有效的利用和业务流程最大限度的优化，建立高度完善的医院信息体系。医院信息化可分为医院临床信息体系、医院运营管理信息体系、医院患者服务信息体系、医院知识管理信息体系、医院后勤保障信息体系、区域医疗协同信息体系、物联网应用信息体系等。每个体系涉及一系列应用系统，如医院运营信息体系主要是围绕医院人流、物流、资金流管理和日常运营相关的子系统。

医院信息化的产出是管理水平的提升、运行效率和效益的提高、业务流程的优化、医疗资源的共享、患者就医感受与满意度的改善。

（二）医院智能化

医院智能化是在医院信息化的基础上，运用现代通信与信息技术、计算机网络技术、行业技术、人工智能控制技术汇集而成的针对某一个方面的智能化应用。医院智能化系统的建设是综合性的医用工程，它是建筑智能化系统的总集成，每一系统又包含丰富的子系统，相互融合，构成了完整的医院智能化系统。只有医院智能化建设才能实现医院数字化的最终目标。

医院智能化系统分类方法有多种，按医院智能化子系统的技术类别，可将智能化系统细分为七大类子系统：网络通信系统，安全防范系统，多媒体音、视频系统，楼宇自控系统，医疗服务系统（呼叫系统、预约分诊排队系统、整体数字化手术部及手术示教系统、探视系统、母婴匹配与婴幼儿防盗系统、病患定位系统、一卡通系统等），机房工程，医院信息化应用系统等。

（三）智慧医院

智慧医院是指医院智能化的升级发展，在智能化的基础上有了更多的思维判断功能，部分代替了人脑的功能。智慧医院是综合运用云计算、大数据、物联网、移动互联网、人工智能等信息技术和通信技术手段，感测、分析、整合、感知医院相关信息系统的数据或信息，从而为满足医疗、服务、管理的各种需求作出智能响应。自“智慧医院”这个概念被提出以来，全球各地医院都进行了不同探索，把互联网技术、智能技术，包括一些人工智能技术都用在医疗服务的各个领域中。

智慧医院的总体架构中，以布线网络为基础，集成医院建筑智能化系统和医疗智能化辅助系统，为医院提供安全、舒适、绿色、低碳的医疗环境。同时，采集高科技、自动化的医疗设备和医护工作站所提供的各种诊疗数据，实现就医流程最优化、医疗质量最佳化、工作效率最高化、病历电子化、决策科学化、办公自动化、网络区域化、软件标准化。目前比较普遍的认识误区是把医院信息化、“互联网 + 医疗健康”都纳入智慧医院范畴；其实，智慧医院是更强调在大数据基础上的具有一定逻辑思维判断能力的医院信息化发展的高级阶段。最直观、最现实的智慧医院就是手术机器人等 AI 技术的广泛应用、辅助诊疗系统日趋成熟，这是智慧医院的重要标志。

（四）智慧医疗

智慧医疗就是医疗服务的智慧化。广义的智慧医疗包括智慧医院系统、区域智慧医疗系统、家庭健康智慧系统三部分。狭义的智慧医疗是指智慧医院内的医疗服务智慧化。从狭义角度认识，可以用智慧医院代替智慧医疗的提法；但从广义的角度，智慧医院不能代替智慧医疗。智慧医疗系统包括区域健康信息化智慧平台、区域健康大数据中心、区域医疗健康应用体系。区域医疗健康应用体系包含区域智慧双向转诊系统、区域卫生健康服务绩效智慧评价系统、区域疾病构成和危险因素智慧评估系统、区域电子健康档案智慧应用系统、区域医疗资源智慧调度系统、区域医疗智慧监管系统、区域传染性疾病智慧监测预警系统等。家庭健康智慧系统是立足于家庭提供智慧化医疗健康服务，包括家庭智慧远程医疗服务系统、家庭智慧慢病管理系统、家庭智慧健康监测系统、家庭智慧健康促进指导系统等。

二、智慧医院建设能力需求

在数字医院建设能力分析阶段，首先会结合医院的 IT 支撑点，从核心业务环节入手，分析并形成医院不同层面的 IT 需求和 IT 目标。然后，构建合理的 IT

评估模型对医院的信息化现状进行全面的评估，并进行差距和约束条件分析，为后面的 IT 蓝图及系统规划提供依据。

（一）行业现状与趋势

信息化、智能化已经成为现代医院建设的大势所趋。在国内，医疗卫生事业的信息化建设已经成为新一轮医疗体制改革的重要方面，并且对促进经济转型发挥了积极作用。医院信息系统的发展应用趋势：一是以医院管理为中心的医院管理信息系统将逐步向以病人健康为中心、多系统整合的健康信息系统发展。二是信息化以医院为中心向区域化、全球化发展。我国将在近几年建成国家、省、市三级区域卫生信息平台，实现对区域内居民所有健康信息的规范和整合，居民健康卡将逐步实现全国通用。三是临床数据由为医院服务向为公共卫生服务发展。公共卫生机构可以通过对各种医疗活动记录和患者健康状态变化信息的监测，掌握疾病变化规律，及时采取应对和干预措施。四是信息系统不断向集成化、智能化和标准化方向发展。五是新技术广泛应用并不断推进。无线移动技术、物联网技术、商业智能、移动社交平台以及云计算和虚拟化等技术将大大促进医院信息化的发展。

（二）智慧医院发展现状

现有医院普遍存在重医疗应用系统、轻建筑智能化系统的情况，不能满足现代化医院基础智能化系统设施的要求，中国大部分医院的信息系统尚处于以后台信息管理为主的医院信息系统（Hospital Information System，HIS），软件的分步实施与科室业务需求存在脱节，信息系统资源分散，缺乏信息共享和整合，有待建立与统一医院数据平台。

（三）智慧医院解决方案

在数字医院解决方案阶段，需要结合上面两个阶段的成果，设计医院的 IT 应用蓝图，进行应用系统的集成点分析并构建医院的数字医院基础架构，同时对这些内容进行深入的描述和分析。

1. IT 总体架构

医院 IT 总体架构图能够总揽未来信息化建设的内容，直观地描述各系统之间的关系，是目标、愿景和蓝图。在总体架构规划时，应注意以下五个方面。

（1）在框架设计上，从垂直业务和单一应用向扁平化信息平台与主线业务的应用系统建设相结合转变，利用纵横交互的平台技术实现统筹规划、资源整合、互联互通和信息共享，提高医院医疗服务水平和监管能力，有效推进公立医院改革。

（2）在业务内容上，从单纯的医院工作管理向综合管理与为公众提供服务相结合转变，一方面突出服务功能，直接让居民与患者成为信息化发展的受益者；另一方面突出资源优化与管理创新，利用 IT 技术快速提升医院在区域内的竞争优势。

（3）在实现路径上，从追求单个系统规模向促进各系统资源整合转变，加强标准化和规范化，逐步实现数据共享，避免应用系统的重复开发和数据的重复采集。

（4）应采用业界先进、成熟的软件开发技术和设计方法，基础技术框架采用组件化、平台化的开发与集成模式；系统支持 C/S+B/S 架构等。

（5）在安全设计上，医院信息系统安全等级应满足相关要求。

2. 系统规划

根据医院建设的现状，结合各个楼栋的使用情况，智能化系统的子系统分布如表 17-1 所示。

医院系统规划表 **表 17-1**

楼栋	系统	基本必备系统	中等水平	先进水平
住院楼	1. 基础信息化系统	√	√	√
	2. 护理呼叫系统	√	√	√
	3. ICU 探视系统		√	√
	4. 热水卡系统		√	√
	5. 机房工程	√	√	√
	6. 病区可视对讲		√	√
门诊楼	7. 基础信息化系统	√	√	√
	8. 门诊排队叫号系统	√	√	√
	9. 医用对讲系统		√	√
	10. ICU 探视系统		√	√
医技楼	11. 基础信息化系统	√	√	√
	12. 门诊排队叫号系统	√	√	√
	13. 医用对讲系统		√	√
	14. 护理呼叫系统	√	√	
	15. 手术示教系统		√	√
行政办公楼	16. 基础信息化系统	√	√	√
	17. 会议系统	√	√	√
	18. 多媒体教学系统	√	√	√

续表

楼栋	系统	基本必备系统	中等水平	先进水平
地下室	19. 基础信息化系统	√	√	√
	20. 停车场管理及车位引导系统	√	√	√
总体	21. 一卡通管理系统	√	√	√
	22. 系统集成系统			√

第二节　智慧医院系统构成

根据数字医院建设规划，智慧医院的系统构成如表 17-2 所示。

重点　　表 17-2

医院智能化系统构成	1. 综合布线系统
	2. 计算机网络系统
	3. 有线电视系统
	4. 多媒体信息发布及查询系统
	5. 背景音乐及紧急广播系统
公共安全系统	6. 闭路电视监控系统
	7. 入侵报警系统
	8. 出入口管理系统
	9. 电子巡查系统
	10. 停车场管理系统
	11. 车位引导系统
医护专用系统	12. 护理呼叫系统
	13. 排队叫号系统
	14. 重症监护室图像监视系统
	15. 手术室示教系统
建筑设备管理系统	16. 楼宇自控系统
	17. 智能照明系统
	18. 建筑能耗计量
综合集成管理系统	19. 弱电综合集成系统

续表

机房工程	20. 机房工程
	21. 应急后备电源系统
	22. 防雷接地子系统
其他	23. 一通系统
	24. 多媒体会议系统

一、信息基础设施系统配置

1. 综合布线

综合布线系统是智能化最基础的物理链路，主要承载语音和数字信号。随着智能化、数字化和网络化的发展趋势，现在越来越多的智能化子系统、数字化正逐渐成为主流。综合布线系统除了语音、数据外，还将承载图文视频信号，因此综合布线系统在整个智能化中占有重要地位，其设计方案将直接影响到智能化的当前使用及其扩展。

2. 计算机网络系统

医院信息化的发展使医疗业务应用和后勤服务更加依赖于基础计算机网络平台。计算机网络正逐渐成为智能化众多子系统的共用平台，因此，全面规划设计，并合理规划网络平台是医院信息化发展和智能化建设的核心内容。

计算机网络系统一般应包括骨干、汇聚和接入三个层次。其中，骨干、汇聚层由大容量以太网交换机组成，接入层可以由三层交换设备组成。核心、汇聚层主要负责数据的快速转发，其网络结构重点考虑可靠性和可扩展性；接入层负责提供各种类型用户的接入，将不同地理分布的用户接入到网络中，扩大核心层设备的端口密度和种类，同时进行三层路由选择，虚网划分等。

3. 数据中心系统

医院已经进入了数字化和信息化的时代。在使用过程中，医院管理信息系统和医疗临床信息系统会有大量的数据需要处理和存储。因此，系统快速、稳定地处理数据和安全、可靠地保存数据是医院信息化建设非常重要的环节。主机及存储系统是医院信息化的“生命中枢”，其性能与安全直接关系到系统的运行水平、业务承载能力和数据安全。

4. 有线电视系统

医院除了选择接入市有线电视节目源外，还有网络电视节目源、卫星电视节目源和医院自办节目源等多种选择。借助复合的数字电视网络，以及更先进的交互式电视网，为更好地普及卫生防疫知识和健康保健知识，扩展其他的后勤服务应用提供了想象空间。

5. 公共信息发布与多媒体查询系统

医院人员密集，部门科室众多，为方便病人就诊和规范就医流程，医院通常在门诊大厅、急诊大厅、住院大厅、电梯厅、候诊区、休息区、分诊台、护士站和各类窗口等处设立不同的信息显示屏，发布就医导引、排队就诊提示，以及电视新闻娱乐、医疗科普知识、宣传广告等信息。

医院公共区域的这些显示屏，分属不同的系统，如大屏显示系统、电视系统、排队叫号系统、广告屏等。将这些不同的系统集成整合形成高集成的信息发布系统解决方案。

6. 公共广播系统

公共广播系统主要用于医院公共场所广播通告和背景音乐播放，消防广播可合用此系统。常用的为模拟广播。近年来，IP 数字网络广播越来越多地被采用。一般建筑背景音响和紧急广播系统可以分为背景音乐广播、服务性广播（医用紧急呼叫）和火灾事故广播三大业务，系统兼顾广播的这三大业务功能，并实现各种自动切换。设计时，楼内背景音响和紧急广播系统与消防广播系统共用一套前端设备，平时作为背景音乐和服务性广播，在火灾发生时就切换到紧急广播状态。

二、公共安全系统

1. 视频安防监控系统

视频安防监控系统是利用视频技术探测、监视设防区域并实时显示、记录现场图像的电子系统或网络。视频监控系统是综合安全防范体系中非常有效的技防手段，也是医院安防的重要组成部分。根据医院安全技术防范的需求，视频安防监控系统的建设应在医院辖区内作如下规划：

（1）在医院各出入口应配置固定或动态图像信息采集设备（摄像头），覆盖范围为各出入口及周围 100m 道路，图像质量应能清晰显示出入车辆牌照、车型、颜色、驾驶人特征及出入行人的体貌特征。

（2）在医院周界警戒区应配置动态图像信息采集设备，并与周界入侵报警系统联动，在发生周界入侵报警时应能实现自动警情视频复核、研判。

（3）在医院公共区域（监视区），如停车库（场）、广场道路、楼道电梯、挂号区域、各诊疗科室出入口等，合理配置动态或固定图像信息采集设备，应能对上述区域实现全覆盖，图像质量应能清晰显示区域内活动人员的体貌特征及携带物品的特征。

（4）在医院防护区域，如收费区、住院区、办公区、贵重医疗设备应用室、妇产、传染、危重急救病房、手术室等区域或出入口、通道等处，应合理配置动态或固定图像信息采集设备，应能对上述区域实现全覆盖，图像质量应能清晰显示区域内活动人员的体貌特征及携带物品的特征。对于安装了入侵报警系统、出入口控制系统的，应配置报警和出入口开启/关闭联动功能。

（5）在医院内不允许自由出入的禁区，如药品、器材、设备存放库，财务、档案室，安全技术防范系统中心控制室等内外部、通道、出入口，应合理配置动态或固定图像信息采集设备，应能对上述区域实现全覆盖，图像质量应能清晰显示区域内活动人员体貌特征及携带物品的特征。对于安装了入侵报警系统、出入口控制系统的，应配置报警和出入口开启/关闭联动功能。

（6）对于改扩建医院，新建部分设计使用数字视频监控系统，并建设监控中心和数据中心，则可以构建全院的数字监控平台；对于原来医院已经存在的模拟视频监视系统，则可以在机房做模/数转换后接入数字平台，实现全院的数字化监控管理。

（7）对于新建或迁建医院，设计数字网络视频监控方案，将医院的安防视频监控、报警系统等功能集成进数字监控平台，实现全院的数字化监控管理。

2. 入侵报警系统

入侵报警系统是利用传感器技术和电子信息技术探测并指示非法进入或试图非法进入设防区域的行为、处理报警信息、发出报警信息的电子系统或网络。在医院安全技术防范体系建设中，入侵报警系统有着不可替代的作用。其前端探测设备在监视区、防范区、禁区的安防构架中，有着大量的应用。医院入侵报警系统规划主要体现在以下三个方面：

（1）在医院管控区域的周界建筑（围墙、栏杆等）应配置周界入侵报警系统，并与相应的视频安防监控系统联动。一旦发生翻爬、破坏周界建筑的事件，中心控制室应得到报警信号和报警点图像。

（2）在医院出入口和防范区、禁区内重要房间、库房的出入口、门窗、室内、通道应设置入侵报警系统，应综合采用点、线、面、空间探测设备，当发生非法闯入、进入、破坏设防区域的事件，中心控制室应得到报警信号。

（3）在医院收费处、财务室、贵重或危险物品库管办公室、护士站、手术室、治疗室、太平间、医疗纠纷会议室以及其他易发生危险及纠纷的场所，除配置相应的入侵报警系统外，还应设置手动紧急报警装置，以便医院工作人员在发生紧急事件时，向中心控制室发出报警求助信息。

3. 出入口（门禁）控制系统

安装门禁系统的目的在于对人员的流动进行合理的监管和控制。一般在公共场所与非公共场所交界处、病区进出通道、病区治疗室、重要场所进出通道等地布点，安装门磁开关、电控锁及读卡器等门禁控制装置进行身份识别，设置不同的权限，限制人员的进出，保障医院的人员及设备安全。门禁管理系统一般与一卡通系统共用一张智能卡，与一卡通系统统筹设计，兼容停车管理、考勤管理、售饭系统、图书档案借阅和其他消费等，涉及患者管理与员工管理两个领域，在未来物联网时代基于有源或无源无线射频识别技术即 RFID 技术的一卡通系统具有广泛的应用空间。

4. 医院智能停车库及车位引导管理系统

从医院停车系统的现状和发展要求来看，必须着力发展空间省、效率高、使用方便的停车设施，规划先行，综合协调。制定综合停车政策，合理配置医院停车设施，优化医院停车系统，使之适应于医院的整体发展要求。

医院停车场的主要功能是对进、出停车场（库）的车辆进行自动登录、监控和管理服务，对就诊车辆进行优惠或免费停放服务，对占用场地车辆进行标准化或高标准化收费，并便于车主快速寻找到空位和返回时快速寻找车辆的位置，同时也具有对停车库环境的监测功能。

5. 医院电子巡查系统

电子巡查系统是对保安巡查人员的巡查路线、方式及过程进行管理和控制的电子系统。在医院安全防范系统建设中，电子巡查系统应用于对保安巡查人员的管理，在规划上主要有以下两个方面：

（1）信息装置的规划：首先应根据医院布局、特点和安全防范工作的要求，合理选用电子巡查系统，规划出保安巡查路线，依据巡查路线配置电子巡查信息装置。

（2）巡查管理的规划：依据医院安全防范工作的要求、电子巡查系统的配置、保安人员队伍的配置，编制巡查程序，制订医院保安巡查管理制度，对巡查人数、路线、时间、纪律、核查和奖罚作出具体要求。

6. 火灾自动报警系统

火灾自动报警系统是利用点式或线型火灾探测器、手动报警按钮、信号线、楼层显示器、应急广播、集中联动报警控制器组成的一种可以自动探测火灾的报警系统。根据我国《建筑设计防火规范（2018 年版）》GB 50016—2014、《火灾自动报警系统设计规范》GB 50116—2013 的规定，高层医院建筑或建筑面积大于 1500m^2、建筑面积大于 3000m^2 的疗养院的病房楼、总建筑面积大于 500m^2 的地下建筑等均应设置火灾自动报警系统。建筑内可能散发可燃气体、可燃蒸气的场所应设置可燃气体报警装置。

三、医护专用系统

1. 排队叫号系统

为解决医院就医人数众多杂乱无序的状况，需要建设排队叫号系统，系统的建立一方面可以减轻患者排队的辛苦；另一方面可以规范医院就医秩序，创造安静有序就医环境，提升医院的档次。

医院建设的排队叫号系统相对独立成系统，系统通常由接口软件、服务器端、客户端、排队应用软件、传输网络、显示屏等部分组成。

排队叫号系统实现方式有独立方式和集成方式：独立方式是专用排队叫号显示系统，功能上是完全可以满足医院的需求，除了与 HIS 系统有接口外，与智能化楼宇其他子系统基本上没有什么关联；集成方式是共用已建成的智能化网络平台传输和显示系统显示的一种排队叫号方式，这是一种高效经济的方案，但在系统设计时需要顶层设计上统一考虑。目前，部分医院将排队系统与手机短信、手机 App、微信公众平台集成，使排队调度更为贴心。

2. 医护对讲系统

医护对讲系统是解决病人遇事呼叫护士医生，以及医护人员在处理现场向护士站求助情形而设立的系统，是住院病房的标准配置内容。

病房呼叫系统由 1 台计算机、1 台护士站主机、若干台门口分机、若干个走廊显示屏和各种分机组成（液晶电视、输液报警器、系统副机均可选配）。每个病房床头应配置 1 个对讲分机，对讲分机配呼叫手柄，每个卫生间应配置 1 个紧急呼叫分机，每个病房门口应配置 1 个门灯或门口机。

新一代医用对讲系统在通信方式和功能上发生了很大的变化，可以通过计算机对界面显示内容进行编辑推送，可实现定制化界面的要求，任意改号、任意关联。采用模块化设计方案，提供丰富的功能配置接口，满足绝大多数医院的护理需求。具备工业级抗干扰性能，确保系统使用、运行稳定可靠。

3. 数字化手术部与手术示教系统

传统的手术示教系统是通过智能化的音频技术、视频技术、网络技术和控制技术将手术现场的图像、声音传到网上，供授权用户进行观看。高度集成的整体数字手术部融手术视频示教系统、手术麻醉系统、临床信息系统、手术室运行管理系统、手术物流管理系统、手术环境管理系统、手术相关服务系统和物联网技术于一体，高度集成，是技术的创新，也是未来的发展趋势。

手术部数字化的需求来源于手术医生、麻醉医生、手术护士、患者本人、患者家属、医院管理者等。其中，手术医生需要的是手术资料的完整展现、便捷检索以及手术过程的完整记录，包括手术直播、手术录播回放、院内会诊、远程会诊、远程手术、手术科研与教学等。

4. 探视对讲系统

在医院中，隔离病房因病情或病房管理原因，家属与亲友不能直接探视病人，一般采用探视走廊的方式，亲属隔着玻璃探视病人。随着技术的进步，现在可以通过音、视频网络远距离进行探视交流，家属可以在医院有网络的任何地方，甚至将来在家中，也可以通过网络与病人进行视频和语音交流，实现隔离探视。

探视系统一般由隔离病房部分（摄像机、显示终端、语音对讲终端和移动推车等）、控制部分（护士管理工作站、服务器、视频软件等）和家属探视端部分（摄像机、显示终端、语音对讲终端和遥控键盘等）组成。

基于多媒体网络平台上的可视对讲系统，通过在隔离病房设置一套音、视频设备，通过护理单元病房内的网络插座接入网络，将患者的音、视频信息，通过网络接入控制中心。在家属等候区设置探视工位，控制中心的管理护士工作站将须探视病员的音、视频信息切换到指定的探视工位上，利用网络音、视频技术，可以让探视双方进行非面对面的亲情探视与对讲。

四、建筑设备管理系统

建筑设备管理系统通过相应的控制管理设备和软件，基于模糊计算，实现中央空调最优化运行。系统综合各项控制要求，实现整个中央空调水系统功能的智能化管理，包括系统联动，系统群控，并随时根据负荷变化，自动、及时并有预见性地调节系统的运行工况，实现中央空调系统的运行收益及管理收益。

高智能化的中央空调管理系统能够克服传统楼宇控制系统在中央空调系统的运行管理中存在的诸多缺陷，实现真正意义上的智能化管理，同时又具有较高的性价比，在用户增加有限投资的基础上为用户带来良好的回报。

1. 中央空调机房智能管理及节能系统

建筑设备管理系统控制对象主要为冷热源系统，包括中央空调主机、冷冻（温）水泵、冷却水泵、蓄冷放冷水泵、水源循环泵、热交换器、补水泵、冷却塔、新风机组等设备。其主要目的是实现中央空调机房内冷、热源设备的配电、智能化控制和运行节能管理，使得运行费用降低 20% 以上。系统由模糊控制器、冷冻水泵智能控制柜、冷却水泵智能控制柜、风机智能控制柜（箱）、现场控制器组成。

全面采集影响中央空调系统运行的各种变量，传送至系统控制柜，系统控制柜依据模糊推理规则及系统经验数据，推算出系统该时刻所需要的冷量及系统的优化运行参数，并利用变频技术，自动控制水泵转速，以调节空调水系统的循环流量，保证中央空调主机处于最高转换效率，保证中央空调系统在各种负荷条件下，均处于最佳工作状态，从而实现综合优化节能。

2. 智能照明控制系统

在现代建筑中，灯光照明的电力消耗是整个大楼能源消耗的重要部分，越来越引起人们的重视。随着“绿色医院”概念的深入人心，智能控制智能化逐渐提到日程中，而成为人们关注的重点。智能医院建筑照明系统实现了系统集中控制、自动化控制，并最大限度地利用自然光源，有效节约能源消耗，被越来越多地应用到医院建筑中。

一般智能照明控制系统都是数字式照明管理系统，它由系统单元、输入单元和输出单元三部分组成。除电源设备外，每一单元设置唯一的单元地址，并用软件设定其功能。

3. 能源管理系统

能源管理系统是专门针对医院建筑的能耗构成复杂，能源形式多样，且能耗普遍偏大的现状，对医院建筑的能源种类进行能耗统计、能源审计、能效公示、定额管理的信息化系统。能源管理系统不仅提高医院能源的利用率，还能够帮助医院实现制度化和指标化的能源管理，真正做到节约能源。

能源管理系统由能源数据采集设备、数据网关、数据传输网络、能耗监管数据中心组成。采用先进的采样监测技术、有线通信、无线通信技术和计算机软硬件技术等，以及集散式结构，模块化设计，以冷、热、水、电、气等能源介质为监测对象，将每个智能终端包括数字式电能表、数字式水表、数字式燃气表等的数据通过通信线连到对应的网关设备，并通过通信协议转化，实现末端仪表与数据中心之间通信，对用能进行实时采集、计量、统计分析和集中调度管理，实现对能源的全方位监控和管理。

五、机房工程

智能化的机房工程是智能化系统和各种主机设备运行的环境的建设。其中，数据中心（即信息中心）机房工程更是整个医院的神经中枢。机房工程的目标是建设适应智能化主机稳定可靠的运行环境，为维护人员提供一个舒适而良好的工作条件。机房工程包括数据中心（主备）机房、保安监控中心机房、楼宇机电设备管理中心机房、楼层接入机房、运营商接入机房等内容。

数据中心机房的设计与建设是一门技术复杂、专业性很强的工作，涉及空调及新风技术、供配电技术、自动检测与控制技术、抗干扰技术、综合布线、净化、消防、建筑、装饰等多种专业。

数据中心机房内容包括结构装饰系统、供配电系统、照明系统、独立接地系统、防浪涌保护系统、环境监控系统、精密空调系统、UPS 主机系统、KVM 系统、新风及排风系统、综合布线系统和消防灭火系统等。

建设标准化、专业化、信息化的系统工程机房是医院实现信息化、数字化的重要基础。医院的数据中心机房应包含中心设备主机房、配电室、操控室、气瓶间、办公区、开发工作区、库房、修理间、培训教室等，其中，机房还包括主机房与灾备机房。灾备机房一般设置在其他楼宇，可兼做弱电管理间。主机房和副机房是互为备份的网络结构，主机房对副机房进行监控。

六、综合集成管理系统

医院智能化集成管控平台把若干个独立、相互关联的系统集成到一个统一的、协调运行的系统中，实现建筑物内整体性的信息交互和信息共享，系统集成的对象包括了楼宇集成管理系统（BMS）、能源管理系统（EMS）、办公自动化系统（OAS）、通信自动化系统（CAS）、安防管理系统，是智能集成的最高层次。集成平台将各子系统的信息集成到相互关联的系统平台上，对整个医院后勤实行综合统一管理。其系统功能主要包括：

1. 全局事件集成管理

系统对各集成子系统进行综合考虑和优化设计，通过对各子系统的一体化集中处理，可以有效地对医院后勤各类事件进行全局管理，将医院的空间、能源、物流环境通过信息流与人联系起来，实现一体化服务，提高系统管理的效率。全面利用医院内各子系统运行的实时和历史信息数据，并对其进行综合分析和处理，在信息优化的基础上实现跨子系统的全局化事件的集成管理，充分实现信息资源的共享，方便决策部门进行合理的组织，并进行调度、协同、指挥，使决策方案和措施付诸实施。

2. 跨系统的联动控制

系统实现了医院后勤各专业子系统之间的互操作、快速响应与联动控制。通过联动设置，可使系统在某些突发事件发生时自动、快捷、准确地完成一系列相关事件的操作处理，提高了对突发事件进行快速响应的能力，使管理人员迅速作出决策，以减少某些事故带来的危害和损失。跨系统联动控制在医院能源管理方面也得到越来越多的体现，例如灯光、空调、电梯等耗能大户，通过系统的自动联动控制可实现定时开启、关闭，或某类事件产生时的开启、关闭，甚至更细致、精确地控制。

3. 及时报警处理

系统中的各种报警事件必须快速、显式地将报警信息通知值班人员和管理人员。系统不仅提供丰富声光报警、电话报警、手机报警、短信报警、E-mail 报警等多种实时报警信息，还可根据数据来源进行准确报警定位。系统根据不同的管理权限和日常经验，可设置各类报警屏蔽和处理。系统对所有报警信息自动记录，方便管理者查阅和佐证。

4. 多用户操作管理界面

随着管理水平的提高，对医院后勤的管理不只限于在中控室或计算机房进行，出现不同的管理者要求对不同的子系统或设备的运行信息进行管理的需求。系统可很好地支持多用户操作管理界面，只要是在医院局域网络环境下的授权，用户就可操作相应的管理对象。这一特点突破了传统的智能集成管理系统只限于在中控室或中央机房进行管理的缺陷，极大地方便了多用户管理的应用环境。

5. 辅助分析

系统提供了实时曲线和历史曲线对系统 / 设备数据进行图形化辅助分析，同时，可以对曲线进行放大与缩小显示；如果需要，可以打印历史曲线。

6. 灵活报表输出

系统内嵌强大报表系统，不仅能满足基本、常用的日报表、周报表、月报表，还支持用户自由订制图形化（如饼图、直方图、折线图等）、个性化报表，还可与通用报表软件实现报表的导入与导出。

7. 方便地集成诸家产品

系统支持多种通信接口和协议，覆盖了目前市场上大多数厂家产品的通信及协议接口，而且已完成了与业界众多知名厂家的产品的集成连接测试。由于系统采用合理的软件结构，使系统具有良好的可扩充性，对于新厂商的设备，只要针对其通信协议和数据格式进行编程，即可集成到平台上来。

8. 开放性系统集成

由于系统采用三层结构和模块设计，使得平台是一个开放性的集成管理系统，具有良好的向上、向下集成能力和可扩展性。对于医院内的任何子系统，只要用户或设备厂商提供其产品的通信接口，就可将其集成到平台上来，同时，还可方便实现与用户第三方应用系统如 OA、HIS 等实现集成，进行信息共享。

9. 自动巡视

平台可根据用户需要，在无人操作下，可以选定需要做巡视的页面，并设定每页停留时间、巡视次序、巡视次数。减少人为重复操作，避免重要页面漏巡。

10. 远程管理

管理者可通过任意终端方便地远程查看各设备、系统的运行状况，以及各类曲线、报表，如果权限允许，也可对设备、系统进行控制管理。

11. 日志管理

平台自动对操作人员、操作内容、操作时间、故障点、故障内容、故障处理、时间等信息进行完整的记录，并可对这些记录进行多条件查询，为管理者提供完备的系统操作维护资料和重大事件佐证。

12. 安全管理

平台可对管理和使用者分配不同的操作使用权限，并对所有管理和使用者根据职能进行分组管理，防止系统信息泄露和被非授权人员所干扰。

七、其他系统

1. 一卡通系统

系统以门禁卡为基础，扩展考勤、消费等功能，另可与医院专用的 HIS 系统等进行数据库连接，实现一卡通。系统以计算机为管理核心，以非接触式智能卡为通行证，以网络为纽带，通过强大的软件功能和完善的硬件配套设施，使用户一卡在手即可在门禁、考勤、消费等各种应用中使用。

系统管理中心服务器设置在医院安防监控中心，同时在一层消控中心配置管理计算机进行发卡以及各种应用的集中管理；另外单独在食堂设置消费管理计算机，以方便进行充值；所有管理计算机通过网络交换机共享服务器的各种数据信息。

2. 多媒体会议系统

多媒体会议系统是为医院的行政管理、后勤服务、医疗教学科研提供音、视频功能服务的智能化子系统。多媒体会议系统主要包括会议发言系统、扩声音响系统、投影显示系统、发言追踪系统、灯光系统、视频自动跟踪系统、集中控制系统，根据需要还可扩展投票表决系统、视频会议系统、桌面显示系统等。

医院的多媒体会议系统因医院的规模，一般都会有一两个行政多媒体会议室和一个大的学术报告厅。一般行政办公区的多媒体会议室主要用于医院管理层行政议事公务活动，以及来往接待的场所；有的会议室还可以兼顾手术示教和远程医疗的观摩点；学术报告厅主要为较大型的学术专题报告会、医院专题大会和小型文艺活动等。

案例 14　潍坊昌大建设集团助力区域智慧医院建设

智慧医院是未来医院建设的必由之路，目前我国智慧医院建设方兴未艾，但目前也存在医院建设主体信息化、智能化基础薄弱，顶层设计缺乏，智慧化产品不足，智慧化解决方案缺乏个性设计等问题，制约了医院智慧化建设的步伐。潍坊昌大建设集团致力为医院客户提供全方位的智慧医院解决方案，近年来，其控股公司昌大科技服务有限公司通过引入外部战略合作力量，不断增强公司在医院信息化、智能化、智慧化建设中的科技实力，为本地区智慧医院建设提供优质解决方案。

潍坊市人民医院是一家三级甲等综合性医院，各项医院综合排名均居本地区前列。历经20多年的信息化建设，该医院基本实现了由临床、管理、运维三大数据中心支撑的业务信息系统，随着该院系统建设水平不断优化，全院软件运维服务要求同步逐年提升，客户运维服务工作需要向敏捷化、优质化、精细化、数字化转型。该院的运维服务主要面临的问题主要有以下三点：

（1）医院在用信息系统繁多：随着国家对医疗信息化的关注以及医院对自身信息化建设工作的重视，医院内部在用的信息系统越来越多，各信息系统更新迭代速度越来越快，各业务科室对信息化的依赖性也越来越强，从而造成全院整体运维工作量逐年提升。

（2）故障解决时效性要求高：医院信息系统运行的稳定性和流畅性是体现医院服务能力水平的重要方面，也直接关系到患者的服务质量和就诊评价。而当医院信息系统发生故障后，必须做到快速响应，快速处理，以免直接影响到广大患者的就诊体验。

（3）存在外部攻击风险和信息泄露风险：当前互联网的开放性、业务数据的融合性和信息化从业人员的复杂性等特征，会随之带来外部攻击风险、信息泄露风险等运维风险。例如计算机病毒、非法入侵、病人数据泄漏等风险隐患严重威胁着医院信息系统的正常运行。

1. 智慧医院建设目标

针对以上问题，昌大建设集团引入智慧科技领域合作伙伴，为该医院提供全方位个性化智慧解决方案实现如下目标：

（1）为医院信息系统提供全方位的运维服务保障；

（2）提供人员驻场专项服务以及全年7×24小时的技术服务；

（3）根据医院信息系统的特点，制订切实可行的应急响应方案，并为应急响应提供快速响应与支持；

（4）助力该院通过各项医院信息化建设专业性评审；

（5）为全院未来信息化建设提供建设性建议和可行性方案。

2. 智慧医院建设方案交付

依照医院自身信息化建设运维相关规范，经过内外部多次沟通，双方在服务级别协议、项目级组织架构、服务标准等具体服务内容达成协议。双方共同确定之后开始落实该服务运维周期的运维服务内容，比如技术人员现场驻场服务、远程支持服务、服务台咨询保障服务及应急响应恢复服务等各类服务内容。

在具体交付实施过程中，一方面是对服务方案的计划、实施与执行；另一方面是对照运维服务过程中的服务工作流程，对医院的服务流程和服务模式不断进行相应的规范与改进。

定期通过服务周例会汇报机制、运维管理平台反馈机制、电话回访机制、应急事件复盘机制、定期会议总结机制进行交付检查。

实际运维过程中除了采取人工检测、工具检测等手段之外，充分应用运行维护服务能力成熟度相关模型，更加快速地发现日常运维工作中的相关偏差，并及时予以分析和改进。

3. 智慧医院建设方案实施

在助力医院信息化智慧化建设的服务运维体系的建设过程中，昌大建设集团主要从规划、实施、检查、改进四个阶段和人员、过程、技术、资源、应急五个方面对医院当前现状进行建设。具体落地解决困难，不断对日常运维服务工作进行改进与优化。具体过程和成果如下：

（1）人员管理

建立该院服务运维专项组织：与客户共同建立该院信息化服务运维专项组织，负责医院信息化运维工作，在日常运维过程中协调运维服务所需的内外部资源，把关整体服务运维质量，严格按照既定的服务目录内容和服务级别协议提供运维服务，并定期提交对应的服务报告。

组织培训提升服务人员能力：公司内部定期对现场服务人员在技术知识、工作执行、客户服务、学习创新、业绩完成等方面开展针对性培训。一方面邀请医院信息处老师参与公司交流学习活动，另一方面不定期举办与其他医院的信息化交流活动，达到互相借鉴学，取长补短，共同提升运维能力水平的目标。

建立运维人员储备机制：所有岗位安排均设立A/B岗人员，同时与院方一起加强人才梯队建设，挖掘内外部人才，为信息化建设工作储备人才。

（2）过程管理

每月定期召开服务运维专项组织工作例会，客户经理通过PPT、月报等形式向项目组成员通报本月总体工作完成情况和服务级别协议完成情况，分析目前存在的问题并制定改善计划、下月工作计划以及需要领导决策的内容。经过以上措施的落实，2020年全年每月服务级别协议的达成率均在95%以上。

在该院推行问题管理线上登记流程，从原来线下问题登记转为线上问题登记，加快问题流转速度，提升问题处理效率。针对日常服务运维过程中发现的问题，服务运维专项组织第一时间召开专题会议，排查问题根本原因，总结问题解决方案，及时发布问题解决方案。

（3）技术管理

按照该院服务级别协议内容，昌大建设集团提供数据库可视化软件的安装及维护、操作使用、功能升级的培训。该软件具有企业微信和手机短信提醒功能，可实时监控当前各信息系统软件运行情况，输出客户现场环境数据监控报告，做到系统运行日常风险及时预警，高危风险及时处置。2020年全年共计提前排除各类风险隐患，有效避免系统运行事故的发生，保障用户各业务信息系统持续稳定运行。

2020年开始助力医院从传统化服务方式向智慧化服务转型，采取敏捷高效的端到端服务方案，达到有效提升整体服务能级和整体服务价值的目标。

（4）资源管理

服务运维平台管理：近年来，扩大服务管理平台线上使用范围，深化服务管理平台线上应用功能。通过邮件、短信和微信等方式实时将事件处理进度主动推送给对应事件干系人，提高事件处理进度反馈至客户的及时性。

（5）应急管理

公司内部借助"发现问题模型"对既往应急事件进行结构化分析，并针对分析内容在该院组织专题会议进行风险评估。通过日常公司和医院的应急培训，提升医院服务运维专项组织人员的风险意识，加强风险项巡检力度。

应急事件发生后，现场服务工程师按照公司《重大事件管理制度》及《重大事件应急处理指南》中的相关规定，第一时间拨打公司服务热线报备，并在运维服务管理平台中完成重大事件登记。然后主要由公司服务管理部负责建立应急组织微信群（人员包括院方负责人、公司高层以及医院服务运维专项组织人员等），通过微信群的交流方式提高应急处理沟通效率，快速协调资源恢复处理，促进各条线协同处置，加快应急事件的处置恢复。

4. 应用效果

该院信息化运维工作得到用户和患者的充分认可，运维服务意识和服务技能水平均得到了该院用户的充分认可，日常运维服务效率在各项运维工具的不断优化下逐年提升。

伴随着该客户服务能力的提升，昌大建设集团以该医院的运维服务机制为样板，逐步打造适合医疗行业特征的服务标准体系，同步提升自身的服务能力，为客户提供更加高效的运维服务，以服务能力提升为抓手，助推客户业务的快速发展，全面助力推进医疗行业数字化转型。

第十八章　绿色医院

医院建筑作为大型复杂公共建筑，部分大型设备需要全年 24 小时开启，对于能源消耗巨大，并且手术室、实验室等区域对于能源的持续供应能力要求非常高，医院建设和管理人员对于自身的节能降耗以及绿色运行具有天然的内生动力。

第一节　绿色医院建设的基本理念

在《全球绿色与健康医院议程》中，提出了全球绿色健康医院的十项目标，分别为领导力、化学品、废弃物、能源、水、交通、采购、药品、建筑、食物，即将环境卫生作为头等重要的发展战略；将有害化学品更换为相对安全的其他产品；减少、安全处理和处置医疗废物；提高能源使用效率，采用清洁、可再生能源；降低水的消耗，提供卫生的饮用水；改变患者与员工的交通出行方式；采购、供应绿色、健康食品；合理使用、妥善管理、安全处置药品；支持绿色与健康医院的设计与建设；购买安全、绿色的产品和材料。

我国绿色医院建设是基于绿色建筑“四节一环保”和医院建筑功能提出的，绿色建筑是绿色医院的重要组成部分，与医院的初始成本、能源节约效益等经济效益密切相关，是建设绿色医院必须面对的首要问题。但绿色医院建设的核心内涵不应仅停留在绿色建筑层面，还应扩展到医院建筑与人的关系以及建筑为医疗流程提供的服务层面。

一、“人性化”理念

“人性化”是指从人的真正需求出发，创造健康、舒适、自然、和谐的室内外建筑环境，带给人更多的获得感的建筑理念。医院在设计之初就应遵循以人为本的设计理念，打造顺畅、便捷的患者体验，优化就诊流程，减少患者的穿梭次数；通过采光、通风设计，使室内光线更加舒适，自然通风优化了空气在建筑物中的流动，使病房内具有舒适的温湿度、风速、自然采光，从而有助于患者康复，同时提高医护人员工作效率。通过地面景观、屋顶绿化和垂直绿化，塑造了丰富的绿化层次，提高医院的绿化容积率；通过候诊休闲空间、手术患者家属等候区，引入了餐饮、超市等服务设施，方便了患者和医护人员；通过室内色彩和装饰设计增加人文关怀和亲切感，营造出舒适、愉悦的室内环境氛围。

潍坊昌大建设集团承建的四川省北川羌族自治县人民医院工程是一所灾后重建的综合医院（图 18-1）。针对北川地区多自然灾害区域地理特征，医院在设计之初就考虑到遇到灾害出现大量患者，导致医院规模受限的问题。为此，医院设计了可临时扩大的医疗处置场所，即医院内所有的墙壁都设计有氧气提供口，礼拜厅、大堂、走廊都可以成为急救救命的场所。另外，医院在设计上为方便就诊患者使用，针对不同科室做出了差异化设计，如儿科设有色彩鲜艳的幼儿便池，肛肠科配有温水冲洗功能的设施及清洗处理槽，并配置紧急呼救按钮等。总之，在医院设计及运营过程中充分注重医院承载力、室内光环境、空气质量、室外环境、建筑空间精细化等方面内容，打造真正的“人性化”医院。

图 18-1　四川省北川羌族自治县人民医院

二、“低碳化”理念

“低碳化”是指注重建筑全生命期的碳排放，从关注“建筑运行过程”扩展到降低建筑建造、运行、改造、拆解全生命周期各个阶段的对资源和环境的影响，从关注“节能”扩展到全面关注节能、节地、节水、节材和环境保护。如通过采用了节能环保型外幕墙、花园式景观庭院、透水混凝土等建筑节能系统；采用太阳能系统、冰蓄冷空调系统降低采暖、制冷系统运行费用；采用蒸汽冷凝水设备延长锅炉寿命，降低能源消耗；采用智能淋浴系统规范用水节约了水资源；采用雨水回收技术灌溉绿化和补充景观水；医院电梯加装电回馈系统有效回收废热；地下停车场、楼梯间、病区走廊采用感应照明控制有效节约能耗。在采用以上多项节能技术的基础上，医院充分注重节地与空间综合利用、节能与可再生能源利用、节水与水资源利用、节材与可循环材料应用、环境保护与生态修复等方面内容，建设“低碳化”医院。

三、“长寿化”理念

“长寿化”是建筑最大的绿色，是节约资源能源、降低环境负荷的最有效办法。从百年甚至更长时间看，减少建筑的频繁建造、拆除、延长资源的利用时间，可减少资源需求总量，降低环境影响，同时也有利于延续城市建筑文化。医院建筑因具有改建频繁的特点而对建筑寿命造成较大影响，因此，应用相应技术延长建筑的使用寿命具有重要意义。在潍坊市眼科医院门诊病房综合楼工程建设中，昌大建设集团采用装配式内隔墙、架空地面、整体厨卫等技术可使设备管线、内装部品等与主体结构完全分离，大幅减少了湿作业，在便于设备管线维护的同时也避免其在维修更换时对主体结构造成的破坏和影响，从而延长建筑寿命。医院建筑的空间功能常因需求的改变而变化频繁，因此，需采用空间分割技术以实现医院建筑空间划分的灵活可变，如将建筑的剪力墙结构改为框架剪力墙结构后即可很好地实现建筑大空间的可变分割，从而满足医院建筑全生命期内的使用性质及功能的变化需求，实现建筑“长寿化”，打造医院建筑“百年工程”。

四、“智慧化”理念

“智慧化”是指以互联网、物联网、自动化、云计算、大数据、人工智能等信息技术为支撑，建立的医院建筑运营维护管理系统平台，提高建筑智能化、精细化管理水平，更好地满足使用者便利性需求。目前，国内医院在智能化系统建设方面取得了诸多成绩，建有楼宇设备管理系统（包含楼宇自控、消防联动、广播、安防、门禁等系统）、医疗信息管理系统（包含 LED 显示、触摸屏信息查询、液晶媒体展示等系统）、医院专用系统（包含手术监控、医护对讲、门诊叫号等系统）、计算机网络系统及能源管理系统等。昌大建设集团发挥科技创新技术的新动能作用，探索以 BIM 技术为支撑的建材部品溯源跟踪、建筑设计施工一体化信息平台、建筑维护及运行信息化管理、建筑安全监测等新技术，在潍坊中医院、潍坊市妇女儿童健康中心、潍坊市心理健康服务中心等项目中，将基于 BIM 的建筑运营维护管理系统平台应用于绿色医院全生命周期，对建筑全生命期的资源利用进行精细化、信息化、智能化管理，为使用者提供更好的服务，引领本地区绿色医院建设的发展方向。

新时代高质量绿色医院建设应以创新、协调、绿色、开放、共享的发展理念为指引，将“以人为本”的思想贯穿于建筑全生命周期，建设中应考虑不同服务对象对环境需求的差异化，提高医疗流程的便捷性、安全性，符合我国国情的就医体验，降低建筑运行能耗，延长建筑寿命，运维管理智能化、精细化等内容，并逐步丰富绿色医院的内涵，使其从目前的“绿色医院建筑”扩展到“绿色医院全生命周期的综合建设与管理”，充分体现人性化、本土化、低碳化、可持续化、智慧化的理念。

第二节　绿色医院建筑评价标准

2015 年 12 月 3 日，住房和城乡建设部发布了《绿色医院建筑评价标准》（GB/T 51153— 2015，以下简称《标准》），自 2016 年 8 月 1 日起实施，这是国内首部绿色医院的专项评价标准。《标准》中对“绿色医院建筑”进行了释义，即“在医院建筑的全寿命周期内以及保证医疗流程的前提下，最大限度地节约资源（节地、节能、节水、节材）、保护环境和减少污染，为患者和医护工作者提供健康、适用和高效的使用空间，与自然和谐共生的医院建筑。”参照《标准》中对“绿色医院建筑”的诠释，绿色医院是指在医院全生命周期内（包括规划、设计、建造、运行、维护和拆解等），在不减少医院使用者（包括病人、医护人员和医院管理人员等）良好体验的同时，实现节约资源（包括节地、节水、节能、节材等）目标的医院。

《绿色医院建筑评价标准》GB/T 51153—2015颁布后，住房和城乡建设部又组织编制了实施细则，实现医院绿色、高效、优质的可持续发展。2017年3月1日，住房和城乡建设部公开了《建筑节能与绿色建筑发展“十三五”规划》(以下简称《规划》),《规划》中明确指出要全面推进建筑节能与绿色建筑事业的发展。根据《规划》，其主要任务中包括“稳步提升既有建筑节能水平”。其中，关于公共建筑的重点工程有两点明确要求，一是要完成公共建筑节能改造面积1亿平方米以上；二是建设节约型学校（医院）300个以上。

医院建筑是公共建筑中的耗能大户。世界上主要国家如美国、英国等有关“绿色医院建筑”的基本思想和目标，都是期望在保障病人治疗环境和医护人员工作环境的前提下，尽可能减少能源消耗，减少环境污染。当前，美国、英国等国家也在借助绿色医院建筑评价体系，大力推动本国绿色医院建筑发展。

一、西方主要国家绿色医院建筑评价体系

国际上应用较广的绿色医院建筑评价体系有4种，分别是2003年美国“无害医疗”（HCWH）和“最大潜能建筑研究中心”（CMPBS）联合组织编制的《Green Guidelines for Healthcare Construction（GGHC）》、2008年英国建筑科学研究院（BRE）发布的《BREEAM Healthcare 2008（BREEAM HC）》、2009年澳大利亚绿色建筑委员会（GBCA）发布的《Green Star-Healthcare v1 tool（Green Star HC）》、2011年美国绿色建筑委员会（USGBC）发布的《LEED for Healthcare（LEED HC）》。

（一）GGHC

2003年12月，美国卫生工程学会提出了针对医疗建筑的绿色设计与评价导则，即《Green Guidelines for Healthcare Construction（GGHC）》(以下简称“GGHC”)，这是世界上第一部可量化的、针对绿色医院的建筑评价体系。基于

医疗建筑特有结构和使用特点，GGHC 特别强调了材料、环境和公共卫生问题，从而实现医疗建筑的可持续性。

GGHC 第 1 版——公众评议版于 2003 年 12 月发布，2004 年 11 月，GGHC 的 V2.0 版——实验项目版发布；2007 年 1 月，GGHC 的 V2.2 版——自我评价版发布。GGHC V2.2 版分为建造版本和运行版本（2008 年，运行版本更新为 GGHC V2.2-Ops-08Rev），建造版本评价体系包括集成设计、可持续性场址、节水、能源和大气、材料和资源、环境质量、设计创新，运行版本评价体系包括整体运行和教育、可持续性场址管理、交通运行、设施管理、化学物质管理、废弃物管理、环境服务、食品服务、采购环境友好产品、创新设计。

（二）LEED HC

美国绿色建筑委员会（USGBC）在 GGHC 的协助下，按照 LEED for New Construction 体系的结构开发了《LEED for Healthcare Construction（LEED HC）》（以下简称“LEED HC”）。

LEED HC 体系从七个方面对医疗建筑进行评价，分别是可持续建筑、节水、能源和大气、材料和资源、室内环境品质、创新设计、地区优先。其中，占比最大的是能源和大气，达到 39 分（图 18-2）。LEED HC 采用得分制，评价指标包括强制项和得分项两种。LEEDHC 全文共有 13 个强制项指标，52 个得分项指标，得分项依据其指标重要程度设置不同分值，根据实际得分情况，40～49 分为认证级、50～59 分为银级、60～79 分为金级、80 分以上为铂金级。LEED HC 的主要特点是强调了环境品质（人工环境和自然环境）和防止医疗环境污染的重要性。

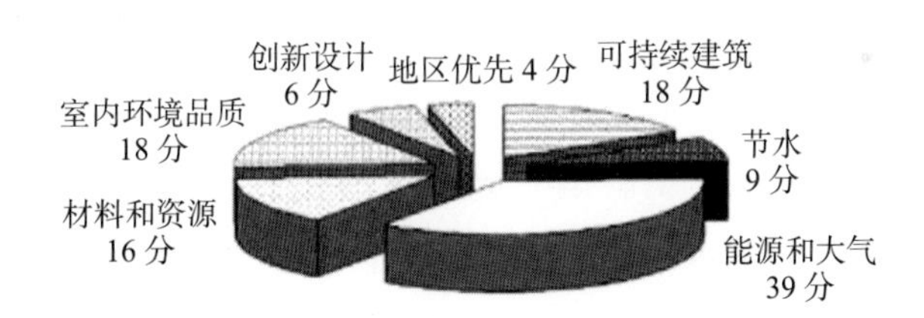

图 18-2　LEED HC 内容分值比重

（三）BREEAM HC

2008 年，英国 BRE 发布专门针对医院建筑的《BREEAM Healthcare 2008（BREEAM HC）》（以下简称“BREEAM HC”）版本。BREEAM HC 评价体系主要包括九部分内容，分别为管理、健康、能源、交通、水、材料、废弃物、土地利用、污染，各部分的权重如图 18-3 所示，BREEAM HC 引入了最低得分要求，对于指标，有每个等级最少达到的分数要求。BREEAM HC 总共分为 5 级，包括通过（30%）、好（45%）、很好（55%）、优秀（70%）、突出（85%）。

与 BREEAM Europe Commercial（适用于公共建筑）相比，BREEAM HC 也强调院区环境的重要性。比如，鼓励开阔病人的直接视野，要求病人常在区域 7m 范围内有窗户或永久对外敞开的区域，当房间进深超过 7m 时，则需要加大窗户面积至一定比例；并且要求窗户与室外距其最近的固定物（如建筑、墙）的距离不小于 10m。同时，强调了采光系数对医院建筑的重要性，要求建筑面积 80% 以上的医护人员所在区域及公共区域采光系数不低于 2%；建筑面积 80% 以上的住院部或诊疗室采光系数不低于 3%。

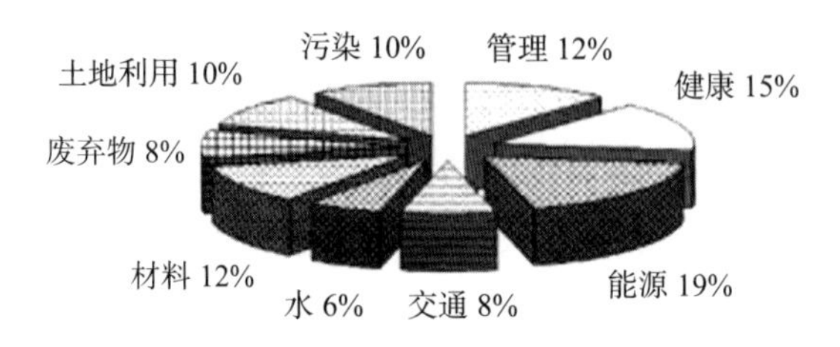

图 18-3　BREEAM HC 内容权重

（四）Green Star HC

2009 年 6 月 15 日，澳大利亚 GBCA 发布了 Green Star HC 用以引导绿色医疗建筑设备的规划、设计和建造。Green Star HC 评价体系包括八方面内容，分别为：管理、室内环境品质、能耗、交通、水、材料、土地利用和生态、创新，各部分的权重如图 18-4 所示。Green Star HC 根据得分划分为六个星级，与 Green Star 相比，Green Star HC 也重视环境质量要求，在防止医疗环境污染和营造良好康复环境方面设置了不少条文。比如对于采光的要求，至少 30% 建筑面积的住院部采光系数不小于 3%（或日光照度不低于 300lx），其他区域建筑面积的 30% 采光系数不小于 2.5%（或日光照度不低于 250lx）。

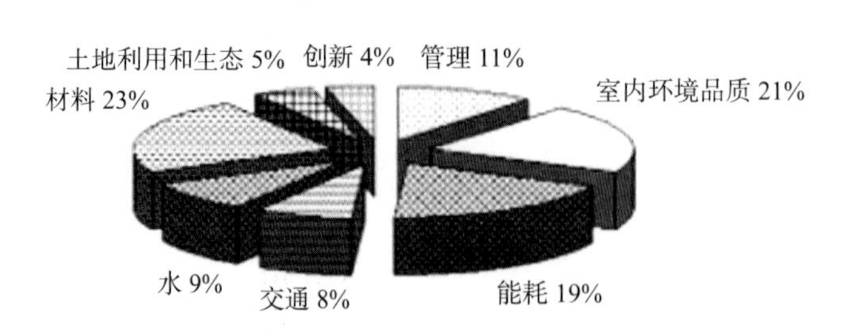

图 18-4　Green Star HC 内容权重

二、我国绿色医院建筑评价体系

2006年，国家颁布了《绿色建筑评价标准》GB/T 50378—2006后，中国医院协会同有关组织编制了中国医院协会标准《绿色医院建筑评价标准》(GSUS/GB C2-2011)，该标准充分结合国内的医院设计规范，涵盖医院设计中需要注意的安全、卫生、环境等特殊需求，较全面地体现了绿色医院建筑的功能特点，并与国内相关设计规范有很好的衔接。

2014年《绿色建筑评价标准》GB/T 50378—2014修订后，2015年住房和城乡建设部等修订发布了《绿色医院建筑评价标准》GB/T 51153—2015，这是国内首部绿色医院的专项评价标准。此标准借鉴了国内外对绿色医院的研究成果，并且充分考虑我国国情，提出了包括场地优化和土地合理利用、节能与能源利用、节水与水资源利用、节材与材料资源利用、室内环境质量、运行管理、创新共七个方面。每一方面设置了不同的权重值。最终根据不同的指标权重，对医院进行等级评定，在总分值110分中，达到50分为一星级、达到60分为二星级、达到80分为三星级，同时6个指标得分均应大于或等于40分，否则不予以参评。

2019年，我国完成了最新版本的《绿色建筑评价标准》GB/T 50378—2019的修订，与2014版本相比，新版更加注重人性化的设计，将原来的“四节一环保”的基本理念修改为“安全耐久、健康舒适、生活便利、资源节约、环境宜居”五大指标体系(表18-1)，更加强调以人为本的原则，这也与我国未来绿色医院的发展方向一致，在注重节能环保的同时，更加考虑人的感受。

我国绿色医院建筑评价新旧标准比较　　表18-1

2014年与2019年版本《绿色建筑评价标准》				
版本	理念基础	评定时间	评价等级	增设内容
《绿色建筑评价标准》GB/T 50378—2014	节能、节地、节水、节材和保护环境的“四节一环保”的基本理念	设计评价应在建筑工程施工图设计文件审查通过后进行，运行评价应在建筑通过竣工验收并投入使用一年后进行	分为一星级、二星级、三星级3个等级	—
《绿色建筑评价标准》GB/T 50378—2019	“安全耐久、健康舒适、生活便利、资源节约、环境宜居”五大指标体系	取消设计评价，但在设计阶段可以依据相关技术内容预评价，明确绿色建筑评价应在建筑工程竣工验收后进行	分为基本级、一星级、二星级、三星级4个等级	提升建筑性能，提升绿色建筑质量，关注使用者在建筑中的身心健康。将现行较为先进的技术理念引入，拓展绿色建筑内涵

三、中美绿色医院建筑评价体系比较

中美两国绿色医院建设评价体系均采用表格打分的形式，简洁、便利。在场地、能源、节水、节材、室内环境、创新等指标或者要素上，我们将两者进行对比研究。

（一）可持续的发展场地

究其相同点，中美两个国家的评价指标都集中在项目选址、与周边交通联系、建筑布局三个层面。在项目建设中，我国对项目选址的要求，包括是否满足各类保护区和文物古迹保护要求、禁止建设场地等，这些都是控制性指标；而美国 LEED HC 在场地选址、开发密度和社区连通性、场地再开发等方面都是直接赋分，LEED HC 更注重场址选择以及场址周边交通概况与原有生态的保护。

在建设用地方面，国内对病床平均占地面积有很高要求，因此采取合适的容积率和床均用地面积，以达到更好的利用效果。而 LEED HC 则更多从人性化的角度来考量，比如与室外自然环境的连通，包括户外空间的可达性，休息空间的充分度等，期望病人、病人家属及医护工作者可在户外活动场地、花园、草坪等区域展开直接交流。

综合来看，我国更注重合理开发利用场地，在保证功能和环境要求的前提下节约土地，而 LEED HC 中几乎没有提及节约用地和提高用地效率。这基本与两国的国情相符，虽然两国的国土面积大，但我国的人口数量多，人均土地面积仅是美国人均土地的 21%，我国对土地的节约需求更为强烈。

（二）节能与能源利用

在节能与能源利用方面，我国在决策阶段没有设置指标控制，而 LEED HC 在决策阶段的占比达 21%，而且 LEED HC 评价体系介入了对可再生能源的控制。而我国对可再生能源利用的评价标准过于宽泛，同时占比远小于 LEED HC。在未来绿色、环保、节能建筑可持续发展的大趋势下，想要打造节能减排、可持续的绿色医院建设，我国可再生能源的利用标准需完善并量化，并需引入到绿色医院建设评价体系中。

（三）节水与水资源利用

在节水与水资源利用方面，中美两个指标体系颇为近似，运营和设计的占比相近，评价指标均从节水器具、灌溉方式及运营等方面来进行控制。但是，相较于我国体系中的评分标准而言，LEED HC 的水资源利用标准更具体和细化，例如 LEED HC 明确将减少水的使用量规定在 20% 以上，并且此项作为强制项；而我国仅将使用节水器具作为控制项，并未对减少水量做出具体的要求，从水的用量上无法进行强制性控制。再者，在将医疗冷却设备用水最小化项上，LEED HC 做出了强制性规定，而我国对此项并未做出明确规定。

（四）节材与材料资源利用

节材与材料资源利用方面主要从设计和施工两个阶段进行评价，LEED HC 则更侧重于设计阶段。从设计阶段选择建筑结构体系和建筑类型，到公共区域土建与装饰工程的一体化设计，我国的绿色建筑标准对节约材料和利用材料资源均有相关要求。钢筋材料的选择主要取决于国产建筑材料的比例以及施工阶段预制混凝土和砂浆的使用情况，但重点考虑仍然是节约材料。不过，在材料资源利用方面，我国绿色建筑标准仅有可重复使用的隔墙和可回收的建筑材料两项指标，材料资源利用重视度不足。而美国 LEED HC 体系在物质资源的使用中占很大比例，例如“可回收物质的储存和收集”是强制性指标。

（五）室内环境质量

中美两个体系在各阶段占比上较为相似，不同之处在于我国在决策阶段提出对平面布局的优化，而 LEED HC 则未提出要求；但在施工方面，LEED HC 体系对有害物的处理作出强制性规定，并对建筑室内空气品质的管理提出得分要求，而我国未作出规定。

LEED HC 注重室内质量要求，而我国标准则更注重基本要求，如日照和通风等。在运营期室内空气质量控制方面，我国标准过于模糊笼统，以室内空气质量标准的相关规定为基准；LEED HC 则将减少有毒汞作为强制性要求，同时 LEED HC 还设置了医院家具和医疗设备的得分项，如果这些家具和设备中所用材料的化学成分低于规定标准，则可获得相应分数。

基于上述中、美两国的建筑体系对比，绿色医院是在保证其功能的前提下达到节能目的，在保护环境、节约能源、体现绿色的原则下，更需考虑以病人为中心，尊重、理解、关心患者，开展人性化的医疗服务。我国正面临巨大的节能减排的压力，绿色医院建设标准在考虑节能指标要求的基础上，要更多地从人性化的角度去考量，注重医院绿色环境对病人恢复的重要性。在未来的绿色医院评价实践中，我国应进一步完善评价标准，注重运营管理与创新，充分发挥医院建筑节能设计的作用。

随着社会的快速发展和医学技术的不断进步，绿色医院建筑设计不仅仅是一种节能减排的设计，其内涵需拓宽，注重人文关怀。本着将绿色生态理念引入医院建设，造福于建设者、管理者和使用者的目的，绿色医院的设计应适应医疗需求的变化，改善诊疗环境，进一步加强建筑与医患关系的和谐，为患者提供优质高效的服务。

第三节　绿色医院建筑设计理念与要点

在第二节详细介绍中外绿色医院建筑评价标准的基础上，本节主要介绍绿色医院建筑应遵循的设计理念以及注意的设计要点，并以昌大建设集团承建的潍坊市中医院东院区项目为例，详细介绍优质的绿色医院建筑设计后的实施效果。

一、绿色医院建筑设计理念

1. 坚持以人为本

绿色医院建筑设计要树立“以人为本”的指导思想，追求高效节约，不以降低人的生活质量、牺牲人的健康和舒适性为建设代价。首先，要满足人体舒适性，如适宜的室内温度、湿度以满足人体热舒适；其次，要益于人的身心健康，如有充足的日照以实现杀菌消毒，有良好的通风系统，以及使用无辐射、无污染的室内装饰材料等；更重要的是，要满足患者就医所需的安全性、私密性等要求。

2. 保护生态环境

在建设绿色医院时应该注重自然、环保、节能、和谐的原则，从而创造优质的室外环境和自然生态绿化系统，同时把握好房间的自然采光和通风效果，让患者可以尽情享受绿色。还应根据医院的规模、所处环境、布置风格进行合理设计布局，以实现绿化效果的整体发挥。此外，医院建筑有着高密度的特性，用地紧凑，相应的绿化面积会受到限制，那么在进行设计时，应该充分利用空间，并增加绿化面积，从而达到绿化效果。

3. 有机景观与建筑相融合

生态节能设计是所有建筑设计所遵循的原则，所以在绿色医院建筑设计时，生态原理、理念、方法应该得到充分的利用。例如，在对医院进行设计时，注重景观建设。在设计医院景观时应充分考虑到医院的建筑规模、特征，让其能够与医院建筑融洽结合，从而实现点缀、陪衬的作用；另外，医院景观设计中，包括花坛、喷泉以及以医院为主体的雕塑等，它们的分布必须与医院建筑相协调，从而达到实用与美观并存的目的。

4. 节能、环保、生态

随着现代医疗条件的不断进步与深化，现代化医院存在着巨大的危险污染和资源消耗。近几年，绿色医院设计在保证高质量的医疗条件、提高医疗效率的同时，还必须以建造节能、环保、生态的绿色建筑为主要原则，来实现医院成效的效能统一管理。

绿色医院建筑是 21 世纪医院的发展方向，而建筑设计师应具备超前意识，在保护生态环境不受破坏的前提下，创造一个舒适的、优美的、人与自然和谐共处的空间环境。

二、绿色医院建筑设计要点

1. 用地发展的可持续性

医院建设用地必须要符合可持续发展理念。在医院规划设计初期，应准确理解院方的发展要求。如果院方对目前医院规划是规模扩张的效益，那么，在医院整体规划设计的基础上，为各个功能区的扩建留有建设空间即可，因为医院的功能区具有相对的规律性。其次，如果院方想按照医院自身的特色科室建立多个特色医学中心，那么必须根据这些科室的特性来进行量身设计。

此外，医院的可持续发展还体现在两个方面：首先是医院总数的增加，因为医院发展的特殊性是区别其他类型建筑物的，医院扩大了，那么也意味着其内部的功能区也在扩大。因此，绿色医院建筑设计规划不能简单地预留一点空地去满足接下来的发展需求，而是要根据各个功能区来预留建设空间。其次，随着医疗技术的进步和医疗设备的更新，医院也会对内部科室进行一定的调整，因此在预留空间时，要保持一定的弹性。

2. 建筑的能源使用

由于医院自身的特殊性，对于建设过程中各种资源、能源的使用既要遵循可持续发展的理念，又要求其品质保障。例如空调系统的设计，为了控制院内的交叉感染，提升空气的质量，院内空调必须长时间运行才能满足医院各个功能区的需求。而由于空调管道的超长铺设，就会造成系统的水、空气驱动消耗的能源是极大的，甚至还会占到医院总体能耗的 50% 以上。此外，空调系统的选择对医院绿色环保建筑起着非常重要的作用。因此，在设计时应该重点考虑如何合理地设定功能分区，然后根据不同功能分区的工况条件来划分不同的机电设备系统，进而设定不同的设计标准和设计参数。

3. 绿色建材的使用

绿色建材是指采用清洁无污染生产技术，不用或者少用天然资源，大量使用城市固态废弃物生产的无毒、无污染的，有利于环境保护和人体健康的建筑材料。绿色医院建筑必须积极地投入使用绿色建材，在保障医院服务质量的同时，能有效地减少废弃物排放和降低医疗费用。绿色建材的使用不仅能良好地契合了国家的可持续发展理念，还能为医院内部提供一个绿色、环保的室内环境，这对病人的安全健康有着至关重要的影响。

4. 合理的功能区设置

医院建筑设计首先就是注重医院建筑功能的重要性，保证医院建筑既能够满足复杂的医疗工艺要求，以最简洁的人流、物流的流线，使医院的医疗功能得到迅速有效的发挥，使医疗资源、医疗设备的使用达到最佳使用率，并营造一个舒适有效的空间。

例如，门诊大厅的设计必须保证宽敞明亮，走廊通道必须方便、快捷和通畅。不同的功能区域间可以利用不同的颜色进行区分。病房区域避免过长的走廊，区域布局要确保没有死角，避免给病人和医护人员增加不必要的障碍。同时应最大限度考虑节能措施，使医院既满足使用功能的要求，又是一座低能耗的建筑。

5. 绿化环境的配置

科学地配置绿化环境是绿色医院建设和设计的一个非常重要的环节。一方面可以满足人们的审美要求和病人的治疗需求；另一方面也可以实现最佳的自然生态效益。

科学地配置绿化环境，关键是对医院周围的自然环境进行深入的研究、分析，实现对周围环境的巧妙利用，进而达到人、医院和外界自然环境共生的状态。例如，可以依据周围自然环境的独特性，将自然的水洼转化成为医院的水系，给医护人员和病人提供舒适宜人的观景环境；绿色医院的地理位置和结构应该与自然景色相呼应，在充分保障医院的整体布局和环境之间的协调与融合的前提下，实现绿色医院与环境的统一。

案例 15　潍坊市中医院东院区项目绿色医院建设要点

潍坊市中医院东院区自启动筹建工作开始，昌大建设集团一直把“绿色医院”作为建设规划及发展的重要指导思想，建筑设计规划初期就引入可持续发展的理念，结合患者的就医需求，体现“以人为本，以患者为中心”的服务理念，突出生物—心理—社会的现代医学模式，着力打造“低碳、环保、节能、智慧”的建筑。

一、科学选址，提高区域内患者就医可及性

潍坊市中医院东院区项目选址潍坊市奎文区宝通东街与潍县中路交汇处，此选址符合潍坊市区域卫生规划要求，不仅能够覆盖市区内较多服务人口，而且能辐射东部地区，承担区域性医疗中心的服务要求。同时，与本地其他多家大型医院保持一定距离，避免同一区域重复建设，有助区域医疗水平和健康保障能力提升。

二、整体设计模块化布局，保持医院发展可持续性

医院总用地面积 7.629 万 m^2，总建筑面积 18.26 万 m^2，床位数 1500 床，分为二期建设，一期建设床位 800 床，建筑面积 11.9 万平方米，分为病房综合楼，门诊、急诊医技综合楼，行政后勤综合楼，地上 5～12 层，建筑高度 24.1～59.1m；二期保健中心、妇儿中心、科研教学中心，地上 10 层，建筑高度 47.1m。含门诊、急诊、医技、病房、后勤辅助用房等。

整体建筑布局采用集中与分散相结合的模块化设置方式，将医院的医疗区集中在中心部位，各功能区通过医疗街紧密联系，形成集中的医疗区。将科研教学、行政办公、后勤辅助、感染门诊等功能区围绕医疗区分散布置，并通过设置“双环”的交通体系将医院的各个功能串联起来。

在院区内的东南与西南侧预留了两处远期发展用地。规划布局既满足医院的近期需求，功能完善，造型完整，又充分考虑医院的未来发展，并为更远期的发展预留用地，满足医院不同时期不同发展模式的需求。

三、院内外全网立体式交通，提高运行效率

医院东临渤海路，北靠宝通东街，西侧和南侧为规划道路，园区四面环路，公交站点临近设置，公交线路贯穿全市区，市内出行交通便捷。辐射潍坊东站和南苑机场。院区内实行内外环路设置和功能分区，人车分流，地上地下交通贯通。门诊、急诊、医技、住院和专科病房集中在院区中心，形成一个患者和医护人员相对集中的医疗区。将行政办公、后勤辅助、感染门诊等非医疗区和需独立设置的功能区围绕医疗区分散布置，用外环道路串联，在南北主入口处分别与两个地下车库入口相连，既分散车流，又减少院区主出入口的交通拥堵。结合医院内部功能形成内环与外环“双环”式交通体系，内环相对形成区域性的独立，两环之间又通过内网道路衔接，使各个功能区便捷地串联起来，并使医院道路交织成网，满足消防要求。高效、清晰、便捷、畅通的“双环”道路交通体系，为医院的良好运行提供可靠保障。

四、分类扩容，解决医患停车难题

医院机动车停车采用地上与地下相结合的方式，地上停车结合医院南北向的两个主出入口，在院区入口就近位置设置集中的地上停车，并且采用绿荫式停车场。两排车位之间种植高大树木，既可遮阳庇荫，又增加医院绿化面积。停车位均铺设嵌草砖。此外，双环道路延边可设置停车位，供医院各个区域的患者和工作人员使用。地下停车采用集中式布置，适当增加地下室层高，保证设置立体停车库的需要，以适应医院远期停车扩建要求。

医院非机动车停车位集中设置。为有效分流主出入口的交通压力，在南北主出入口两侧各设置一处带遮阳的非机动车停车棚，可停放上千辆自行车、电动自行车以及摩托车等。车棚内预留电源，可安装自助充电装置，方便使用。

五、绿色医院建筑设计

1. 优美的景观设置，打造“花园式医院”

根据规划布局和医疗景观使用功能，医院室外景观划分为八大功能区，并根据它们的辐射区域，划分出公共开敞空间和私密性空间，设计时相对有的放矢。景观庭院分散于医院的各个位置，使患者在院内一步一景，处处都能享受到优美的景色，并可提供休憩的场所。室内景观也进行了独特的设计，将绿化庭院引入到医疗大厅内，并在医疗区的中心部位形成两个优美的绿化庭院。结合医疗街，为患者提供一个开敞明亮，景色优美的候诊空间，

使其真正感受到“花园式医院”的特色。

室外通过采用透水砖、线性排水、雨水收集净水库等方案，下雨时吸水、蓄水、渗水、净水，需要时将蓄存的水释放并加以利用，采取“海绵城市”做法，打造“会呼吸”的弹性院区景观，使绿色循环。为患者、医护人员提供缓解压力、互动交流、舒缓放松、绿色阳光的健康环境。

2. 注重自然采光通风，打造绿色医疗空间

在门诊医技区设计了多个采光井，解决了自然通风采光，又将绿色和阳光引入建筑，在有限的空间中创造出明亮、舒适、温馨的绿色生态环境。通过一次集中候诊厅和二次候诊廊，实现患者分级候诊、治疗，方便管理，提高就诊效率和舒适度，使候诊空间开敞明亮，易于辨识，患者在候诊时能够欣赏到优美景色，减缓患者紧张的情绪，体现医院的人文关怀。

3. 贯彻“四节一保”即节能、节水、节材、节地，保护环境和减少污染的理念

采用多种节能技术，引入多种生态技术，创造低能耗、高舒适的绿色医院建筑。在创造良好微气候的同时，引入雨水回收、太阳能集中热水系统、建筑结构节能一体化设计（FS 外模板现浇混凝土复合保温系统）、轮转式热回收空气处理系统、绿色节能灯具、智能照明控制、减少电源谐波干扰等生态节能技术。利用自然采光与通风，控制噪声，优化空调节能系统，实现绿色医院的建设目标。

4. 功能布局优化，资源有效共享

充分考虑相关科室诊疗相关性，就近布置，如检验科及功能检查科就近布置；产科与产房就近布置；门诊输液与门诊药房相连布置；手术部与病理科和输血科上下对应；手术部与中心供应室通过洁物专梯和污物专梯垂直联系，避免二次污染。整合资源，共享资源，避免人员的重复配置，如门诊挂号收费与急诊挂号收费共享，门诊输液与儿科输液共享，手术中心、介入中心与门诊手术共享共同形成综合手术区。在地下一层设置物流中心，将药库、器械库、物资库等各种物资库房统一就近布置，方便医院的物资采购与物资发放，统一管理。病房楼每层设置两个护理单元，既提高工作效率，节省人力，又减小电梯运行压力，提高医院运行效率。

5. 立体式洁污分流，避免交叉感染

污物通过污物专梯汇总到地下一层各区域垃圾站，定期通过专车统一收

集，并通过东侧专设的污物出口运出医院，洁物通过地上各层运送，形成立体式的洁污分流。

六、人性化医疗流程设计

（1）室内采用现代化医疗街体系，既可方便联系门诊区、急诊区、医技区和病房区，又可便捷联系二期发展区域。同时医疗街上布置了大量公共服务设施，流线简洁明了。通过优化布局，最大可能缩短就诊流线，确保每一位患者无风雨、无障碍抵达医疗区域内的任何一处医疗功能点，切实方便患者和家属。

（2）遵循医患分流原则，病员和医生分别从各自的入口和专用通道进入医疗区，严格分流，分区控制。合理配置电梯，病患和医护人员各自有专用电梯，并有效缓解人流、物流压力。住院大楼设置手术专用梯，缩短手术路程时间，能第一时间对患者进行有效抢救，体现以人为本，生命至上的理念。医技科室设置患者专用更衣间，避免患者随身物品对检查仪器的干扰，又保护患者隐私和物品安全。

（3）病房多数布置于南向，保证了每间病房都有良好自然采光与通风，充分享受到阳光沐浴。病房内卫生间采用切角处理，扩大了房间内转弯半径，便于医用担架车通过，也便于护士监护。

（4）人性化便民设置。检验科采样窗口旁边设置专用卫生间，通过传递窗口与检验区相连，使患者在大小便取样后直接通过传递窗口送至检验科，有效避免对公共交通的污染。每层均设置挂号收费服务区，方便患者就近使用。注重无障碍设计，各主要出入口均设计为无障碍缓坡，同时建筑配置无障碍电梯和无障碍卫生间，盲文提示等，方便了病员和残障人士的使用。儿童医学中心门口专门设置儿童休闲、游乐区，为患儿营造适宜就诊环境，减轻患儿的心理压力。

七、昌大建设绿色医院建设的思考

潍坊中医院东院区建设项目集中体现了昌大建设集团“绿色医院”建设的理念、技术和项目管理实践。绿色医院建设的评价标准是多维度、多因素的综合评判结果，既体现在基础建设的硬件方面，更体现在运行管理的软件层面。现有的节能环保措施、绿色医院设施设备运营中能否真正发挥效应，切实体现其价值，还需要从管理和服务角度去推进落实。绿色医院建设是一个动态管理的过程，应该在不断地总结、思考、改进、创新中，进一步完善、提高，让“绿色医院”的理念在医院从上到下深入人心，融入医院各项具体工作，进而能得到社会支持，并吸引广大患者主动参与绿色医院建设，共同创造健康、舒适、节约、环保型医院环境。

第四节　绿色医院施工与建造

“绿色医院”理念体现在医院工程建设的全过程。由于医院建设项目周期长，资源和能源消耗量大，废弃物产生多，工程建设过程中的“绿色施工”“绿色建造”，对医院绿色化影响尤其显著。施工阶段既是其规划、设计的实现过程，又同时是大规模的改变自然生态环境、消耗自然资源的过程。绿色施工是绿色建造过程中的一个环节，在施工阶段中贯彻绿色建造的技术和理念，是“绿色医院”建设的重要环节。

绿色施工和传统施工一样，包含施工对象、资源配置、实现方法、产品验收和目标控制五大要素。绿色施工的目标控制在质量、安全、工期和成本四个要素的基础上，把“环境保护和资源节约”作为主要控制目标，是强调以资源的高效利用为核心，以环保优先为原则，追求高效、低耗、环保，统筹兼顾的施工方法。近年来，昌大建设集团发挥自身建造技术优势，在传统施工技术绿色化改造的基础上，引进并吸收绿色施工先进技术，有计划地在医院建设工程中推广应用。

一、节地与土地资源利用

绿色施工的“节地技术”主要通过优化现场作业空间和土地资源保护来实现。目的是为缓解施工现场作业空间紧张、多机具之间互相影响、减少施工作业活动对土地资源的影响。目前技术成熟且被广泛施工的节地施工技术和措施包括优化作业空间的技术和措施，如现场堆场和临时设施的合理布置、现场装配式多层用房应用技术、土方就地存放、回填应用和顶升式钢平台的应用技术，充分、合理利用现场的立体空间；土地资源保护技术，如耕织土壤保护利用技术、地下资源保护技术和透水地面应用技术等，减少施工对现场及周边土壤的改造和营销，保持原有地貌。

二、节能与能源利用技术

绿色施工的“节能技术”主要通过在施工过程中优化工艺流程、研发替代技术、推广应用高能效的施工机械和充分利用再生能源的手段来实现。同时，加强现场管理，减少损失浪费，提高能源综合利用效率。目前技术成熟且被广泛施工的节能施工技术和措施包括节能型装置，如气体用电限电装置、智能化开关控制器装置、无功补偿装置等；节能型设备选用和布置，如变频式塔机、势能存储式升降机和 LED 灯具等以及相应的通过优化布置方案，提供施工效率的管理措施；新能源设施，如空气源热泵、太阳能热水器、太阳能充电桩、风光互补型 LED 路灯等。

三、节水和水资源保护技术

绿色施工的“节水技术”主要通过节水型设施、工艺的应用和非传统水源的综合再利用来实现，强化雨水、基坑降水和施工废水的收集和处理，既通过再利用减少新水的使用量，同时减少排放量也降低了市政管网的处理负担，起到了环境保护的目的。目前技术成熟且被广泛施工的节水施工技术和措施包括节水型技术和措施的应用，如车辆清洗用水重复利用设施、混凝土无水和喷雾养护技术、节水绿化灌溉和节水型生活设施的应用等；非传统水源利用技术，如基坑降水的存储再利用设施、雨水收集利用设施和现场生活污水区处理设施以及现场中水综合利用措施等。

四、节材与材料利用技术

绿色施工的“节材技术”主要包括两个部分：一是在设计和施工准备阶段通过优化施工方案，减少建材的施工量，即减量化措施；二是通过回收和处理施工垃圾，重新在施工过程中使用，即资源化措施。目前技术成熟且被广泛应用的节材施工技术和措施包括标准化的临时防护设施和材料储存保护措施，如临边防护可周转使用、减少材料搬运和储存过程的损坏和损耗等；材料下料优化和使用控制，如钢筋、板材等优化下料方案，预拌砂浆和混凝土进料和运输过程的精准控制，以减少不必要的浪费；使用新型模板体系，如以铝合金模板、塑料模板和铝框木模板等；建筑垃圾回收利用，将废弃钢筋头、砂浆和混凝土块用于制作马镫、沟盖板、过梁、反坎、钢筋保护层垫块、基坑回填和道路垫层等；限额领料和施工精度控制，避免返工和浪费；工厂化预制构件，可以减少施工现场的材料加工量，减少废弃量。

五、环境保护技术和措施

露天作业，受天气因素直接影响是建筑施工生产过程的最主要特点之一。施工过程中产生的污水、扬尘、噪声和废弃物等对现场作业以及周边环境造成严重影响。根据施工作业的污染物排放特征，绿色施工的“环境保护”分别从扬尘控制、噪声振动控制、光污染控制、水污染控制、土壤保护、建筑垃圾控制、资源保护七个方面进行控制。目前技术成熟且被广泛应用的环境保护施工措施包括扬尘防护措施，如现场喷洒降尘技术、现场绿色防尘措施、钢结构现场免焊接技术、裸土和堆场防尘网遮蔽措施等；噪声振动控制措施，如全封闭隔声罩措施、施工机械消声改造等；水污染控制措施，如地下水清洁回灌技术、管道设备无害清洗技术、泥浆环保处理和排放技术以及生活污水处理设施等。

案例16　潍坊医学院附属医院教学科研病房综合楼工程的绿色建造技术

潍坊医学院附属医院教学科研病房综合楼工程整体面积7.9万m^2，在满足医疗、教学、科研等不同的使用要求前提下，因地制宜地采用绿色低碳技术，并以绿色建筑三星级为目标进行设计和建设。为了实现这一目标，昌大建设集团主要采取了以下技术措施：

一、采用装配式建造体系

装配式建造是实现建造过程绿色化的重要方式。昌大建设集团拥有占地43万m^2的建筑产业园，是集装配式建筑产业研发、产品设计、PC部品生产、工程施工于一体的国家建筑产业化基地，以数字化建筑、市政PC部品生产为中心，可提供装配式建筑及PC部品设计、制造、运输、装配一体化解决方案。在该项目建设中，昌大集团充分发挥自身产业链优势，整体采用装配式钢结构体系，项目地上7层，地下2层，结构高度31.8m，室内装修、病房、卫生间、家具等均采用了装配式设计与安装，装配率达到80%以上，集中体现了装配式技术体系的工厂生产率高、集成度高、现场安装工效高，可逆安装、可重复利用、更高品质和更利环保等优势特点。

二、BIM技术全过程应用

昌大建设集团依托集团中国工程院院士工作站，充分发挥集团技术优势和建筑工程、人防工程双甲级设计资质优势，采用BIM技术提高建筑设计精准度，拥有具有国际先进水平的"高层与超高层混凝土空间网格盒式结构体系"专利设计技术。在该项目建设中，昌大建设集团发挥自身设计优势和BIM技术优势，设计采用全专业BIM技术实现全过程医疗项目管理，将现有场地、环境、既有建筑及扩建部分数据模型化，作为建筑和给水排水、暖通、电气综合设计的基础，充分考虑医疗建筑医疗专项系统多、功能流线复杂，提前预判项目难点，逐一解决。项目竣工交付时同时交付1个实体医院建筑加1个虚拟的数字化医院，并在后期运营和改造过程中继续更新，实现竣工信息完整并在动态中保持与现实一致，为未来基于BIM的智慧医院管理打下扎实的基础。

三、智能化系统优化管理

针对医院建筑外来人流量大，设备维护和更换频繁，部分空间对于温湿度、空气洁净度要求高等特点，昌大建设集团引入智能建筑领域合作伙伴，为该项目设置了建筑智能化及物业管理信息系统，实现对建筑设备、安全系统的监控管理以及对能耗的监测、数据分析和管理；同时设置的PM10、PM2.5、CO_2等污染物浓度的空气质量检测系统与新风和排风系统联动运行，从而实现有效控制室内污染物，更高效地控制系统运行。

四、选用高效用能设备

环保设备是绿色建筑的重要组成部分，一是该项目中昌大建设集团采用高效空调采暖系统（图18-5），风冷热泵机组的制冷性能系数（COP）满足一级能效标准；二是空调采暖采取分区控制与计量，降低部分负荷；三是新风系统采用带有热回收装置的空调处理机组，降低能源消耗；四是使用高效输配系统，集中供暖系统选用的热水循环泵的耗电输热比低于国家标准。

图 18-5 昌大高效空调采暖系统

第五节 绿色医院的运营管理

与传统医院相比，绿色医院可通过优化运营管理实现运行能耗和成本的降低，从而加快投资回收。绿色医院的建设和良好的运行管理，是可持续发展的根本保证。在具备了各种条件的基础以后，运行管理显得更加关键，绿色运行管理要本着低成本、高效益，低投入、高产出，低排放、高效能，充分保障绿色医院医疗护理为中心的各项工作，促进可持续发展。

一、绿色医院运行管理的主要内容

医院在运行阶段的资源消耗占该医院全寿命周期消耗的 80%，绿色医院建设的成本收益分析应侧重全生命周期的成本收益管理。其中，医院的绿色运行管理是关键。绿色医院运行的内容除了建筑的运行之外，还应当包括医疗活动（医疗设备、医疗技术、感染控制等）和经营管理活动，涉及体制机制（组织、领导、规章制度）、规划计划、宣传培训、督导检查（包括操作规范、技术规范、评价标准）、持续改进。

（一）医院建筑的绿色运行管理

医院建筑的运行管理，除了建筑本身之外，还包括化学品管理、废物管理、环境卫生、食品服务、可持续采购等内容。这些内容，虽然不属于建筑的专业领域，但都与医院建筑的日常运行，与医院建筑的节能、减排、环保，与患者和医务人员的健康密切相关。

1. 设施设备维护

根据不同的季节、每周不同的工作日、每天的不同时段规定设备运行的时间、控制参数；制订设备维护计划。做好设备运行的记录；运用信息化手段，采用综合维护的模式。

通过外墙保温、门窗更新、地源热泵、蒸发式制冷气流控制、温湿度自动控制、基于空调负荷的控制技术（转速、流量控制）、照明控制技术等技术手段和设施，提高能源使用效率。

对空调通风系统按照法律法规和国家标准的规定进行定期检查和清洗。对空调通风系统按照《空调通风系统清洗规范》GB 19210—2003、《室内空气质量标准》GB/T 18883—2022、《室内空气中细菌总数卫生标准》GB/T 17093—1997、《室内空气中可吸入颗粒物卫生标准》GB/T 17095—1997 和《消毒技术规范》（2002年版）的规定进行定期检查和清洗。

定期对手术室、ICU 等净化区域的净化洁净空调、供电等系统进行维护保养巡检，感染管理部门定期对上述区域空气净化质量进行监测。

化学品管理制度与监督，管理制度要涵盖接收、分类、标记、转运、储存、正确使用、处置、员工培训、环境监测、员工健康监测等全过程。开展内部管理情况的审计，有预防职业暴露、降低健康危害的防护措施。

2. 建筑及场地维护

定期对建筑物围护结构外墙、屋面、外窗、屋面透明部分密封情况进行检查，保证热工性能满足节能设计要求。建筑内防火门、病房门、疏散门自闭功能运行正常。

对建筑物周边绿化植物进行有效养护，对裸露地表及时进行绿化补种或覆盖，避免出现扬尘污染环境。注意保持植物种类的多样性、本地化；注意选用本地、抗旱的植物，去除侵入性物种；控制土壤污染；控制有害颗粒物的污染；采用渗透、收集利用、蒸发等方式进行雨洪控制，场地内雨水径流的 15% 要得到控制；建设生物洼地、雨水花园、室外休息区、屋顶绿化；对景观产生的废物进行堆肥或压缩处理，不要混入医疗废物。

定期监测各种水质状况，医疗污水按照国家规定处理达标后排放。医院各种给水（包括生活饮用水、非传统水源等）和特殊污水排放的水质应实施有制度的定期监测。

医疗垃圾和生活垃圾应分类收集、处理，标本和废液等医疗废弃物应分类收集和存放；医疗污水中的污泥栅渣应委托专业部门处理；且收集、处理过程中无二次污染。

根据季节变化，调整路灯等室外照明和楼内公共照明的运行时间。景观照明要根据不同节日采取不同的运行模式。

室外运行维护设备尽量选用低能耗、低排放、低噪声设备。使用高效灌溉系统、微灌或滴灌系统，湿度传感器，时间控制或数据控制器，提高水资源使用效率。

场地内的道路、庭院和停车场要采取遮阳措施，降低热岛效应，包括遮阳棚、树木、光伏装置、建筑结构或装置；50% 的车位属于立体停车。

3. 产品可持续采购

采用绿色产品与材料，在符合感染控制要求的前提下选择绿色产品。涉及的产品包括普通清洁剂、玻璃清洁剂、地毯和皮革清洁剂、保洁去污粉、地板清洁、去污剂和地板蜡、金属抛光剂、去油剂、芳香剂、洗涤剂。

采用采购体系，规范报废处理，加强电子产品的报废处置，制造商鼓励回收；减少固体废物产生；减少维修材料、办公和医疗家具的有害化学物质；减少建筑材料的有害物质；规范办公用品的采购；采用低排放和低燃料消耗的运输车。

4. 能源管理

开展能源审计，制订能源改造计划，进行建筑系统的调适优化。通过调试和优化，使供热与供暖系统、制冷与空调系统、湿度控制系统、照明系统、安防系统、建筑围护系统、楼宇自控系统等基础运行系统的安装和运行达到设计标准，能够满足医疗需求，有关人员能够正确地进行操作和维护，以最低的资源消耗获得最佳的环境质量和使用者舒适度的过程。

按照现有科室设备负荷及使用情况，建立水、电等资源消耗的按月为时间单位的统计台账，为全员成本核算提供数据支持。能源消耗和水资源消耗计量数据分项、分户（分区、分部门）计量，重点计量范围包括照明及其控制系统、独立建筑的电力消耗和天然气消耗、制冷与空调消耗、节水、节气装置和热回收系统的消耗、锅炉消耗、特殊功能区的能源与设备消耗、水泵消耗、变频装置的消耗、空气净化系统的消耗等。特别加强重点部位，如实验室、食品加工部门、影像中心、外科等的能源消耗。

（二）医院设施和医疗活动管理的绿色化改进

绿色医院运行管理不仅是对医院建筑各个专业的技术管理，还包括管理体制、保障机制、运行绩效等。主要是通过管理手段对医院建筑、设施设备、医疗活动的运行加以保障并持续改进。

（1）多方参与的管理机制和全面覆盖的宣传教育。医院是一个 7×24 小时连续运行的机构。日常工作、维修保养、局部的装修改造甚至于改扩建工程经常是在医院向患者、员工和来访者开放的情况下完成的。所有的运行管理决策必须考虑对上述使用者的影响，保证医疗安全，保护医院的室内外环境和使用者的健康。为了实现这一目的，应当建立多部门、多专业参与的运行管理决策机制。

（2）制定并实施节能、节水和节气等资源节约与绿化管理制度。医院运营管理部门要制定整个医院建筑的节能工作规划，包括总体目标、组织机构、监管标准以及评价细则。具体实施部门要根据节能规划细化制定相应的节能、节电、节水、节气以及绿化养护管理工作制度和措施。要成立监管部门，并建立健全监督检查、考核评价及责任追究制度。

（3）运营管理部门和具体实施部门应通过ISO 14001国际环境管理体系认证，具体工作人员应定期进行任务（业务）培训，特殊工种应持证上岗。

（4）制定并实施资源管理激励机制，管理业绩与节约资源量化考核指标具有可操作性；合理节约的经济效益同管理使用者经济收入分配挂钩。

（5）建立全院供冷、供热系统动态监控平台，依据气象预报及室内外温度监控系统参数自动调整供冷供暖温度。

（6）鼓励员工采用绿色出行方式，减少员工自驾车比例。采取提供补贴等方式，对采用绿色出行方式的员工给予奖励。

二、绿色医院运行管理的主要手段

医院的良好运行是可持续发展的根本保证，其中运行管理是关键。绿色运行管理的本质是低成本高效益，低投入高产出，低排放高效能，充分保障医疗为中心的各项工作与生活的需求。

（一）加强成本核算，促进高效低耗运行

医院应通过建立成本核算管理系统，有效利用资源，不断降低运行成本，更好地为病人提供优质高效、费用合理的医疗服务，提高医院综合实力，增强可持续发展能力。成本核算要建立健全完善的核算系统，达到全过程、全要素、实时、可观、可控、准确地反映医院物流、财流、信息流的运行状况。通过成本核算报表、经营分析评价指标所反映的成本信息得出的分析报告，加强科学合理的成本分析，提出的有效管理和控制成本的合理化建议，帮助医院管理者了解医院整体运营情况，作出相应决策，提高医院管理水平。

（二）做好基础能源计量和分析

通过对水、电、天然气、热源等实行独立分级计量，利用智能化手段进行各系统运行状况的数据计量，确保能耗资料完整真实，以及对其他物资消耗的全方位统计，为医院管理者和科室提供床均、人均能源和财务消耗等分析数据，以达到提高使用效率、节能降耗的目的。

充分发挥能耗分项计量系统的作用，实现各科室的成本核算，制订科学合理的各种节能运行管理制度和措施，有效利用资源，不断降低运行成本，促进高效低耗运行，更好地为患者提供优质高效、费用合理的医疗服务，从而提高医院综合实力，增强可持续发展能力。做好成本核算要建立健全完善核算系统，达到全过程、全要素，能实时、可视、可控、准确地反映医院的物流、财流、信息流的运行状况。“全过程”就是要使成本核算流程包含医院运行中所有的收入、成本数据发生的起始点、中间阶段及终止点的整个生命周期。“全要素”就是要达到成本核算的对象应包括医院运行中所有的收入、成本构成单元，使范围涵盖面最大化。“实时”就是应做到数据统计、传输、展现的及时性。“可视”就是成本核算的过程、结果都可以在系统终端按权限进行查询浏览，实行信息导航。“可控”即应通过成本核算系统，达到对医院经济运行的流程、走向进行调控，小到对每一个核算单元及收入、成本数据发生点，并根据需要进行调整。“准确”即指所产生的数据由人为统计报送改为系统自动采集，尽量减少人为因素的干扰，确保数据的真实性。

（三）做好设施设备管理

力求实现医院设备管理智能化，楼宇管理网络化，物流传输管道化等。总之

在绿色医院呈持久的运营阶段，应运用先进的智能化经营手段，以低成本为目标，实施多功能、全方位的统一管理，重点抓好室外环境、室内环境、能源消耗、水环境、绿色管理，为患者提供高效、周到的人性化医疗服务。

案例 17　潍坊市妇女儿童健康中心精细化运营打造"绿色医院"

现代医院是以人为本、绿色节能、可持续发展的公共场所，"绿色医院"建设和运营理念，集中体现了现代医院建设的趋势。潍坊市妇女儿童健康中心以环境问题为导向、以节约资源为中心，推进资源节约和环境保护两大重点工作，加强基础配套、污染防治、环境文化建设，在医院承建方昌大建设集团协助下，改善硬件设施，加强绿色运营，医院软、硬设施得到完善，"绿色医院"创建工作取得初步成效（图 18-6）。

近年来，随着国家医改政策的深入实施和医保覆盖面的逐年加大，粗放式医院管理模式已无法满足医院发展需求。对于医院来说，卫生间是为患者提供便利的一个窗口。卫生间整洁与否、细节是否到位、是否满足患者人性化需求，直接影响患者就医感受。为了创新服务举措，改善患者就医体验，潍坊市妇女儿童健康中心通过"垃圾分类""厕所革命"等方式，从医院日常管理的点滴入手，提升医院管理精细化，改善医患就医、工作体验，打造绿色医院环境。

厕所是医院运营管理的重灾区。细心的患者发现，进入妇女儿童健康中心卫生间，不但能取到免费纸巾及洗手液，还能闻到一股香气，让人感觉到

图 18-6　精细化——提升以人为本的就医体验

舒适和安全。妇女儿童健康中心推行“厕所革命”，针对医院110个卫生间，通过设置温馨提示、文明如厕宣传，加大保洁力度、增加保洁频次、加强通风排除异味、强化巡检监管，为患者提供人性化服务。

妇女儿童健康中心人员流动量大，每天会产生很多生活和医疗垃圾，处置不好会影响医院环境形象和医患人员健康，比如使用过的口罩需要经过专门的回收处理，需要受过培训的保洁人员对投放错误的垃圾进行“二次分拣”。医院实行定人定区域的管理制度，保洁人员每天都要在自己负责的区域来回巡查垃圾分类情况，同时引导市民将垃圾投放到准确位置，确保垃圾的精准分类。同时，医院加大硬件设施投入，按生活垃圾分类标准合理配置垃圾分类容器设施，完善分类工作配套收运、处置环节和环卫绩效考核机制，实现精准分类。同时，合理设置垃圾分类可回收物收集点，与具备处理资质的企业签订收运处置协议，建立责任明晰、运作高效的生活垃圾可回收物收运责任机制，不断推进生活垃圾分类和减量工作，促进垃圾资源化、减量化、无害化工作。

在妇女儿童健康中心的各个角落，绿色行动已成一种自觉。该院通过签订“绿色出行”倡议书、公共场所张贴宣传海报和提示语、推行食堂小份饭半份菜供应等精细化举措，不断提高精细化管理能力，越来越多员工加入到资源节约队伍中来。

减量化——减少污染物排放

“无废医院”是“绿色医院”建设的基础工程。为提升医院环境卫生、医疗废物、医疗污水处置水平，不断提升病人满意度，妇女儿童健康中心以“无废医院”创建为契机，全面推进污染物减排任务高质高效完成。

近年来，妇女儿童健康中心修订完善医疗废物管理制度、工作流程和应急预案，定期开展专题培训会，组织开展医废处置应急演练，建立监管督导制度，将医疗废物管理纳入临床科室院感质量考核，提高医疗废物规范化处理意识，实现危险废物和医疗废物安全处置率100%。

医疗污水处置方面，配备污水处理系统和废气处理系统，设立污水处理站，定期开展第三方污水检测，确保医疗废水安全达标排放。结合数字化改革，推进信息建设项目，加强功能迭代开发，逐步改变传统信息收发方式，实现行政办公移动化、并联化、无纸化、留痕化，大幅提高文件运转效率，节约人力资源成本和办公材料消耗。

医院向来是用水大户，妇女儿童健康中心在节水方面下大力气优化运营管理。医院铺设透水路面，使用符合国家节水标准的用水器具，同时不断调整终端出水压力，降低单次用水量。医院曾获得浙江省节水型单位荣誉称号。

节能是医院后期降本增效的关键环节。从医院设计、施工阶段开始，妇女儿童健康中心在昌大建设集团协助下，对新建大楼配备楼宇设备自控系统。这套系统能检测和控制建筑物给水排水系统的给水排水设备、空调设备、通风设备及环境监测设备等，将检测所得到的环境参数反馈给计算机，通过计算机预设程序自动调节各送风系统的阀门开启状态及开启大小、给水排水系统的水泵工作强度等，以达到用最节能的方式满足正常使用的要求。

绿色低碳设施能够实现节能和降本“鱼与熊掌兼得”。妇女儿童健康中心绿化采用微喷灌等高效节水灌溉方式，改变过去水管“哗哗”直流的传统模式；雨水回用技术将雨水等集中处理后再利用，节约水资源，减少了污染；水池、水箱溢流水位均设置报警装置，防止进水管阀门故障时，水池、水箱长时间溢流排水；屋面太阳能热水系统把太阳能转化为热能，以提高水温，达到节能与省钱的双重效果。

“绿色医院建设是一项系统工程，也是长期工程。妇女儿童健康中心将在不断提高医疗服务能力和水平的同时，统筹做好绿色节能和生态环境保护工作，继续打好节能降耗攻坚战，推动生态文明建设再上新台阶，以高质量生态环境支撑高质量发展。”

参考文献

[1] 罗运湖 . 现代医院建筑设计 [M]. 北京：中国建筑工业出版社，2002.
[2] 秦红岭 . 论建筑伦理的基本原则 [J]. 伦理学研究，2015（6）：92-96.
[3] 赵妆凝，李坤 . 医院以人为本的建筑设计理念探讨 [J]. 建材与装饰，2019（26）：118-119.
[4] 王青，付晓燕，杨磊，等 . 基于层次分析法构建中医医院社会责任评价指标体系 [J]. 行政事业资产与财务，2020（14）：1-5.
[5] 王忠信，蒋帅，赵要军，等 . 战略规划背景下大型综合医院社会责任体系建设探讨 [J]. 中国医院管理，2021，41（7）：22-25.
[6]《建筑师》编辑部 . 建筑师 [M]. 北京：中国建筑工业出版社，1988.
[7] 葛惠男 . 现代中医医院建设与中医学发展关系的战略思考 [J]. 江苏中医药，2009，41（8）：1-3.
[8] 万学红 . 临床医学导论 [M]. 成都：四川大学出版社，2011.
[9] 孙希磊 . 基督教与中国近代医学教育 [J]. 首都师范大学学报（社会科学版），2008（S2）：133-137.
[10] 徐文辉 . 现代医院建筑人性化设计的初步研究 [D]. 杭州：浙江大学，2004.
[11] 张铭琦 . 新医学模式背景下的城市大型医院护理单元设计模式语言初探 [D]. 北京：清华大学，2003.
[12] 张广森 . 生物—心理—社会医学模式：医学整合的学术范式 [J]. 医学与哲学（人文社会医学版），2009，30（9）：8-10.
[13] 张铭琦，吕富珣 . 论医学模式的发展对医院建筑形态的影响 [J]. 建筑学报，2002（4）：40-42+67.
[14] 陈潇，邱德华 . 建国以来综合医院建筑形态演变及发展趋势研究 [J]. 华中建筑，2016，34（2）：18-23.
[15] 李力 . 大型综合医院医院街设计研究 [D]. 沈阳：沈阳建筑大学，2012.

[16] 姜波 . 山西大医院施工图深化设计中的若干问题探讨 [J]. 科技情报开发与经济，2011，21（7）：183-186.

[17] 李郁葱 . 比利时鲁汶大学医疗建筑教学研究及实践——合理化设计、中国医院和 Meditex 体系 [J]. 城市建筑，2008（7）：33-35.

[18] 周欣 . 中小型医疗建筑空间探讨 [D]. 长沙：湖南大学，2008.

[19] 张琪，张雷 . 中华国医坛世界养生城医院综合体项目设计策略研究 [J]. 中国医院建筑与装备，2021，22（4）：55-58.

[20] 张双甜 . 建设项目利益相关者与公司利益相关者对比分析 [J]. 建筑经济，2015，36（8）：111-115.

[21] 吕途 . 代建制项目利益相关者治理研究 [D]. 大连：大连理工大学，2017.

[22] 张建忠，乐云 . 医院建设项目管理研究——政府公共工程管理改革与创新 [M]. 上海：同济大学出版社，2015.

[23] 王平，周霞，张丽 . 完善我国政府投资项目建设管理代理制度研究 [J]. 中国投资，2012（9）：113.

[24] 徐一尘 . 公立医院建设项目利益相关者协调管理体系研究 [D]. 北京：北京建筑大学，2018.

[25] 于中华 . 北京市属医院基本建设项目需求合作管理研究 [D]. 北京：北京建筑大学，2018.

[26] 廖沈力 . IPMT 一体化项目管理模式及其应用 [D]. 上海：上海交通大学，2007.

[27] 30. 辽宁立杰咨询有限公司 . 项目代建制的制度、管理与实践 [M]. 北京：机械工业出版社，2007.

[28] 戴金水，徐海升，毕元章 . 水利工程项目建设管理 [M]. 郑州：黄河水利出版社，2008.

[29] 胡建军 . 国防科技工业固定资产投资项目代建制管理模式研究 [D]. 重庆：重庆大学，2008.

[30] 张群波，王磊，刘德福，等 . 浅谈黄河防洪工程施工质量管理 [J]. 人民黄河，2000（3）：7-8+11.

[31] 周和生，尹贻林 . 建设项目全过程造价管理 [M]. 天津：天津大学出版社，2008.

[32] 柯琪 . 代建制在新区建设中的应用研究 [D]. 西安：西安建筑科技大学，2008.

[33] 刘家明，陈勇强，戚国胜 . 项目管理承包 PMC 理论与实践 [M]. 北京：人民邮电出版社，2005.

[34] 王文超 . 天津市政府投资项目实施代建制的研究 [D]. 天津：天津理工大学，2006.

[35] 殷强 . 中国公共投资效率研究 [M]. 北京：经济科学出版社，2008.

[36] 王霆 . 政府投资项目代建制理论与实践 [M]. 南京：东南大学出版社，2012.

[37] 刘向泽 . PPP 模式在我国医院项目中的应用研究 [D]. 北京：北京交通大学，2017.

[38] 李楠，黄炜，和静淑，等 . PPP 模式在我国公立医院中的探索研究 [J]. 劳动保障世界，

2018（26）：66+68.

［39］李晶 . 公立医院建设运营 PPP 模式思考 [J]. 现代医院管理，2017，15（4）：15-17.

［40］尹莉莉，刘伟 . 善建筑精品　匠心夺“鲁班”[N]. 潍坊日报，2019.12.

［41］孙悦 . 基于期权博弈的 PPP 项目投资决策研究 [D]. 青岛：青岛理工大学，2016.

［42］王建廷，王振坡 . 建设工程项目管理及工程经济 [M]. 重庆：重庆大学出版社，2012.07.

［43］于宗河，武广华 . 中国医院院长手册 [M]. 北京：人民卫生出版社，1999.

［44］凡开伦 . 以医疗工艺流程为导向的综合医院医疗空间组织设计研究 [D]. 西安：西安建筑科技大学，2019.

［45］蔡聚雨 . 养老康复护理与管理 [M]. 上海：第二军医大学出版社，2012.

［46］《中国医院建设指南》编撰委员会 . 中国医院建设指南（上）[M]. 北京：中国质检出版社，2015.

［47］陈泳全 . 关于大型医院建筑策划的思考 [J]. 华中建筑，2016，34（11）：5-8.

［48］宋振东 . 医院项目建设前期注意要点探讨 [J]. 安徽卫生职业技术学院学报，2011，10（3）：3-4.

［49］张建忠 . BIM 在医院建筑全生命周期中的应用 [M]. 上海：同济大学出版社，2017.

［50］何关培 . BIM 总论 [M]. 北京：中国建筑工业出版社，2011.

［51］张建忠，陈梅，魏建军，等 . 绿色医院高效运行在医院建筑设计中的思考 [J]. 中国卫生资源，2012，15（3）：203-205+230.

［52］姜波 . 山西大医院施工图深化设计中的若干问题探讨 [J]. 科技情报开发与经济，2011，21（7）：183-186.

［53］梁学民，卢文龙，冯梦，等 . 纯中医医院医疗工艺理论与实践研究 [J]. 中国医院建筑与装备，2019，20（8）：46-49.

［54］陈正，涂群岚 . 建筑工程招标投标与合同管理实务 [M]. 北京：电子工业出版社，2006.

［55］雷胜强 . 建设工程招标投标实务与法规·惯例全书 [M]. 北京：中国建筑工业出版社，2001.

［56］崔亮，赵京霞，崔怡，等 . 大型医用设备的管理 [J]. 医疗卫生装备，2013，36（11）：116-117.

［57］全国建设工程招标投标从业人员培训教材编写委员会 . 建设工程招标代理法律制度 [M]. 北京：中国计划出版社，2002.

［58］上海市住宅建设发展中心 . 大型居住社区开发建设管理实务 [M]. 上海：上海科学技术文献出版社，2014.

［59］张静晓，严玲，冯东梅 . 工程造价管理 [M]. 北京：中国建筑工业出版社，2022.

［60］吴锦华，张建忠，乐云 . 医院改扩建项目设计、施工和管理 [M]. 上海：同济大学出版社，2017.

［61］管风岭 . 医院建设项目的全过程项目管理要点分析 [J]. 城市建筑，2021，18（24）：186-

188.
[62] 丁士昭 . 工程项目管理 [M]. 北京：中国建筑工业出版社，2014.
[63] 游浩 . 建筑合同员专业与实操 [M]. 北京：中国建材工业出版社，2015.
[64] 国务院法制办公室 . 中华人民共和国建设工程法典 [M]. 北京：中国法制出版社，2016.
[65] 郝永池，郝海霞 . 建设工程招标投标与合同管理 [M]. 北京：机械工业出版社，2017.
[66] 李启明 . 建设工程合同管理 [M]. 北京：中国建筑工业出版社，2009.
[67] 国务院法制办农林资源环保司，等 . 建设工程勘察设计管理条例释义 [M]. 北京：中国计划出版社，2001.
[68] 陈刚，李惠敏 . 建筑安装工程概预算与运行管理 [M]. 北京：机械工业出版社，2006.
[69] 苗曙光 . 建筑工程竣工结算编制与筹划指南 [M]. 北京：中国电力出版社，2006.
[70] 蔡正华，潘国华，陈仁林 . 企业常用文书及其法律风险防控 [M]. 北京：中国政法大学出版社，2015.